ENSEIGNEMENT SECONDAIRE
des Jeunes Filles

L. MANGIN

BOTANIQUE

1re ET 2me ANNÉES

HACHETTE ET Cie

3f00

7-1908-50000.

ÉLÉMENTS

DE

BOTANIQUE

DU MÊME AUTEUR

Anatomie et physiologie végétales, à l'usage de l'enseignement secondaire des jeunes filles (4e et 5e années). Un vol. in-16, avec figures, cartonné . . . . 5 fr.

Cours élémentaire de botanique, à l'usage de l'enseignement secondaire, classe de Cinquième A et B. Un vol. in-16, avec figures et 2 planches, cartonné . . . . 3 fr. 50

Anatomie et physiologie végétales, à l'usage de l'enseignement secondaire, classes de Philosophie et de Mathématiques A et B. Un vol. in-16, avec figures et 6 planches en couleur, cart. toile . . . . 5 fr.

Principes d'hygiène, conformes aux programmes officiels à l'usage des classes de Philosophie et de Mathématiques A et B. Nouvelle édition, revue et complétée. Un vol. in-16 avec gravures, cartonné . . . . 3 fr.

958-08. — Coulommiers. Imp. Paul BRODARD. — P9-08.

ENSEIGNEMENT SECONDAIRE DE JEUNES FILLES

ÉLÉMENTS DE BOTANIQUE

PAR L. MANGIN
Agrégé des sciences naturelles, Docteur ès sciences
Professeur au lycée Louis-le-Grand

PREMIÈRE ET DEUXIÈME ANNÉES

CONTENANT LES MATIÈRES INDIQUÉES PAR LES PROGRAMMES DE 1897

CINQUIÈME ÉDITION

PARIS
LIBRAIRIE HACHETTE ET Cie
79, BOULEVARD SAINT-GERMAIN, 79

1908

AVERTISSEMENT

Ce livre est destiné à l'enseignement de la Botanique dans le premier cycle d'études de l'Enseignement secondaire des jeunes filles. Bien que les nouveaux programmes de 1897 aient réparti l'enseignement dogmatique en deux années, en fusionnant les notions sur les plantes utiles ou nuisibles avec l'étude des familles, on a conservé la division de l'ouvrage en deux parties : 1° *Éléments de Botanique*; 2° *Notions sur les plantes utiles et nuisibles*.

Les *Éléments de Botanique* comprennent d'abord l'examen des diverses parties du corps de la plante et l'étude du rôle particulier qu'elles ont à remplir. Comme les élèves retiennent mieux la conformation des organes dont ils connaissent les usages, on a associé quelques notions expérimentales de physiologie à l'exposé sommaire de l'organographie végétale. Cette disposition permettra de donner des idées générales sur la vie des plantes aux élèves qui abandonneront leurs études à la fin du premier cycle.

L'examen des différentes sortes de plantes succède à la description des organes de végétaux. Le programme mentionne à ce sujet un certain nombre de plantes vulgaires qui devront être étudiées vivantes dans l'ordre de floraison ; on a augmenté, dans ce livre, la liste de celles que le programme indique, mais, au lieu de les placer dans l'ordre de floraison, on les a groupées suivant l'ordre des familles naturelles, chaque exemple servant de type à une famille importante. L'adoption de cet ordre permet, tout en favorisant l'étude des plantes les plus communes, de donner une idée des divers groupes du règne végétal et de faire connaître les principales familles, qui paraissent avoir été sacrifiées dans les programmes du premier cycle.

Les *Notions sur les Plantes utiles et nuisibles* ont été réunies aux *Éléments de Botanique* pour permettre aux élèves de revoir, dans la première partie du livre, les descriptions des espèces dont on leur signale les applications. L'auteur a cru devoir donner quelques développements à cette partie du cours, parce que les matériaux d'un semblable enseignement, dispersés çà et là dans les ouvrages spéciaux, sont difficiles à rassembler.

L'ordre un peu arbitraire suivant lequel les plantes sont groupées est celui qui a paru le plus convenable pour éviter les confusions et les redites dans l'énumération des nombreuses espèces utiles et nuisibles.

L'auteur sera satisfait si ce modeste ouvrage peut rallier les suffrages de ceux qui s'intéressent à l'enseignement élémentaire de la Botanique.

EXTRAIT

DES PROGRAMMES OFFICIELS

DU 27 JUILLET 1897

PREMIÈRE ANNÉE

(Une heure par semaine depuis le 15 avril.)

Le cours de botanique a été recuié jusqu'au 15 avril pour permettre l'emploi de plantes vivantes dans toutes les démonstrations. Ces plantes, choisies parmi les espèces communes, devront être distribuées aux élèves de manière qu'elles puissent suivre les explications du professeur. Le résumé de ces explications pourra être ensuite donné à l'aide de planches murales et surtout de dessins faits au tableau noir.

L'étude des familles sera faite au fur et à mesure des époques de floraison, et la description d'une espèce type sera accompagnée ensuite d'indications sommaires sur les plantes de la même famille les plus communes, utiles à l'homme à divers titres ou seulement nuisibles.

Le cours sera très utilement accompagné d'excursions.

Diverses parties d'une plante.

Grandes divisions du règne végétal.

Notions sommaires et purement descriptives sur les divers organes d'une plante; racine, tige, feuilles et bourgeons.

Fleur, fruit, graine.

Étude d'un petit nombre de types choisis dans les principales familles.

On se bornera, dans la fin du cours de cette année, à l'étude des *Dicotylédones gamopétales* telles que: Solanées, Labiées, Scrofularinées, Borraginées, Primulacées, Composées, et des *Dicotylédones dialypétales* telles que: Renonculacées, Crucifères, Papavéracées, Légumineuses, Ombellifères.

DEUXIÈME ANNÉE

(Une heure par semaine pendant le second trimestre.)

Continuation de l'étude des principaux groupes de végétaux.

Arbres fruitiers. — *Dicotylédones apétales.* — Quelques exemples choisis parmi les arbres forestiers ; Cupulifères, Bétulinées, Salicinées. — Polygonées, Chénopodées.

Monocotylédones : Étude de quelques types : Liliacées, Iridées, Orchidées, Graminées, Palmiers.

Gymnospermes : Conifères.

CRYPTOGAMES. — *Cryptogames à racines.* — Fougères, Prêles, Lycopodiacées.

Cryptogames sans racines. — Mousses. — Thallophytes : Algues, Champignons, Lichens.

Idée sommaire de la distribution des végétaux à la surface du globe.

Principales régions de cultures en France.

ÉLÉMENTS

DE BOTANIQUE

PREMIÈRE PARTIE

ÉTUDE DE LA PLANTE ET DE SON MODE DE VIE

CHAPITRE I

PARTIES DONT SE COMPOSE LA PLANTE — CONDITIONS A REMPLIR POUR LA FAIRE VIVRE

Pour étudier les organes essentiels qui permettent à la plante de vivre, nous prendrons des graines de Haricot ou de Blé, des tubercules de Pomme de terre et des oignons de Jacinthe, qu'on peut se procurer avec facilité à la fin de l'été.

Ces organes achèvent de se former quand la végétation cesse, et ils persistent seuls après la destruction de toute la plante qui les a produits. On les conserve dans la cave ou dans un grenier pendant longtemps sans qu'ils se modifient en apparence : ils ne vivent donc pas ; cependant, si on les place au printemps dans le sable ou la mousse humides, ils se réveillent et développent une plante nouvelle.

Examinons-les d'abord au moment où ils vont commencer à pousser.

1er Exemple : Haricot. — La graine de Haricot (fig. 1) est entourée d'une peau assez épaisse appelée *tégument*, qui est blanche ou colorée et s'enlève facilement, surtout quand les graines sont gonflées. Cette membrane enveloppe une partie centrale, l'*amande*, qui se sépare en deux moitiés, réunies l'une à l'autre par un petit corps arqué, allongé. Ces deux moitiés ont reçu le nom de *cotylédons;* le corps qui réunit les cotylédons se divise en une région externe, apparente à l'extérieur de l'amande, c'est la *radicule,* et en une partie interne placée entre les cotylédons, c'est la *tigelle*. La radicule est lisse, tandis que la tigelle est terminée par deux petites lames incolores; cette extrémité est désignée sous le nom de *gemmule*.

Fig. 1. — Graine de Haricot coupée en long. On voit la radicule, la tigelle et l'un des cotylédons.

Toute l'amande est donc formée par les deux cotylédons réunis l'un à l'autre au moyen de la radicule et de la tigelle. On donne le nom d'*embryon* à l'ensemble de ces quatre parties; c'est, comme nous allons le voir, une plante en miniature.

Fig. 2 et 3. — Graine de Haricot. Les enveloppes de la graine se déchirent et l'on voit apparaître la racine.

Semons ces graines dans un verre contenant de la mousse ou du sable humides, et abandonnons-les à la température ordinaire d'une chambre.

Bientôt (fig. 2 et 3) les enveloppes se déchirent et l'on voit sortir d'abord la radicule, qui s'allonge en se dirigeant en bas; puis les deux moitiés de l'amande, ou cotylédons, s'écartent l'une de l'autre et deux lames vertes apparaissent dans la fente qu'ils laissent (fig. 4). Peu à peu ces lames deviennent libres et s'épanouissent au-dessus des cotylédons, qui ont été soulevés et sont à ce moment sortis du sable.

La jeune plante développée aux dépens de la graine est

alors constituée par une partie qui s'enfonce dans le sable; elle est toujours sans couleur ou peu colorée : c'est la *racine;* la racine se continue par une autre partie, toujours dirigée de bas en haut, qu'on appelle *tige;* la tige porte, outre les cotylédons de la graine qu'elle a soulevés avec elle, deux ou un plus grand nombre de lames vertes, qu'on appelle *feuilles*.

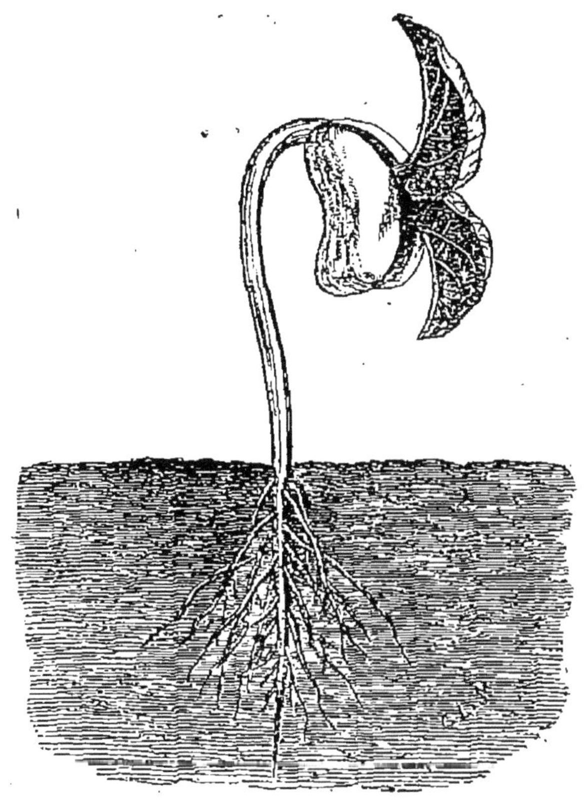

Fig. 4. — La tige a soulevé les cotylédons, et l'on voit apparaître entre ceux-ci les deux feuilles.

Ainsi trois parties sont à distinguer dans cette plante (fig. 5) : la *racine*, la *tige* et les *feuilles*, et ces parties étaient déjà formées dans la graine : la racine était représentée par la *radicule*, la tige par la *tigelle*, et les feuilles existaient sous la forme de petites lames à l'extrémité de la tigelle.

Comment se nourrit la plante obtenue? Elle ne trouve aucun aliment dans le verre, puisqu'elle plonge sa racine dans le sable ou la mousse, qui n'en contiennent pas. Mais si l'on examine les deux cotylédons, on voit qu'ils étaient

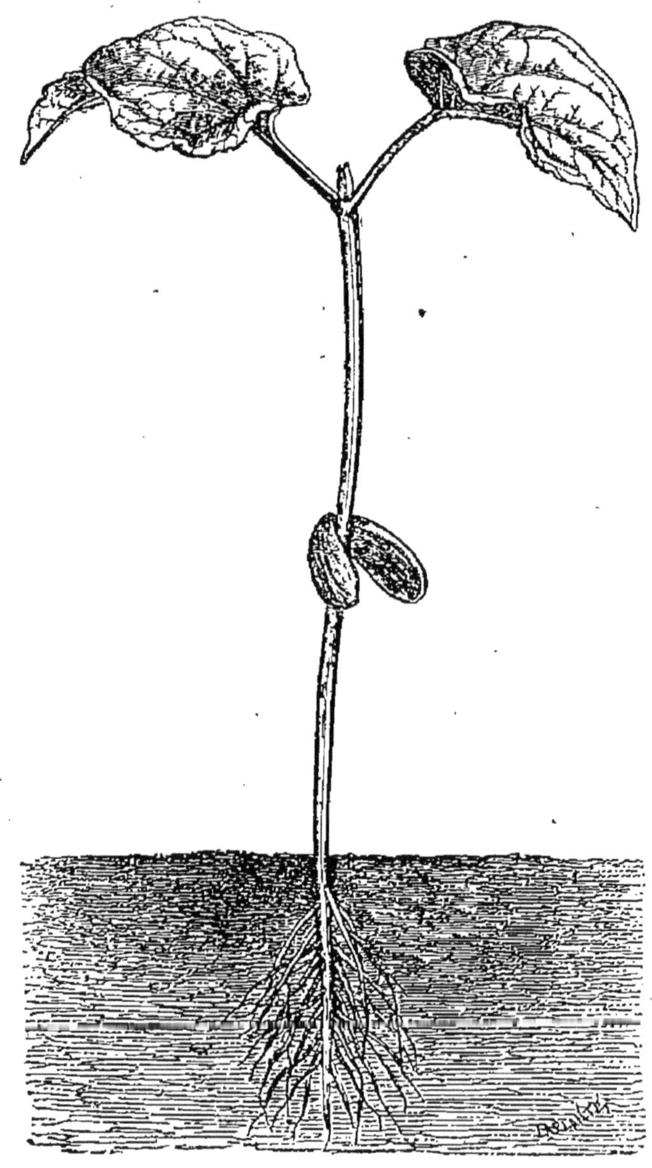

Fig. 5. — La graine du Haricot a développé une tige, des racines et des feuilles. Les cotylédons commencent à se flétrir.

d'abord charnus, puis qu'ils se flétrissent à mesure que la jeune plante s'accroît; c'est donc des cotylédons qu'elle tire sa nourriture, et non des racines ou des feuilles. En effet, on peut couper ces organes : il se reforme bientôt de nouvelles racines et de nouvelles feuilles; mais si l'on coupe les cotylédons, la jeune plante meurt faute d'aliments.

En la cultivant, comme nous l'avons fait, dans un verre contenant de la mousse et du sable humides, elle meurt toujours quand la provision de nourriture renfermée dans les cotylédons est épuisée.

Ainsi la graine de Haricot peut se transformer en une jeune plante pourvue de racines, de tige et de feuilles, et cette plante tire exclusivement sa nourriture des parties charnues appelées *cotylédons.* On dit alors que la graine *germe,* et les phénomènes qui s'accomplissent à ce moment constituent la *germination.*

Dans quelles conditions les graines doivent-elles être placées pour se transformer en une jeune plante?

Elles doivent être dans un milieu *aéré, humide* et *chaud.*

1° *Le milieu doit être aéré.* — Les graines placées dans un milieu qui ne contient pas d'air ne peuvent vivre. Ainsi, quand on empile dans un verre des graines de Haricot préalablement gonflées, on voit celles qui occupent la surface pousser, mais celles qui occupent le fond ne subissent aucun changement, à cause du manque d'air.

2° *Le milieu doit être humide.* — Sans eau les graines ne peuvent vivre. On le sait bien, puisqu'elles doivent être conservées, pour ne pas s'altérer, dans des sacs ou des tiroirs au sec.

3° *Le milieu doit être chaud.* — En effet, on ne peut faire pousser des graines quand il gèle. La température qui convient le mieux pour les faire pousser, est la température moyenne des appartements (12 à 15°). Si la température est trop élevée ou trop basse, non seulement les graines ne poussent pas, mais elles peuvent être tuées [1].

1. Dans l'industrie de la bière, pendant l'opération du maltage, on tue les grains d'orge en les chauffant, après les avoir fait germer jusqu'au moment où leur racine est bien apparente.

Ainsi les conditions à remplir pour faire germer une graine sont au nombre de trois : *chaleur, humidité, air.*

La nécessité de la chaleur n'a pas besoin d'une longue démonstration, car c'est une nécessité commune à tous les êtres vivants : tous ont besoin de chaleur pour vivre. Si elle leur fait défaut, ils périssent ou s'engourdissent.

L'humidité est indispensable si l'on remarque que la plante formée par la germination est gorgée d'eau, tandis que les graines n'en contenaient qu'une très faible quantité.

L'utilité de l'air est importante : aussi, pour nous en assurer, nous examinerons les altérations que subit l'air au contact des graines qui germent.

Dans un flacon à large col on place des Haricots qui commencent à germer. Le bouchon qui ferme ce flacon est traversé par un tube à dégagement dont l'extrémité débouche sous une cloche remplie d'eau, et par un tube droit descendant au fond du flacon (fig. 6).

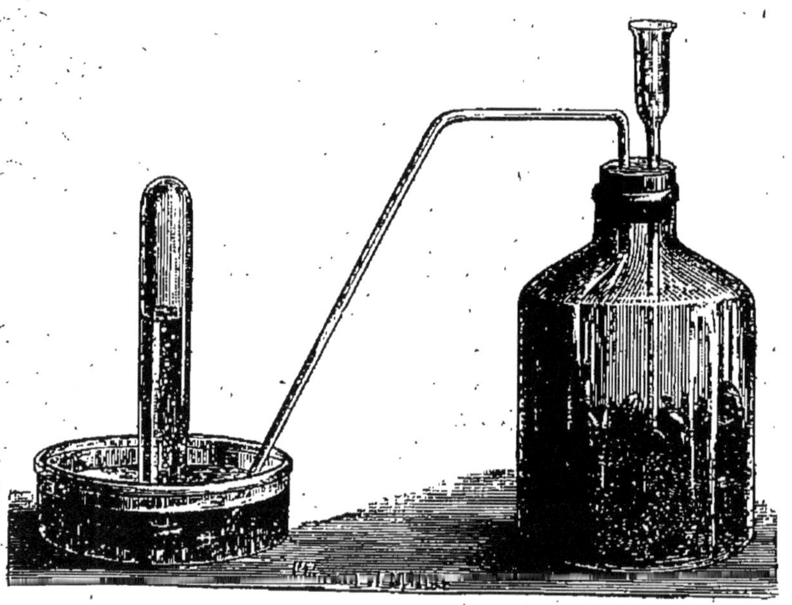

Fig. 6. — Germination des Haricots dans un flacon rempli d'air. Ils absorbent l'oxygène et dégagent de l'acide carbonique.

Au début de l'expérience, le flacon renferme de l'air ordinaire, qui contient, comme on le sait, $\frac{4}{5}$ d'azote, $\frac{1}{5}$ d'oxygène et des traces d'acide carbonique. Quelques heures après, si l'on déplace les gaz qu'il renferme dans l'éprouvette, en versant un peu d'eau par le tube droit, on constate, en examinant les propriétés de ces gaz, qu'ils n'entretiennent pas la combustion, car une bougie allumée s'y éteint; en outre, ils troublent l'eau de chaux. L'oxygène a donc disparu et il a été remplacé par de l'acide carbonique.

On remarque en même temps un dégagement de chaleur, qui coïncide avec l'absorption de l'oxygène[1].

Les conditions nécessaires à la germination et les phénomènes extérieurs qui s'accomplissent pendant cette phase de la vie des graines, peuvent être démontrés avec d'autres plantes, des graines de Blé ou de Maïs par exemple.

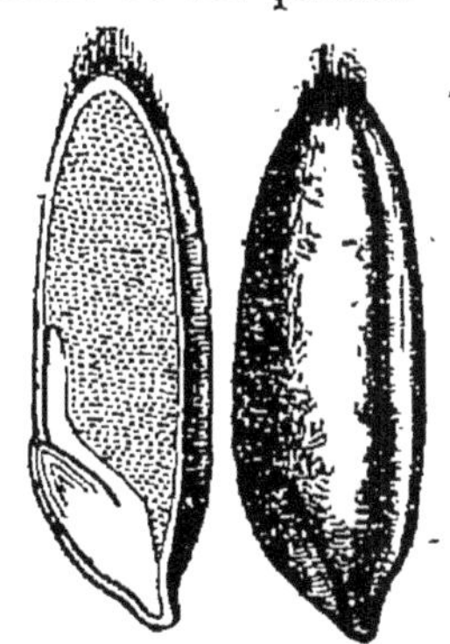

Fig. 7. — Conformation d'un grain de Blé. L'embryon n'occupe que la partie inférieure de l'amande.

La principale différence que nous observons dans le grain de Blé, c'est que l'embryon, très petit, n'occupe qu'une partie du volume du grain (fig. 7). La provision de nourriture nécessaire à la jeune plante pour se développer, au lieu d'être renfermée dans les cotylédons, est en dehors de l'embryon; c'est elle qui fournit la farine. On donne à cette réserve de nourriture, placée à côté de l'embryon dans la graine, le nom d'*albumen*.

En outre, il n'existe dans le grain de Blé qu'un seul cotylédon, qui reste, pendant la germination, emprisonné avec la graine dans le sol; il constitue un suçoir au moyen duquel la jeune plante tire sa nourriture de l'albumen (fig. 8).

Les conditions de vie que nous venons d'étudier ne s'ap-

1. Le dégagement d'acide carbonique et l'élévation de température pendant la germination sont surtout sensibles quand on fait germer de grandes quantités de graines, par exemple dans l'industrie de la bière. Le dégagement d'acide carbonique peut occasionner des accidents quand la ventilation du germoir est défectueuse.

pliquent pas seulement aux graines, elles s'appliquent aussi à d'autres parties des plantes, lorsqu'elles commencent à pousser après l'hiver.

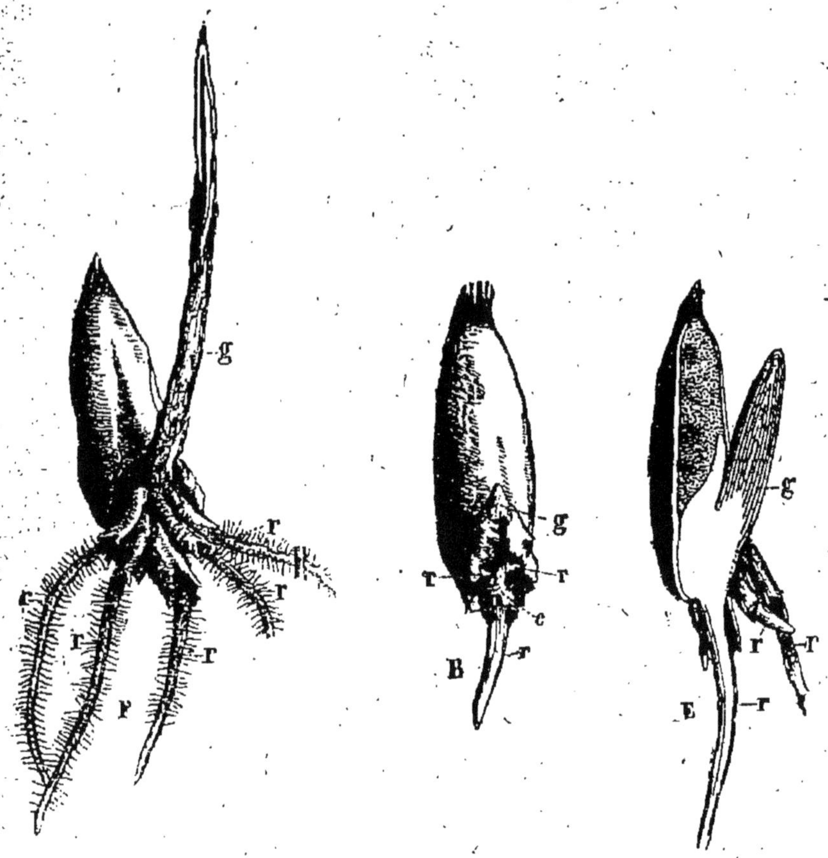

Fig. 8. — Germination d'un grain de Blé, états successifs : *r*, racines fixées à la base et sur les parties latérales de la tige ; le sommet de celle-ci est terminé par la gemmule *g*.

2e Exemple : Tubercules de Pomme de terre. — Prenons comme deuxième exemple les tubercules de Pomme de terre. Ces tubercules, récoltés à la fin de l'été, sont conservés pendant l'hiver sans donner signe de vie.

Chacun d'eux (fig. 9) se montre sous la forme d'une masse arrondie, irrégulière, dont la surface est creusée d'un certain nombre de dépressions appelées *yeux*.

L'un de ces yeux, examiné à la loupe, contient au fond de la dépression une petite saillie couverte par quelques lames ou écailles incolores. Cette saillie forme ce que l'on appelle un *bourgeon*. Il est semblable à ceux qu'on voit à la fin de l'hiver sur les branches des arbres.

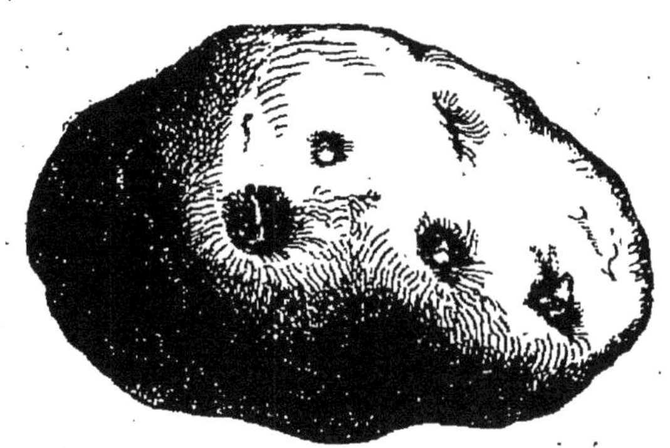

Fig. 9. — Pomme de terre qui présente un certain nombre d'yeux ou de bourgeons.

Au printemps, dans les caves ou sur du sable humide, les Pommes de terre commencent à pousser. De chaque œil on voit sortir un cordon blanc ou jaunâtre, qui porte à sa surface de petites écailles, et se dirige de bas en haut. Bientôt, sous l'influence de la lumière, ce cordon verdit et des lames vertes se développent sur sa surface. Il représente une *tige*, et les lames vertes sont des *feuilles*; la tige et les feuilles existaient dans le bourgeon dont nous avons constaté la présence au fond de chacun des yeux du tubercule. Plus tard nous voyons se détacher, sur les parties latérales de la tige, un certain nombre de filaments blancs qui se dirigent de haut en bas et s'enfoncent dans le sable : ce sont les *racines* (fig. 10).

Ainsi chacun des yeux du tubercule de Pomme de terre développe, comme la graine de Haricot, une jeune plante constituée par les trois organes essentiels : *tige*, *racines* et *feuilles*.

Les conditions nécessaires pour le développement d'un tubercule sont celles que nous avons réalisées pour faire germer la graine de Haricot, c'est-à-dire la présence de la chaleur, de l'humidité et de l'air.

Comment se nourrit la plante développpée par un tubercule?

Si nous coupons une Pomme de terre au moment où elle commence à pousser, nous voyons qu'elle est remplie de fécule dans toute son épaisseur; mais à mesure que les bourgeons qui occupent les yeux se développent, la fécule disparaît dans la région voisine de ceux-ci, et bientôt

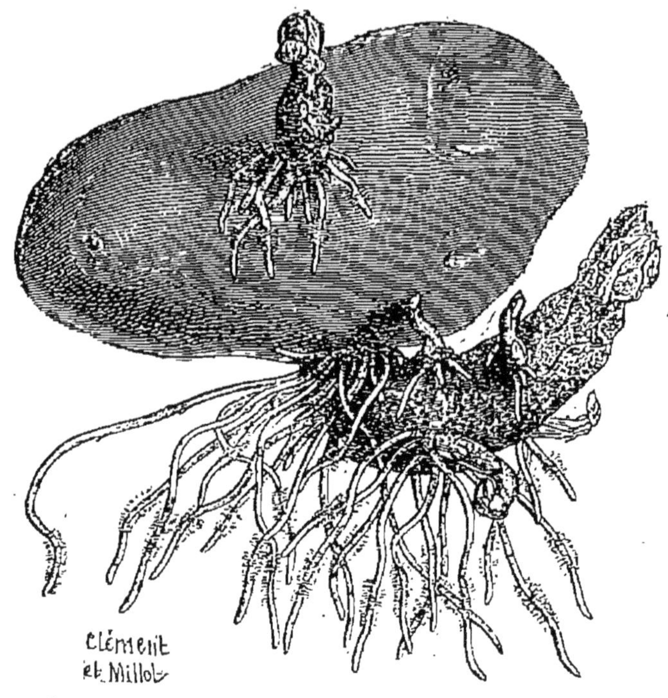

Fig. 10. — Pomme de terre examinée au printemps. Chaque œil a développé une tige; celle-ci porte des écailles et des racines.

tout le tubercule, devenu mou, se flétrit par suite de la consommation de la fécule.

Ici, comme dans le Haricot, les jeunes plantes qui se constituent dans les yeux du tubercule, tirent exclusivement leur nourriture de celui-ci; c'est la fécule qui est à ce moment leur aliment. Ce fait explique pourquoi les Pommes de terre poussent si souvent au printemps dans les caves où elles sont conservées. Mais les jeunes plantes ainsi obtenues ne tardent pas à mourir quand la provision de nourriture est épuisée.

3e Exemple : Oignon de Jacinthe. — Coupons par le milieu et suivant sa hauteur un oignon de Jacinthe semblable à ceux que l'on trouve chez les marchands de fleurs (fig. 11). Nous verrons sur la tranche obtenue, et à la base, une partie élargie qui se termine en pointe. Elle porte sur toute sa surface un grand nombre de lames qui, par leur réunion, forment l'oignon de Jacinthe.

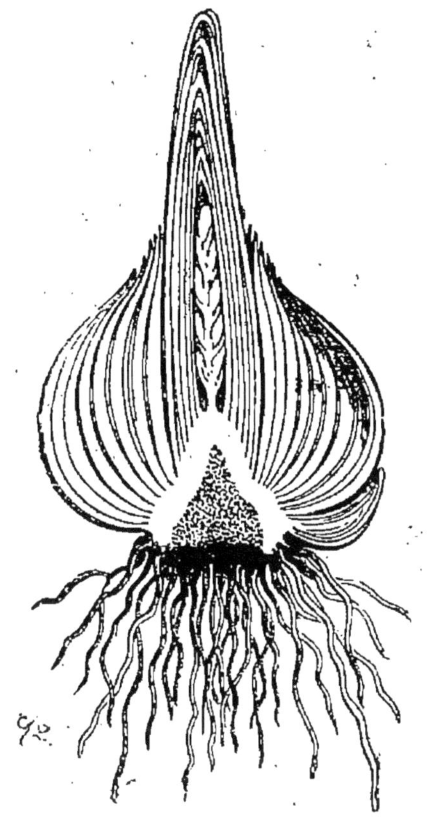

Fig. 11. — Coupe en long d'un oignon de Jacinthe. On aperçoit la tige à la base; elle a développé des racines et porte des écailles sur le côté.

Ces lames constituent les *écailles* et la partie centrale qui les porte est la *tige*. Au sommet de la tige on aperçoit même les fleurs qui vont s'épanouir.

Pour faire pousser cet oignon, il suffit de le placer sur le goulot d'une bouteille remplie d'eau, de manière que sa base plonge dans l'eau.

Au bout de quelques jours on voit se développer un grand nombre de filaments blancs qui se dirigent de haut en bas, et s'enfoncent dans l'eau : ce sont les *racines*. En même temps, les écailles supérieures, jaunies, s'écartent, et laissent passer des lames vertes qui s'épanouissent bientôt et forment les *feuilles*. Un peu plus tard, on voit sortir du milieu des feuilles un petit pédoncule qui porte les fleurs.

A ce moment la Jacinthe est complètement formée, avec ses racines, sa tige très courte et ses feuilles.

Pour que l'oignon se réveille et développe un pied de Jacinthe, nous avons dû lui donner de l'humidité, de la chaleur et de l'air. Si nous avions placé le bulbe dans l'eau, en l'exposant au froid, ou en empêchant l'air d'arriver jusqu'à lui, il n'aurait pas poussé, et au bout de quelque temps il aurait péri.

Nous pouvons donc vérifier sur les oignons, comme nous l'avons fait tout à l'heure pour les tubercules et les graines, ce fait général : qu'une plante ne peut vivre que si elle reçoit une certaine quantité d'humidité, de chaleur et d'air.

Comment se *nourrit* la Jacinthe? Si l'on coupe les feuilles vertes et les racines, on ne l'empêche pas de vivre; mais si on enlève une à une les écailles de l'oignon, la plante se développe moins bien, et d'autant moins qu'on enlève un plus grand nombre d'écailles.

C'est donc dans les écailles que se trouve la provision de nourriture destinée à notre Jacinthe; ce qui le prouve encore, c'est que les écailles sont épaisses, dures, au moment où l'oignon commence à pousser, puis elles se vident et deviennent molles quand la Jacinthe est formée.

En résumé, nous avons démontré que pour faire pousser une jeune plante il faut la placer dans un milieu où elle reçoive de l'*air*, de la *chaleur* et de l'*humidité*.

Si ces conditions sont réalisées, on voit bientôt apparaître une plante nouvelle, où l'on peut distinguer toujours trois parties essentielles :

1° *Les racines*, qui se dirigent toujours de haut en bas en s'enfonçant dans le sol;

2° *La tige*, ordinairement dirigée de bas en haut;

3° *Les feuilles* ou lames vertes portées par la tige.

Pendant que cette jeune plante se constitue, elle se nourrit de matières alimentaires accumulées dans certaines parties de son corps (graines de Haricot, tubercules de Pomme de terre, oignon de Jacinthe).

Elle n'emprunte aucune nourriture à l'extérieur. Aussi périt-elle bientôt, si on la cultive dans l'eau ou le sable lavé, et sa mort coïncide avec la disparition de la provision de nourriture.

CHAPITRE II

ROLE DES DIVERSES PARTIES DE LA PLANTE — COMMENT SE NOURRIT LA PLANTE

Nous venons de voir que les jeunes plantes qui se constituent aux dépens d'une graine, d'un tubercule ou d'un oignon, se développent en consommant les provisions de nourriture que ces organes renferment.

Examinons maintenant les diverses parties de la plante, voyons à quoi elles servent.

RACINES

Les racines sont ces organes de la plante qui se dirigent toujours de haut en bas et s'enfoncent dans le sol.

Si nous examinons les racines qui se développent à la base d'un jeune Haricot (fig. 5), nous voyons que la radicule de la graine a donné naissance à une première racine, dirigée verticalement : on l'appelle *racine principale*.

Sur celle-ci, on voit bientôt pousser d'autres racines, dirigées horizontalement : ce sont les *radicelles* ou *racines secondaires*. Elles sont rangées régulièrement suivant quatre séries longitudinales.

Au bout d'un certain temps, l'ensemble des racines de la jeune plante développée par la germination d'un Haricot est constitué par la racine principale et ses ramifications; c'est ce qui a lieu aussi dans un grand nombre d'autres plantes.

Si la racine principale est plus développée que les ramifications qu'elle porte, elle constitue une racine *pivotante ;*

si les racines secondaires sont aussi développées que la

Fig. 12. — Iris montrant les racines adventives qui se développent sur les tiges souterraines

racine principale, ce sont des racines *fasciculées* ou *fibreuses*.

Beaucoup de plantes, telles que le Blé, l'Iris, perdent de très bonne heure leur racine principale, et on voit se développer sur la tige, pour remplacer celle-ci, de nouvelles racines, qu'on appelle *racines adventives*. L'Iris a des racines adventives sur toute la surface de sa tige souterraine (fig. 12).

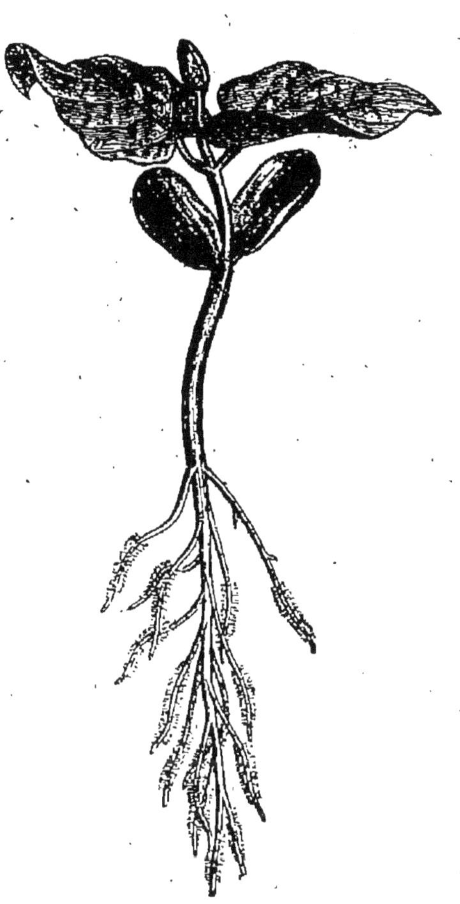

Fig. 13. — Racine pivotante et radicelles d'un Haricot.

Conformation des racines. — Pour étudier la conformation des racines, il faut examiner des plantes que l'on fait pousser dans l'eau ou dans l'air humide. Nous prendrons des Haricots, dont on peut facilement obtenir les racines, en plaçant les graines dans la mousse humide.

On voit (fig. 13) que l'extrémité de chaque racine, terminée en pointe, a une coloration jaunâtre; cette extrémité, formée d'un tissu plus résistant que celui qui forme la jeune racine, est appelée *coiffe ;* elle protège la partie jeune de la racine. A une certaine distance de l'extrémité de la racine, on aperçoit sur toute la surface latérale un duvet ; ce duvet, examiné à la loupe, est constitué par une grande quantité de poils, appelés *poils radicaux*.

Enfin, les parties plus âgées de la racine sont entièrement dépourvues de poils et possèdent une coloration brune.

Telle est l'apparence extérieure des racines.

Si l'on examine une coupe en travers d'une racine de Haricot (fig. 14), on distingue deux régions : une région extérieure, appelée *écorce*, entourant une partie centrale assez étroite.

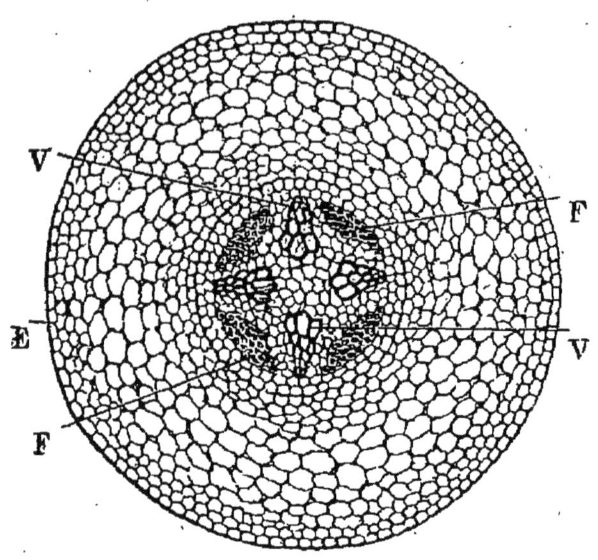

Fig. 14. — Coupe en travers de la racine du Haricot. On aperçoit dans la région centrale les vaisseaux de la plante qui sont coupés ; ils sont représentés en F et en V.

C'est dans la partie centrale que se trouvent les vaisseaux qui font communiquer la racine avec la tige et les feuilles ; ils sont disposés en groupes qui alternent régulièrement entre eux.

Rôle des Racines.

Les racines absorbent les matières nutritives. — Pour connaître le rôle des racines, comparons plusieurs plants de Haricots obtenus par germination, les uns, auxquels nous coupons les racines quand la provision de nourriture est épuisée, d'autres, qui ont poussé dans du sable lavé, et enfin les derniers, plantés dans la terre végétale. Au bout de quelques jours, les deux premières plantes sont mortes ou près de mourir, tandis que la troisième, très vigoureuse, a développé des tiges et des feuilles.

On voit, d'après cela, que les racines servent à puiser dans le sol les matières nutritives destinées à la plante : ce sont les organes de l'absorption. En les coupant, ou en plaçant les plantes dans un milieu qui ne contient pas d'aliments, nous avons causé la mort des plantes.

Les parties qui dans la racine servent à puiser les matières nutritives que la terre renferme, sont celles qui se trouvent au voisinage de l'extrémité; on les reconnaît aux poils qui les recouvrent, poils désignés sous le nom de *poils absorbants*. Ainsi, dans une plante, si on coupe les racines un peu au-dessus de la région qui porte les poils absorbants, la plante meurt aussi vite que lorsqu'on coupe entièrement les racines.

On sait enfin que les plantes arrachées et replantées aussitôt après meurent souvent; la mort est due, dans ce cas, à ce qu'en arrachant la plante, on a brisé toutes les racines au-dessus de leur région absorbante.

Les racines respirent. — Les racines ont besoin pour vivre de consommer l'oxygène de l'air, et elles exhalent de l'acide carbonique, c'est-à-dire qu'elles *respirent.*

Si l'air leur fait défaut, elles périssent. De nombreuses observations dans la culture ou le jardinage démontrent ce fait. Ainsi, quand le sol renfermant les racines est fortement tassé, ou qu'il devient imperméable, les plantes dépérissent; on remédie au dépérissement en creusant la terre pour la rendre plus poreuse. C'est à cause de leur imperméabilité que les sols argileux sont défavorables à la culture des plantes dont les racines s'enfoncent profondément.

Autres rôles des racines. — Les racines ne servent pas seulement à puiser les matières alimentaires dans le sol, elles ont encore d'autres usages pour la plante.

Ainsi les racines pivotantes de la Betterave (fig. 15), du Navet, grossissent beaucoup pendant les premiers mois du développement de ces plantes et se gorgent de nourriture; elles servent à emmagasiner les aliments pour l'époque où

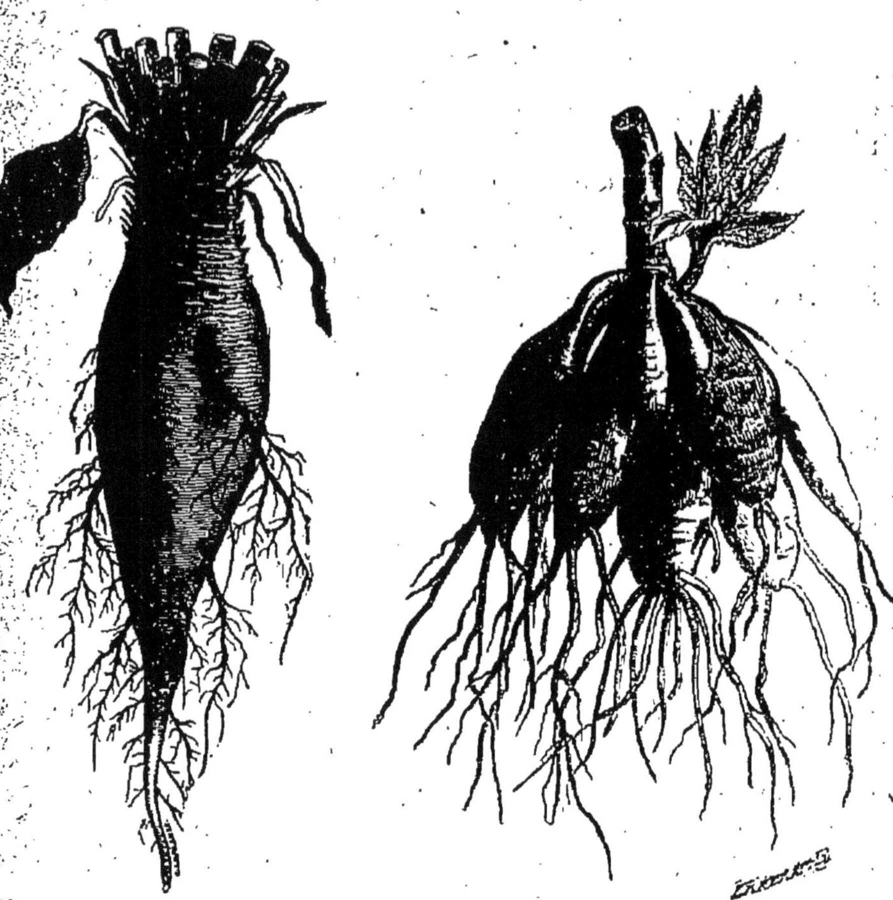

Fig. 15. — Racine pivotante de Betterave devenue charnue et formant une racine-tubercule.

Fig. 16. — Racines adventives de Dahlia devenues charnues.

la plante formera ses fleurs et ses graines. Ces racines sont appelées *racines-tubercules*.

Le Dahlia (fig. 16) offre la même disposition, mais chez lui ce sont les racines adventives qui s'épaississent.

Dans d'autres plantes, les racines servent d'appareil de

soutien et de fixation. Il en est ainsi pour les racines des arbres.

Le meilleur exemple nous est fourni par le Lierre, dont les racines adventives se développent sur les tiges aériennes et servent à fixer celles-ci aux arbres ou aux murs : ce sont des *racines-crampons* (fig. 17).

Fig. 17. — Fragment de Lierre montrant la tige couverte de racines adventives transformées en crampons.

Applications. — Le développement des racines adventives est très employé dans la culture, soit pour reproduire par boutures, comme on le verra plus loin, des plantes qui ne développent pas de fleurs, soit pour obtenir des plantes plus vigoureuses

Ainsi, quand on passe le rouleau sur des champs où le Blé est encore jeune, on couche les plants de blé sur la terre, et la tige, touchant le sol par plusieurs nœuds à la fois, développe en ces points un grand nombre de racines adventives. Chaque plant de blé, recevant alors plus de matières alimentaires, forme de nombreuses fleurs et donne par suite beaucoup de graines.

Usages des racines. — Un certain nombre de racines sont utilisées dans l'alimentation de l'homme et des animaux. Ce sont surtout les *racines-tubercules*, comme le Navet, la Carotte, le Radis. D'autres sont employées dans l'industrie; la Betterave, si cultivée dans le nord de la France, sert à la fabrication du sucre; les racines de Guimauve sont employées en médecine.

FEUILLES

Les feuilles sont des lames vertes qui apparaissent de distance en distance sur la tige.

Chacune d'elles se compose d'une partie aplatie appelée *limbe*, rattachée à la tige par un prolongement appelé *pétiole*.

La base du pétiole, c'est-à-dire la région qui touche à la

Fig. 18. — Feuille de Rosier montrant à la base du pétiole deux stipules *st.*

tige, est parfois élargie en forme de cornet embrassant la tige: elle reçoit alors le nom de *gaine;* c'est ce qu'on voit dans les feuilles de l'Angélique (fig. 19), du Maïs (fig. 20).

D'autres fois, la base du pétiole, dépourvue de gaine, est accompagnée sur les côtés par deux lames vertes appelées

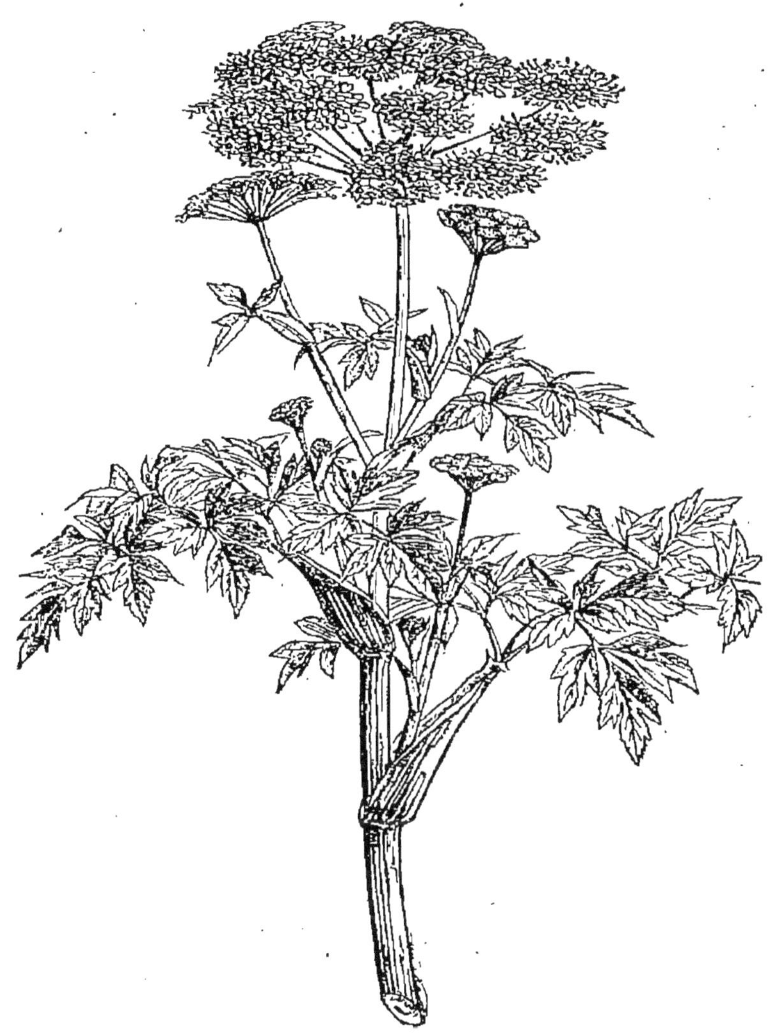

Fig. 19. — Fragment d'une tige d'Angélique montrant la gaine à la base des feuilles.

stipules; c'est ce qu'on voit dans les feuilles du Houblon, du Rosier (fig. 18).

De ces diverses parties, le *limbe* est la plus importante; c'est celle qui manque le plus rarement.

Examinons le limbe d'une feuille de Tilleul, par exemple.

Fig. 20. — Pied de Maïs. On aperçoit le long de la tige les feuilles engaînantes.

Il se compose (fig. 21) d'un tissu vert au milieu duquel on aperçoit, en regardant la feuille par transparence, un grand nombre de cordons dirigés en divers sens et formant une sorte de réseau analogue à celui d'un filet. Ces cordons partent de l'endroit où le pétiole se continue avec le limbe, et se

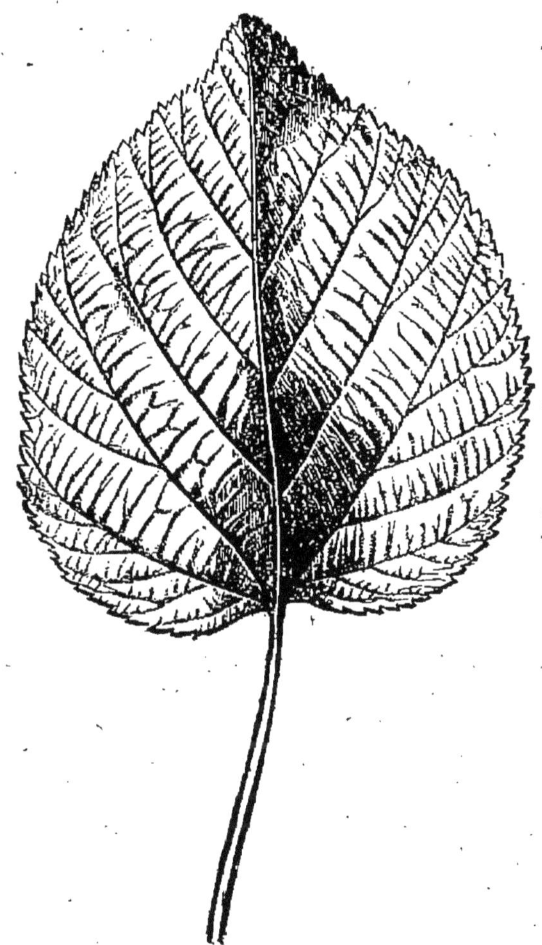

Fig. 21. — Feuille de Tilleul.

distribuent dans ce dernier en formant des ramifications de plus en plus grêles, qui viennent se terminer sur les bords. On désigne ces cordons sous le nom de *nervures*.

Quand on les examine à un fort grossissement, on voit qu'elles sont entièrement formées par des tubes ou vaisseaux. Ces vaisseaux pénètrent dans le pétiole, et par son intermédiaire dans la tige, ils servent à conduire dans celle-ci les aliments préparés par les feuilles, ou à recevoir les liquides que les racines amènent sans cesse dans la plante.

On voit souvent, en automne, les feuilles mortes des arbres réduites, par la destruction des parties molles, à leur réseau de nervures constituant une fine dentelle.

Le tissu qui remplit les intervalles laissés entre les nervures doit sa couleur à une matière verte spéciale, appelée *chlorophylle* ; on appelle ce tissu le *parenchyme* de la feuille.

Telle est la conformation générale des feuilles.

Rôle des feuilles.

Les feuilles ont une grande importance dans la plante. Nous allons mettre en évidence leurs rôles principaux.

1° *Les feuilles assimilent le carbone.* — Les feuilles permettent à la plante de se nourrir du carbone qui est renfermé dans l'air sous forme d'acide carbonique.

Plaçons des feuilles de Haricot, après les avoir bien mouillées, dans une cloche remplie d'eau ordinaire à laquelle on a ajouté une petite quantité d'eau de Seltz, pour lui donner de l'acide carbonique, puis exposons cette cloche à la lumière (fig. 22). Nous verrons bientôt de petites bulles de gaz se dégager des feuilles et se rassembler à la partie supérieure de la cloche.

Recueillons ce gaz quand sa quantité sera assez considérable ; nous verrons qu'il rallume une allumette qui présente encore un point en combustion : c'est de l'oxygène que les feuilles ont dégagé.

En même temps, l'acide carbonique renfermé dans l'eau qui baigne les feuilles est consommé par celles-ci, car, si nous attendons quelques heures, nous ne trouverons plus ce gaz dans l'eau.

Les feuilles ont donc la propriété d'absorber l'acide carbonique qui les entoure, et de dégager de l'oxygène.

Cette expérience démontre que les feuilles décomposent l'acide carbonique, conservent le carbone pour s'en nourrir et rejettent l'oxygène dans l'air.

Mais pour que ce phénomène ait lieu il faut remplir deux conditions :

1° Les feuilles doivent être vertes, c'est-à-dire contenir la matière colorante que nous avons appelée *chlorophylle*.

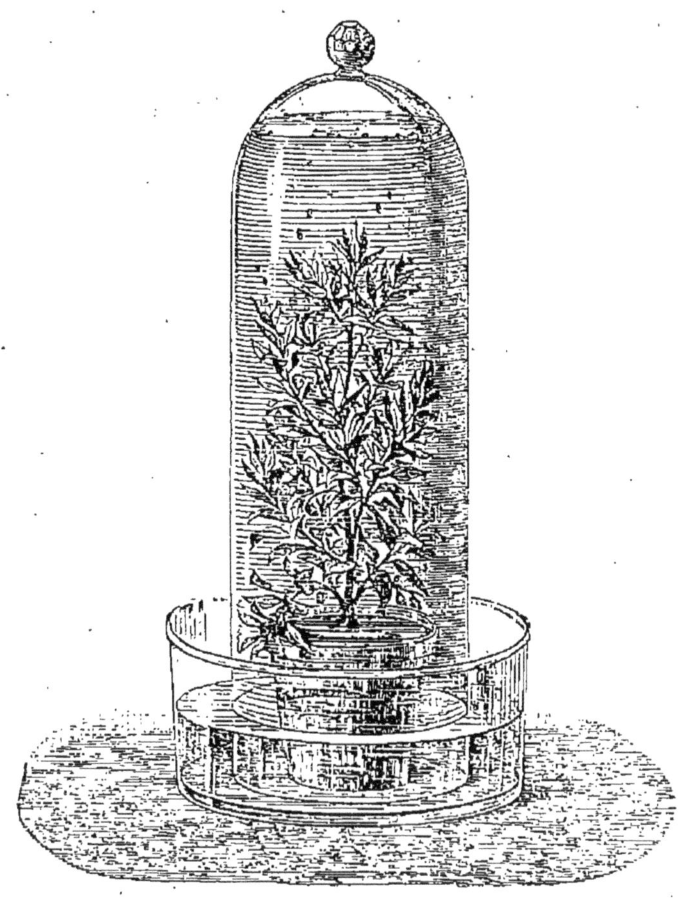

Fig. 22. — Cloche renfermant une plante verte, et exposée au soleil, pour montrer la décomposition de l'acide carbonique par les feuilles. L'oxygène se dégage et vient s'accumuler à la partie supérieure de la cloche.

En effet, les organes dépourvus de la coloration verte, tels que les racines, si on les place dans de l'eau chargée d'acide carbonique, sont incapables d'absorber ce gaz et de dégager de l'oxygène. De même, des feuilles décolorées, telles que les feuilles qui forment le cœur d'une salade, ou les feuilles de Haricot qu'on a fait pousser dans l'obscurité, sont incapables de se nourrir de l'acide carbonique de l'air. C'est parce qu'elles sont privées de *chlorophylle.*

2° Les feuilles doivent être exposées à la lumière.

Si nous placions la cloche renfermant les feuilles dans l'obscurité, nous n'observerions pas, même après une journée, de dégagement d'oxygène.

Nous pouvons encore montrer la nécessité de la lumière pour l'absorption du carbone par l'expérience suivante. Prenons une plante aquatique (*Potamogeton*, ou *Elodea*, plantes très communes dans les rivières et les canaux) et plaçons-la dans de l'eau mélangée d'acide carbonique (fig. 23).

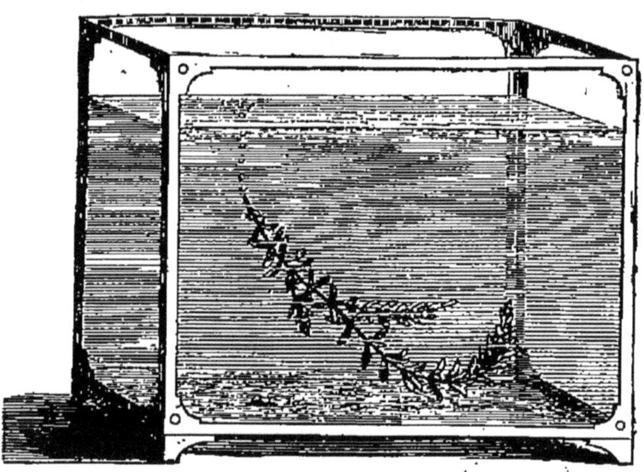

Fig. 23. — Cuve renfermant une branche d'*Elodea canadensis* flottant dans l'eau chargée d'acide carbonique; elle dégage, quand on expose la cuve au soleil, des bulles d'oxygène.

Dès qu'on expose au soleil le vase qui la contient, on voit aussitôt se dégager, par le tronçon de tige, un chapelet de petites bulles gazeuses qui s'échappent à la surface de l'eau : c'est l'oxygène qui se dégage de la plante.

Si l'on porte le vase à l'obscurité, ou si l'on intercepte les rayons du soleil au moyen d'un écran, le dégagement d'oxygène cesse, pour reprendre aussitôt qu'on replace la plante à la lumière.

On voit donc que les feuilles qui ne contiennent pas de matière verte, ou qui sont maintenues à l'obscurité, ne peuvent pas se nourrir de l'acide carbonique de l'air.

Quand on maintient une plante à l'obscurité pendant longtemps, la matière verte que renfermaient les feuilles se détruit, et celles-ci jaunissent; les plantes décolorées par un long séjour dans l'obscurité sont dites *étiolées*.

L'homme emploie pour son alimentation un grand nombre de plantes que l'étiolement rend alimentaires. Tels sont les salades, les choux.

Ainsi, quand les feuilles vertes reçoivent la lumière, elles se nourrissent du carbone qui existe dans l'air sous forme d'acide carbonique et rejettent l'oxygène; c'est ce phénomène qu'on appelle *assimilation du carbone*.

2° *Les feuilles respirent.* — Les feuilles, ainsi que toutes les parties des plantes que nous avons déjà examinées, respirent, c'est-à-dire absorbent de l'oxygène et dégagent de l'acide carbonique.

Pour le montrer, plaçons à l'obscurité ou à l'ombre, sous une cloche, un plant de Haricot, et à côté de lui un vase contenant de l'eau de chaux ou de baryte.

Au bout de peu de temps, on constate que l'eau de baryte devient trouble, laiteuse, comme si l'on avait soufflé dans cette eau l'air venant des poumons : les feuilles ont donc dégagé de l'acide carbonique. On peut constater de plus, en analysant l'air de la cloche, qu'il contient moins d'oxygène qu'au début de l'expérience.

Les feuilles respirent donc comme toutes les parties vivantes de la plante. Mais quand elles sont exposées à la lumière, le phénomène de la respiration est masqué, parce que les feuilles consomment à ce moment l'acide carbonique de l'air en rejetant l'oxygène. Aussi, pour pouvoir montrer la respiration des feuilles, avons-nous dû placer ces organes dans l'obscurité, afin de supprimer l'assimilation du carbone.

3° *Les feuilles exhalent de la vapeur d'eau.* — Les feuilles débarrassent la plante de l'excès d'eau apporté par les racines.

Sur l'un des plateaux d'une balance plaçons une branche garnie de feuilles et plongeant dans un vase contenant de l'eau, puis mettons la balance en équilibre au moyen d'une tare. Au bout d'une demi-heure, le plateau contenant la tare s'abaisse ; cela tient à ce que les feuilles ont diminu de poids en exhalant sous forme de vapeur une partie d l'eau qu'elles contenaient. En effet, si on recommence l'expé rience en couvrant les feuilles d'une cloche, on voit bientô les parois de celle-ci se couvrir de gouttelettes d'eau prove nant de la vapeur exhalée par les feuilles.

L'eau exhalée par les feuilles est aussitôt remplacée pa celle qui vient des racines. Pour le démon trer, on plonge une feuille par son pétiol dans l'une des branches d'un tube en U rempli d'eau et on ajoute dans l'autre bran che un tube horizontal de petit diamètre L'appareil étant rempli exactement, on mar que le niveau de l'eau dans le tube horizon tal. Soit *a* le niveau. Au bout de quelques instants on voit le niveau se déplacer vers la feuille, arriver en *b* par exemple et indiquer que la feuille absorbe de l'eau. Le déplacement *ab* du niveau dans le tube permet de mesurer la quantité d'eau absorbée. La quantité de vapeur d'eau exhalée par les feuilles est variable. Elle est plus grande quand l'air est chaud que lorsqu'il est froid. Elle est aussi plus grande quand l'air est sec que lorsqu'il est humide.

Fig. 24. — Appareil montrant que les feuilles absorbent constamment de l'eau pour remplacer celle qui s'évapore.

C'est parce que les feuilles rejettent la vapeur d'eau dans l'air que les bouquets placés dans des vases remplis d'eau consomment si rapidement celle qu'on y verse. C'est à cause de l'exhalation de vapeur d'eau par les feuilles que beaucoup de plantes périssent en été au moment de la sécheresse.

Les feuilles sont donc principalement chargées : 1° de nourrir la plante en fixant le carbone qui est contenu dans l'air sous forme d'acide carbonique; 2° de rejeter sous forme de vapeur l'excès d'eau contenu dans le corps de la plante et introduit par les racines.

Mais elles n'accomplissent ces fonctions que si elles peuvent respirer, c'est-à-dire si elles se trouvent dans un milieu contenant de l'oxygène, où elles absorbent ce gaz en dégageant de l'acide carbonique.

Différentes sortes de feuilles.

Les feuilles offrent des apparences très variées, dues surtout à la disposition des nervures, à la forme du limbe, et à l'arrangement qu'elles offrent sur la tige.

Ces variations sont souvent utilisées pour la distinction des différentes sortes de plantes : aussi devons-nous signaler les plus importantes.

Disposition des nervures dans les feuilles. — Les feuilles d'un Iris (fig. 12) ont les nervures parallèles entre elles sur toute la longueur ; le Poireau (fig. 25) offre la même disposition. Mais dans le plus grand nombre des plantes les nervures sont réticulées, c'est-à-dire dirigées en tous sens et forment un réseau compliqué, comme nous l'avons vu pour la feuille du Tilleul.

Fig. 25. — Poireau montran les feuilles à nervures parallèles.

Les feuilles à nervures réticulées peuvent présenter une nervure principale continuant le pétiole et occupant le milieu du limbe : cette nervure forme ce qu'on appelle la *côte* de la feuille ; des nervures plus petites se détachent régulièrement de chaque côté de la nervure principale, et offrent la même disposition que les barbes d'une plume. Les feuilles qui présentent cette disposition sont appelées *penninerviées*. Le Tilleul, le Châtaignier (fig. 26) nous en offrent des exemples.

Fig. 26. — Branche de Chataignier montrant les feuilles à nervation pennée.

D'autres feuilles à nervures réticulées présentent, à l'endroit où le pétiole se rattache au limbe, plusieurs nervures de même importance qui divergent comme les doigts de la main ; de semblables feuilles sont appelées *palminerviées*. Exemple : Lierre, Mauve (fig. 27).

Formes et découpures du limbe des feuilles. — Les feuilles diffèrent entre elles, non seulement par la disposition des nervures, mais aussi par la forme et par les découpures du limbe.

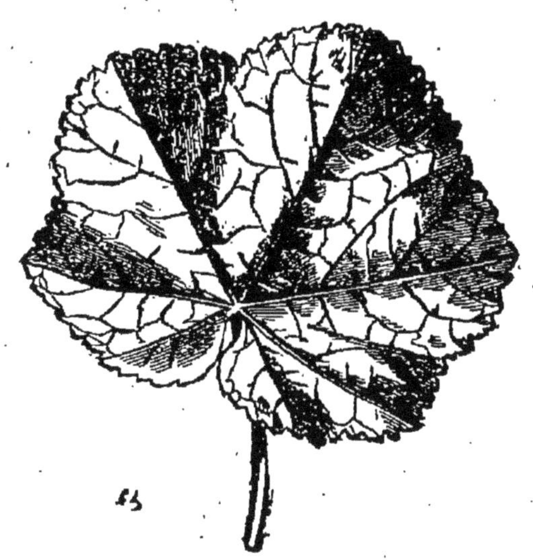

Fig. 27. — Feuille de Mauve à nervures palmées.

Fig. 28. — Feuille de Chanvre à limbe profondément découpé.

Quand le contour du limbe est dépourvu de découpures, la feuille est *entière*, comme on le voit dans une feuille de Lilas.

Mais le plus souvent les bords de la feuille sont découpés

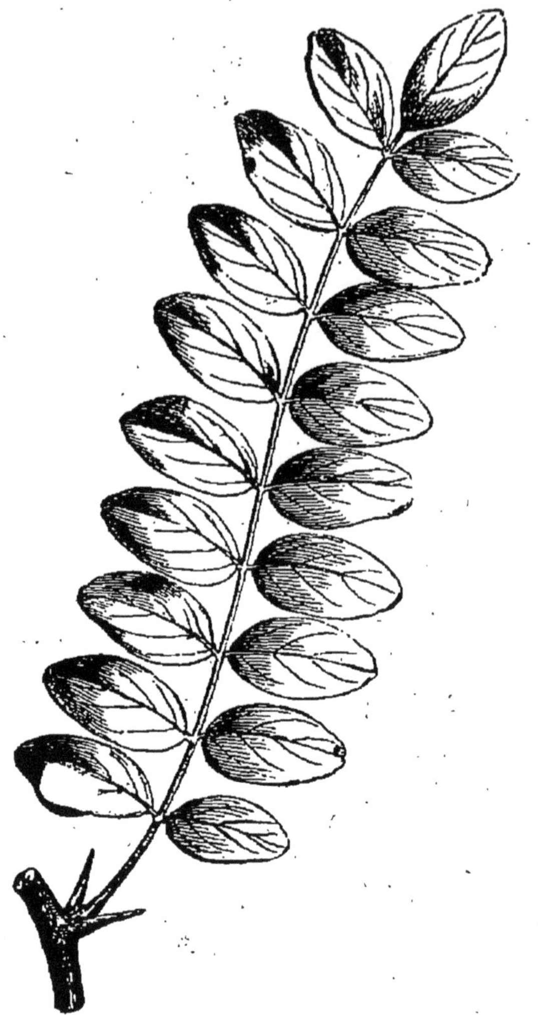

Fig. 29. — Feuille de Robinia ou Faux-Acacia ; c'est une feuille composée pennée.

plus ou moins profondément ; ainsi la feuille du Tilleul est *dentée*, c'est-à-dire pourvue de découpures très petites en forme de dents de scie (fig. 21). La feuille du Lierre est *lobée*, c'est-à-dire munie de découpures assez profondes et peu nombreuses (fig. 17) ; celle du Chanvre (fig. 28) est profondément découpée.

Il y a des feuilles si profondément découpées, que le limbe est réduit à de fines lanières qui accompagnent les nervures ; c'est ce qu'on observe dans la Carotte, l'Angélique.

On peut rapprocher des feuilles à limbe découpé les feuilles dites *composées*, comme celles que présentent l'Acacia et le Marronnier d'Inde. Dans ces feuilles, le limbe manque autour de la nervure principale, et il est réduit à de petites lames entourant les nervures secondaires; ces lames, appelées *folioles*, simulent autant de petites feuilles ayant un support commun.

L'Acacia (fig. 29), la Sensitive ont des feuilles composées pennées, tandis que le Marronnier d'Inde a des feuilles composées palmées.

Arrangement des feuilles sur la tige. — La manière dont les feuilles sont attachées sur la tige n'étant pas toujours la

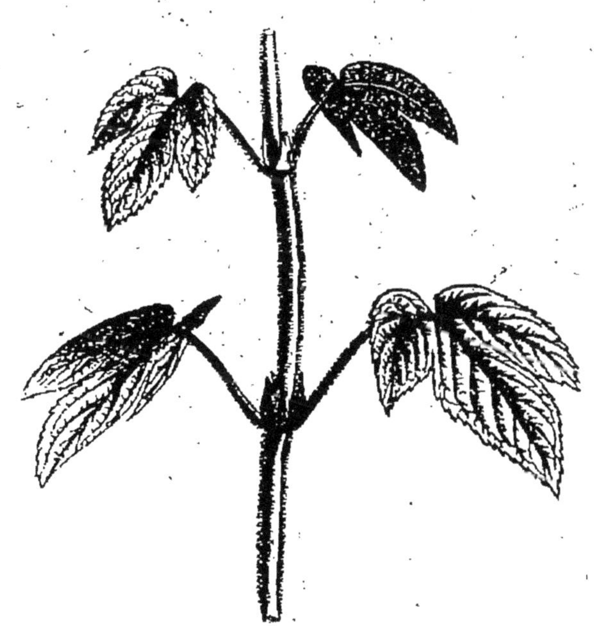

Fig. 30. — Branche de Houblon montrant les feuilles opposées et les stipules.

même, nous devons signaler les principales modifications. En général il n'existe qu'une feuille pour une tranche déterminée de la tige : chaque nœud ne comprend qu'une feuille, comme dans le Blé, le Pêcher, le Haricot; les feuilles sont dites *éparses*.

Fig. 31. — Branche de Laurier rose portant les feuilles verticillées par trois

Il existe un certain nombre de plantes qui présentent plusieurs feuilles attachées au même nœud de la tige ; dans ce cas les feuilles forment généralement une couronne, dont le centre est occupé par la tige : elles constituent ce que l'on appelle un *verticille*. Le Laurier rose, la Garance, le Caille-lait ont des feuilles verticillées.

Le nombre des feuilles du verticille est variable : quand

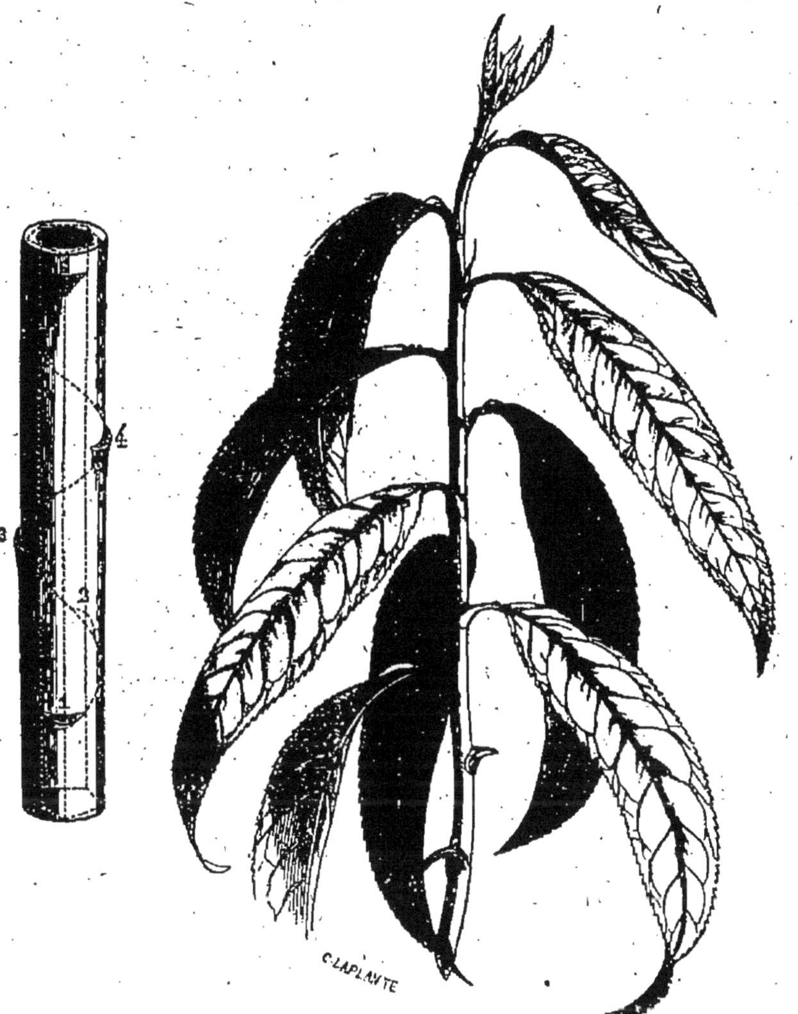

Fig. 32. — Branche de Pêcher montrant l'arrangement des feuilles sur la tige. Elles sont disposées sur cinq rangées longitudinales.

il y en a deux, les feuilles sont *opposées*, ex. : Lamier, Houblon (fig. 30) ; s'il y en a trois, comme dans le Laurier rose, elles sont *ternées* (fig. 31).

Les plantes à feuilles éparses sont plus nombreuses, et si

on les examine avec attention, on s'aperçoit que les feuilles sont insérées avec une grande régularité.

Prenons comme exemple le Pêcher. Si nous traçons une ligne continue le long de la tige en joignant les points d'insertion des feuilles successives, nous décrivons une spirale régulière qui contient toujours exactement cinq feuilles pour deux tours complets de la spirale (fig. 32). On s'aperçoit alors

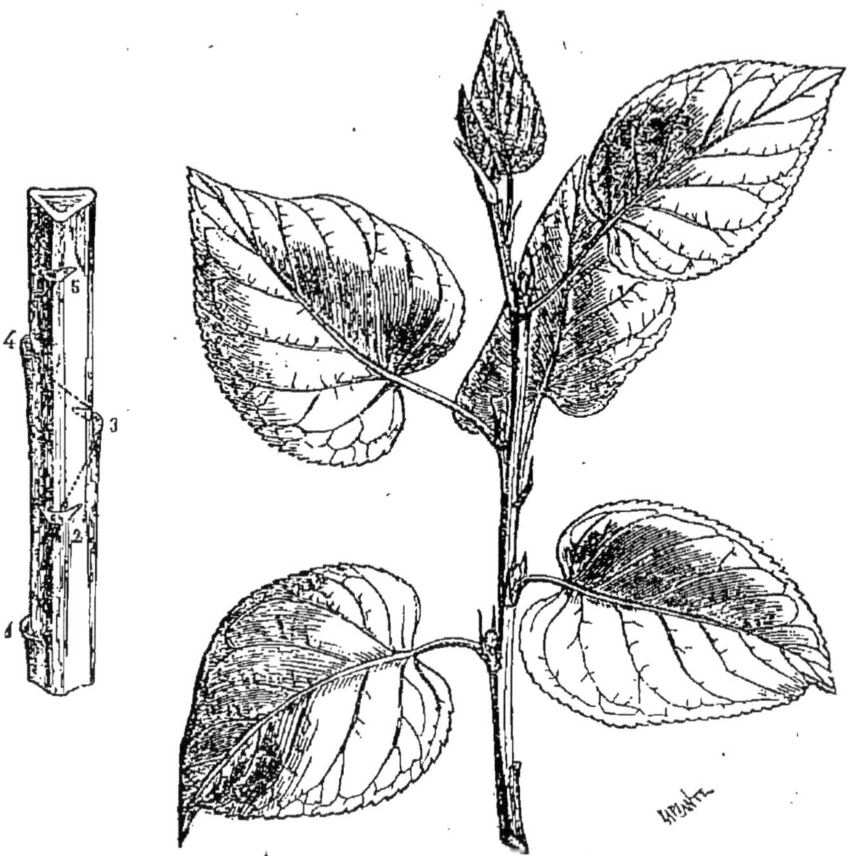

Fig. 33. — Aune. Disposition des feuilles sur la tige suivant trois rangées longitudinales.

que les feuilles sont disposées le long de la tige suivant cinq rangées longitudinales. La 5e est superposée à la 1re, la 7e à la 2e, etc.

En examinant une branche d'Aune, on trouve que la spirale tracée de la même façon contient trois feuilles pour chaque tour complet (fig. 33), de sorte que les feuilles de cet arbre sont disposées suivant trois rangées le long de la tige.

Enfin on voit sur une branche d'Orme (fig. 34) que les feuilles sont alternativement placées à droite et à gauche de la tige et dans un même plan. On les appelle feuilles

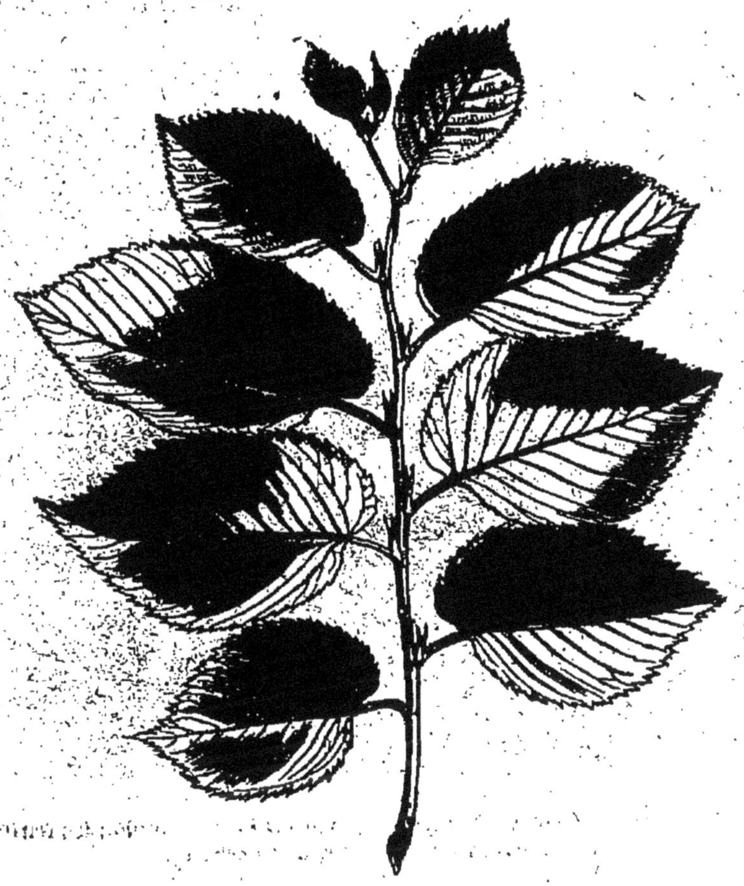

Fig. 34. — Branche d'Orme montrant les feuilles distiques

distiques. L'Iris, le Glaïeul ont aussi des feuilles distiques.

Ainsi les feuilles éparses sont disposées ordinairement en spirales régulières le long de la tige.

Modifications des feuilles. — La forme des feuilles est en général la même dans toute l'étendue d'une plante, de sorte qu'on peut reconnaître une espèce à l'inspection d'une de ses feuilles.

Mais il existe des cas où les feuilles se transforment sur la même plante; c'est ainsi que les feuilles qui se trouvent au niveau du sol sont souvent différentes de celles que portent les rameaux. Les modifications les plus importantes s'ob-

Fig. 35. — Renoncule d'eau. Les feuilles nageantes ont un limbe; les feuilles submergées sont réduites aux nervures.

servent dans les plantes aquatiques; ainsi la Renoncule d'eau (Grenouillette) a deux sortes de feuilles : les unes, nageantes, sont à limbe arrondi, palmé, tandis que les feuilles submergées sont dépourvues de limbe et réduites aux nervures (fig. 35).

On observe des modifications analogues dans les feuilles de la Sagittaire : les feuilles submergées sont réduites à de longues lanières où l'on ne distingue ni pétiole, ni limbe, tandis que les feuilles aériennes ont un limbe en forme de flèche (fig. 36).

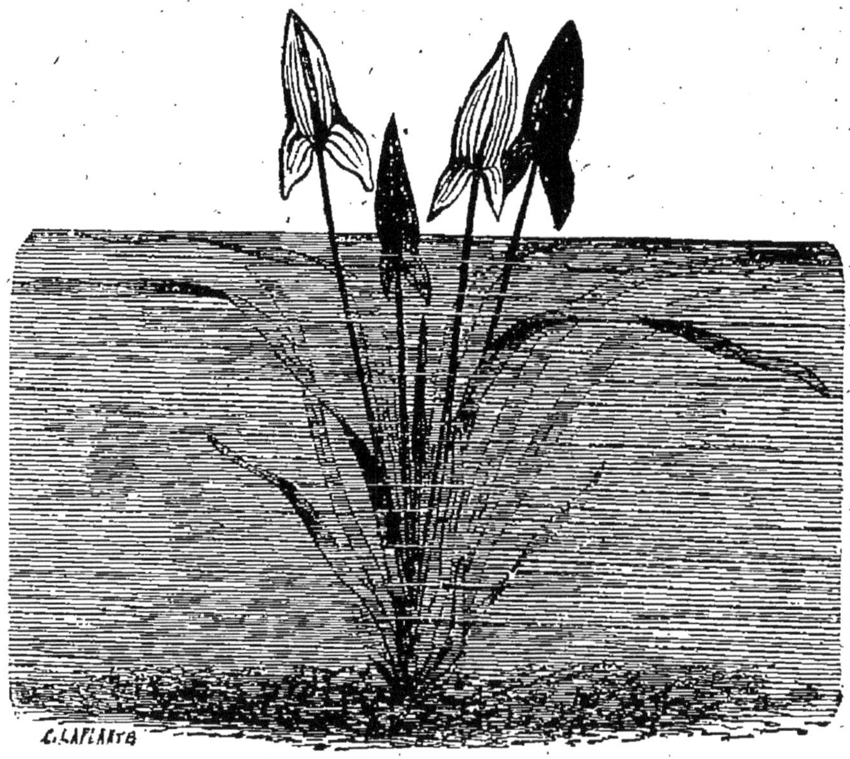

Fig. 36. — Pied de Sagittaire montrant les différentes formes des feuilles.

En résumé, les feuilles sont essentiellement formées par une lame appelée *limbe*, accompagnée de parties accessoires, *pétiole*, *gaine* ou *stipules*.

Elles contiennent une grande quantité de matière verte ou chlorophylle, qui leur permet de se nourrir de l'acide carbonique de l'air; elles respirent; elles exhalent sous forme de vapeur l'eau contenue en excès dans la plante.

TIGES

La tige est la partie de la plante qui se dirige ordinairement de bas en haut et qui porte les feuilles.

Examinons la tige d'un Haricot ou d'une Pomme de terre. Elle se présente sous l'aspect d'un cordon coloré en vert,

portant de distance en distance les feuilles; la région qui porte une feuille s'appelle *nœud*, et la région qui sépare deux feuilles successives porte le nom d'*entre-nœud*.

Vers le sommet, elle présente des entre-nœuds de plus en plus courts : ce sont les plus jeunes. Enfin, au sommet même, la tige est recouverte par les feuilles les plus jeunes, qui la protègent. On donne à la partie qui termine la tige le nom de *bourgeon terminal*; cette région permet à la tige de s'allonger sans cesse et de former de nouvelles feuilles.

Outre le bourgeon terminal, on voit presque toujours apparaître sur les côtés de la tige, à l'endroit où les feuilles se détachent de celle-ci, de petits renflements semblables au bourgeon terminal. On les nomme *bourgeons axillaires*, parce qu'ils occupent l'aisselle de la feuille, c'est-à-dire la cavité située à la base du pétiole; ces bourgeons sont destinés à former les branches ou les rameaux de la tige et on les observe facilement au printemps sur tous les arbres.

Conformation intérieure de la tige. — Examinons une

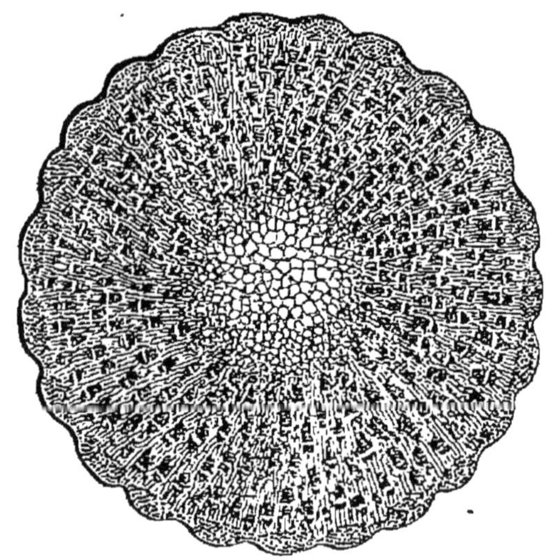

Fig. 37. — Coupe en travers de la queue d'un Artichaut montrant les vaisseaux. Il existe au centre un espace libre dépourvu de vaisseaux : c'est la moelle.

tranche mince d'une coupe en travers de la tige d'un Haricot : nous apercevons, au milieu du tissu qui forme la tige, des tubes dont les parois sont ornées de sculptures diverses. Dans la tige du Haricot, ces tubes sont disposés en groupes plus ou moins nombreux, et forment un cercle situé dans la région moyenne de la tige. La partie extérieure à ce cercle est l'écorce, la partie intérieure est la moelle. Ces deux régions manquent de vaisseaux. On voit encore mieux dans un pédoncule d'Artichaut les vaisseaux que contient la tige (fig. 37). Ils sont très nombreux et forment plusieurs rangées autour de la moelle.

Dans une tige d'Érable on observe la même chose, mais

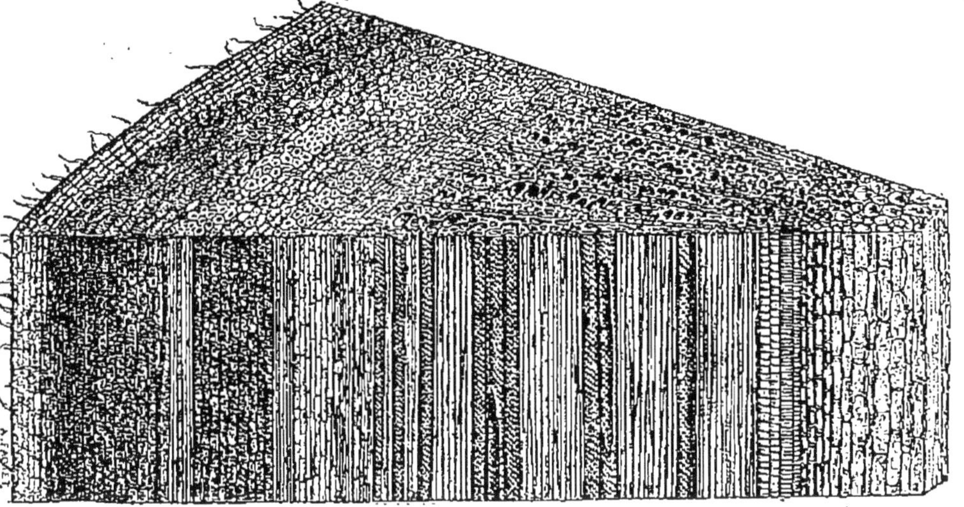

Fig. 38. — Quartier d'Érable très grossi pour montrer les vaisseaux du bois.

les vaisseaux sont plus nombreux et occupent les régions de la tige que l'on nomme le *bois* et le *liber*.

Les différents vaisseaux que contient la tige sont en continuité, d'une part avec ceux de la racine, et d'autre part avec ceux qui forment les nervures des feuilles. Ils établissent donc une communication entre les racines et les feuilles.

On les aperçoit très bien dans une vue latérale d'un quartier d'Érable, où les vaisseaux du bois sont très apparents et se reconnaissent aux sculptures de leurs parois (fig. 38).

Rôle de la tige.

La tige sert à supporter les feuilles, mais elle a encore d'autres rôles importants à remplir.

La tige est un organe conducteur. — La tige conduit les matières alimentaires dans la plante. Elle sert surtout à amener dans les feuilles, au moyen des vaisseaux qu'elle contient, les substances alimentaires puisées dans le sol par les racines, et, inversement, elle dissémine dans toute la plante les aliments préparés dans les feuilles.

En effet, coupons à sa base la tige d'une plante en pleine végétation, d'un Haricot ou d'une Pomme de terre, dont les racines sont plongées dans le sol. La surface de la tranche est d'abord sèche, puis au bout de quelques secondes elle se couvre d'un liquide incolore; si l'on enlève ce liquide au moyen de papier buvard, il se renouvelle bientôt et autant de fois qu'on recommence l'expérience. En examinant avec une loupe la section de la tige au moment où le liquide réapparaît, on s'aperçoit que les gouttelettes s'échappent précisément des vaisseaux que nous avons vus dans la tige.

Il existe donc dans la tige des courants de liquide destinés à disséminer les matières alimentaires; on les appelle courants de *sève*.

La tige est un organe de réserve. — Le rôle d'organe de soutien et celui d'organe conducteur sont les plus importants de la tige, mais elle accomplit encore d'autres fonctions. Dans beaucoup de plantes, elle constitue un organe où la nourriture est mise en réserve à l'époque de la mauvaise saison, pour être utilisée à la reprise de la végétation.

Ainsi c'est dans le tronc des arbres de nos pays que s'accumulent les aliments à l'époque de la chute des feuilles. Certaines parties dans la tige souterraine de la Pomme de terre se renflent, se remplissent de fécule et constituent les tubercules de cette plante (fig. 39). Enfin c'est dans la tige de la Canne à sucre que le sucre ordinaire vient s'accumuler au moment où la plante va fleurir, pour servir au développement des fleurs et à la formation des graines.

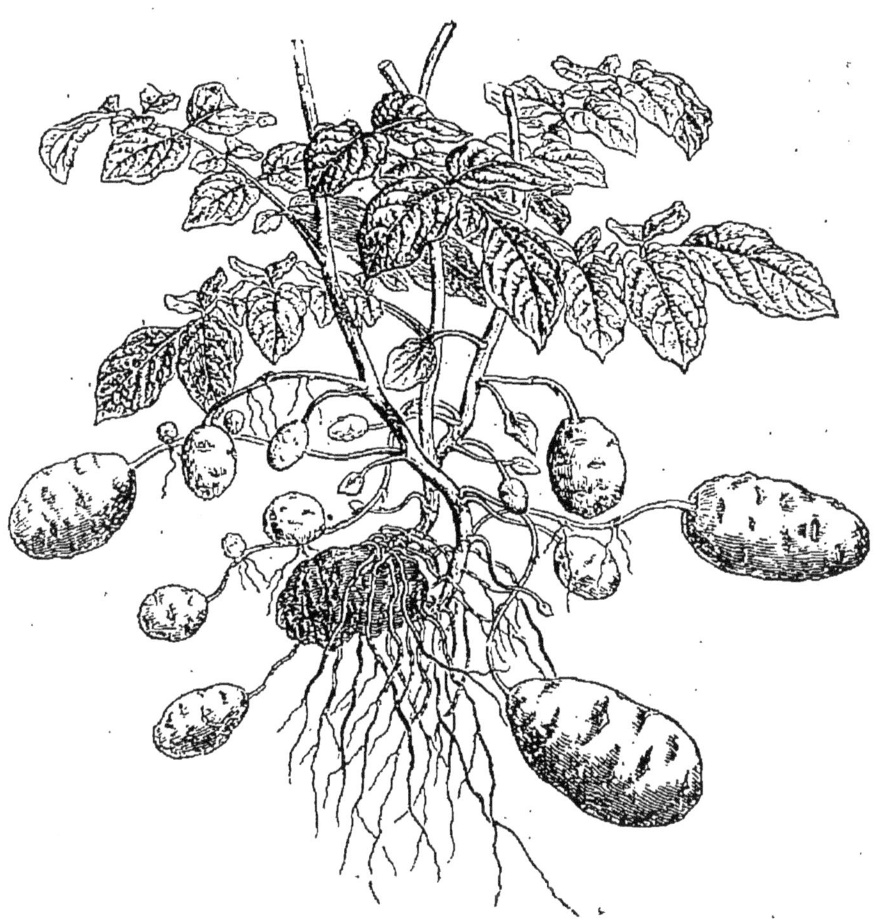

Fig. 39. — Fragment de Pomme de terre montrant que les tiges souterraines se renflent en certains points et forment les tubercules, organes de réserve alimentaire.

La tige respire. — Mais les diverses fonctions que la tige doit remplir ne peuvent s'accomplir que si cet organe peut respirer.

Quand on place des fragments de tige dans une éprouvette contenant de l'air, on s'aperçoit que l'oxygène de l'air disparaît peu à peu et qu'il est remplacé par de l'acide carbonique.

Différentes sortes de tiges.

Les tiges offrent une grande variété, et pour les étudier on peut les examiner à plusieurs points de vue.

Consistance et durée des tiges. — Les tiges d'un Haricot, d'une Pomme de terre sont toujours vertes, molles et se cassent facilement. Elles se dessèchent et périssent chaque année. On les appelle des tiges *herbacées*.

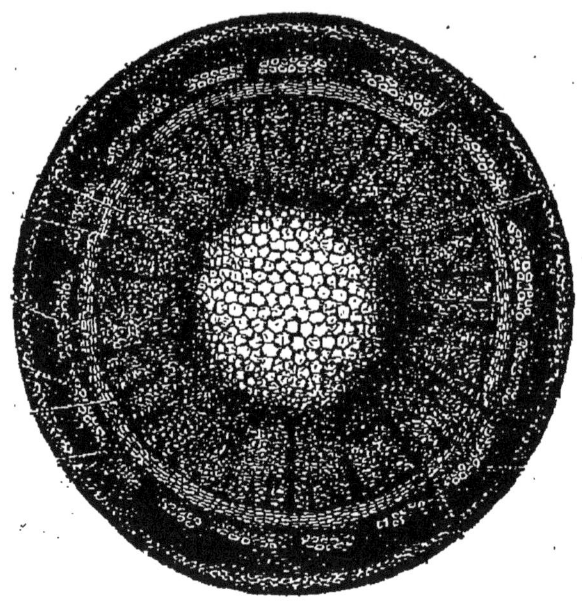

Fig. 40. — Tronc jeune d'Érable montrant les régions qui renferment les vaisseaux

Toutes les tiges ne sont pas semblables à celles du Haricot, et si nous examinons les tiges des arbres, d'un Chêne, d'un Érable par exemple, nous verrons qu'elles sont d'abord vertes, puis elles deviennent brunes et leur consistance augmente beaucoup. Quand on les coupe en travers, on s'aperçoit que la plus grande partie de leur épaisseur est formée par une matière brune, dure, qu'on appelle *bois*. Les tiges ainsi constituées sont nommées tiges *ligneuses;* elles appartiennent toujours à des plantes qui vivent plus d'un an.

Les tiges herbacées n'augmentent pas beaucoup en épaisseur, car elles ne vivent qu'une année, tandis que les tiges ligneuses peuvent acquérir une épaisseur considérable. Par exemple la tige d'un Chêne, qui, jeune, avait à peine la grosseur d'un tuyau de plume, peut acquérir, si elle vit un grand nombre d'années, plusieurs mètres de circonférence.

Une coupe en travers du tronc d'un Érable présente au centre la moelle, qui est enveloppée d'un cercle de bois (fig. 40).

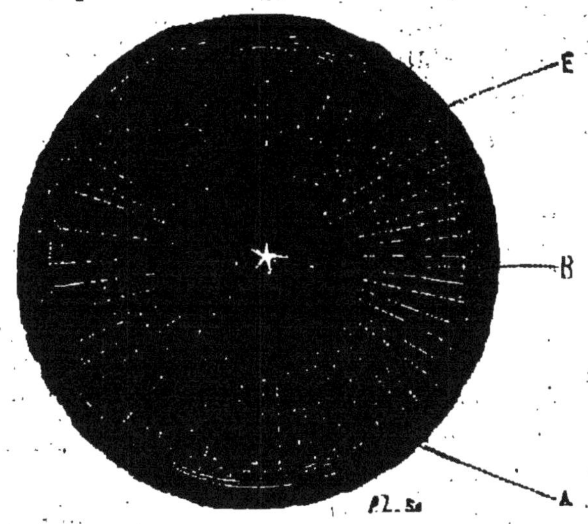

Fig. 41. — Tronc de Chêne de dix-huit ans : E, écorce; A, aubier; B, cœur du bois. On voit les couches annuelles au nombre de 18, et les rayons médullaires.

Celui-ci est recouvert par une couche mince appelée *écorce* et, à la limite de l'écorce et du bois, il existe une région de tissu sans cesse en voie de formation : c'est la *zone génératrice*, au moyen de laquelle le tronc d'un Érable accroît son épaisseur.

En effet, la zone génératrice reste vivante pendant toute la vie de l'arbre, et elle forme sans cesse de nouvelles couches de bois à sa surface intérieure et de nouvelles couches d'écorce à sa surface extérieure.

Cette région est très développée au printemps, et comme elle est molle, on peut à ce moment la déchirer facilement et décoller l'écorce du bois; c'est ce que font les enfants quand ils fabriquent des sifflets avec l'écorce des arbres.

Le tronc d'un Chêne assez âgé est presque entièrement

formé par le bois; l'écorce est très mince, et la moelle, qui occupe le centre, est peu développée. Ordinairement le bois qui est au centre du tronc est brun : c'est le *cœur du bois;* celui qui est à l'extérieur, contre l'écorce, est jaune ou blanc : c'est l'*aubier*. Cette dernière partie représente toujours la partie la plus jeune du bois, et la seule vivante, c'est elle qui est traversée par les liquides de la plante; le cœur du bois est formé par des tissus morts qui ont perdu la plus grande partie de l'eau qu'ils contenaient.

Dans nos pays, la formation du bois au moyen de la couche génératrice n'a pas lieu régulièrement toute l'année : le bois formé au printemps est plus poreux et contient de plus larges vaisseaux que le bois formé à l'automne; aussi, quand on examine le tronc d'un chêne, voit-on le bois décomposé en un grand nombre de couches concentriques, entourant la moelle. Chaque couche représente le bois formé pendant une année : elle est constituée d'abord de bois poreux ou bois de printemps, puis de bois d'automne qui est compact, de sorte que le nombre de ces couches permet de compter l'âge d'un tronc d'arbre. C'est le mélange du bois de printemps et d'automne qui donne naissance aux veines du bois, si recherchées dans la menuiserie et l'ébénisterie.

Outre les couches que nous venons de signaler, le tronc d'un chêne est sillonné de raies qui vont du centre à la circonférence; ces régions ne contiennent pas de vaisseaux et sont peu résistantes : on les appelle *rayons médullaires*. C'est suivant les rayons médullaires que le bois se fend facilement.

Genre de vie des tiges. — Les tiges se distinguent entre elles, non seulement par leur durée et leur consistance, mais encore par leur genre de vie.

Il existe des *tiges aériennes* et des *tiges souterraines.*

Les tiges aériennes se présentent sous des aspects différents. Tantôt, et c'est le cas le plus ordinaire, elles sont dressées verticalement (fig. 42). Les tiges des plantes ligneuses sont ainsi disposées.

D'autres fois les tiges sont trop grêles, et leur consistance est trop faible pour qu'elles restent verticales : elles se

Fig. 42. — Sapin élevé. Exemple de tige dressée.

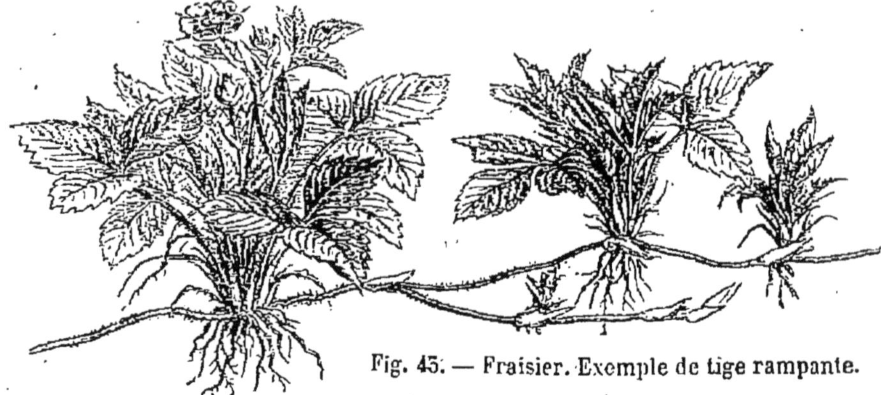

Fig. 43. — Fraisier. Exemple de tige rampante.

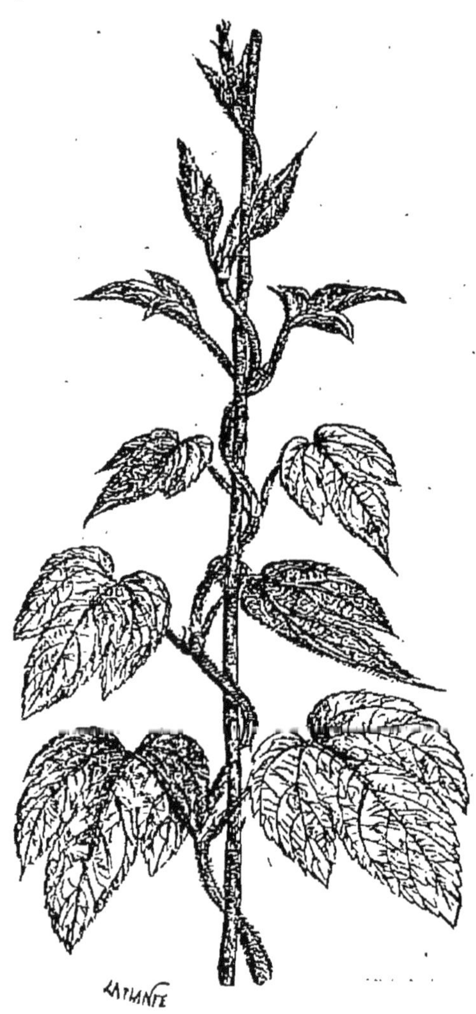

Fig. 44. — Houblon. La tige s'enroule autour des perches qui servent de support à chaque pied.

couchent sur le sol et sont dites *rampantes;* telles sont les tiges du Fraisier (fig. 43), de certaines Renoncules.

Un certain nombre de tiges rampantes peuvent s'élever, si elles se trouvent à proximité de points d'appui, arbres,

Fig. 45 — Fragment d'une tige de Pois portant une feuille composée. Les folioles terminales sont transformées en vrilles. A la base de la feuille on aperçoit deux larges stipules.

murs, etc.; ce sont alors des tiges *grimpantes*. Les unes grimpent en s'enroulant autour des arbres ou des tuteurs, comme le Liseron des Haies, le Houblon (fig. 44). Les autres s'élèvent en s'accrochant aux arbres des haies, ou aux murs, au moyen de cordons qu'on appelle *vrilles;* ces cordons sont des feuilles ou des branches transformées : ils ont la propriété, lorsqu'ils rencontrent des obstacles, de

Fig. 46. — Rameau de Melon portant des vrilles qui sont constituées par des feuilles transformées.

s'enrouler autour d'eux, et de fixer ainsi solidement la plante à son support.

Les Pois grimpent au moyen de vrilles formées par les folioles supérieures (fig. 45). Il en est de même pour les Melons (fig. 46), mais dans ces plantes les feuilles entières sont transformées en vrilles.

La Vigne Vierge possède aussi des vrilles au moyen desquelles elle peut s'élever; elles sont constituées par les branches transformées, mais ces vrilles s'appliquent sur les murs, et y restent adhérentes.

Les tiges peuvent encore grimper de beaucoup d'autres manières; nous avons vu déjà que le Lierre s'élève en se fixant aux murs ou aux arbres au moyen de ses racines adventives. Les Ronces grimpent au moyen de leurs crochets ou aiguillons.

Les *tiges souterraines*, complètement enfouies dans le sol, sont souvent confondues avec les racines, et à cause de cette ressemblance elles ont été désignées sous le nom de *rhizomes*. On peut toujours les distinguer des racines, parce qu'elles portent des feuilles et des bourgeons, tandis que les racines ne développent jamais ces organes.

L'Iris, le Sceau-de-Salomon, nous présentent des exemples de tiges souterraines ou *rhizomes*.

Certaines tiges souterraines s'allongent beaucoup sous la terre et poussent à de grandes distances leurs bouquets de feuilles; tels sont les Carex. Le rhizome d'un Carex (fig. 47) est constitué par un cordon très grêle, couvert d'écailles et de racines adventives, qui s'allonge toujours sous terre sans jamais faire sortir son extrémité. On voit se détacher sur les côtés du rhizome des bourgeons axillaires qui développent chacun une tige aérienne garnie d'un bouquet de feuilles, et simulent autant de pieds distincts; mais quand on arrache l'un de ces pieds, on entraîne tous les autres avec le rhizome qui les réunissait.

Le rhizome du Sceau-de-Salomon (fig. 48) est différent. Si l'on examine un pied de cette plante, on aperçoit un rhizome assez long qui présente, de distance en distance, des renflements, et, au milieu de ceux-ci, de petites empreintes ou *cicatrices* qu'on a comparées aux empreintes d'un cachet sur la cire. Ce rhizome est terminé par une tige aérienne portant des feuilles et des fleurs. A la base de la tige aérienne on voit un bourgeon.

Vers la fin de l'été, la tige aérienne se flétrit et sa chute laisse sur le rhizome une nouvelle cicatrice, de sorte que le nombre des cicatrices que l'on trouve indique le nombre

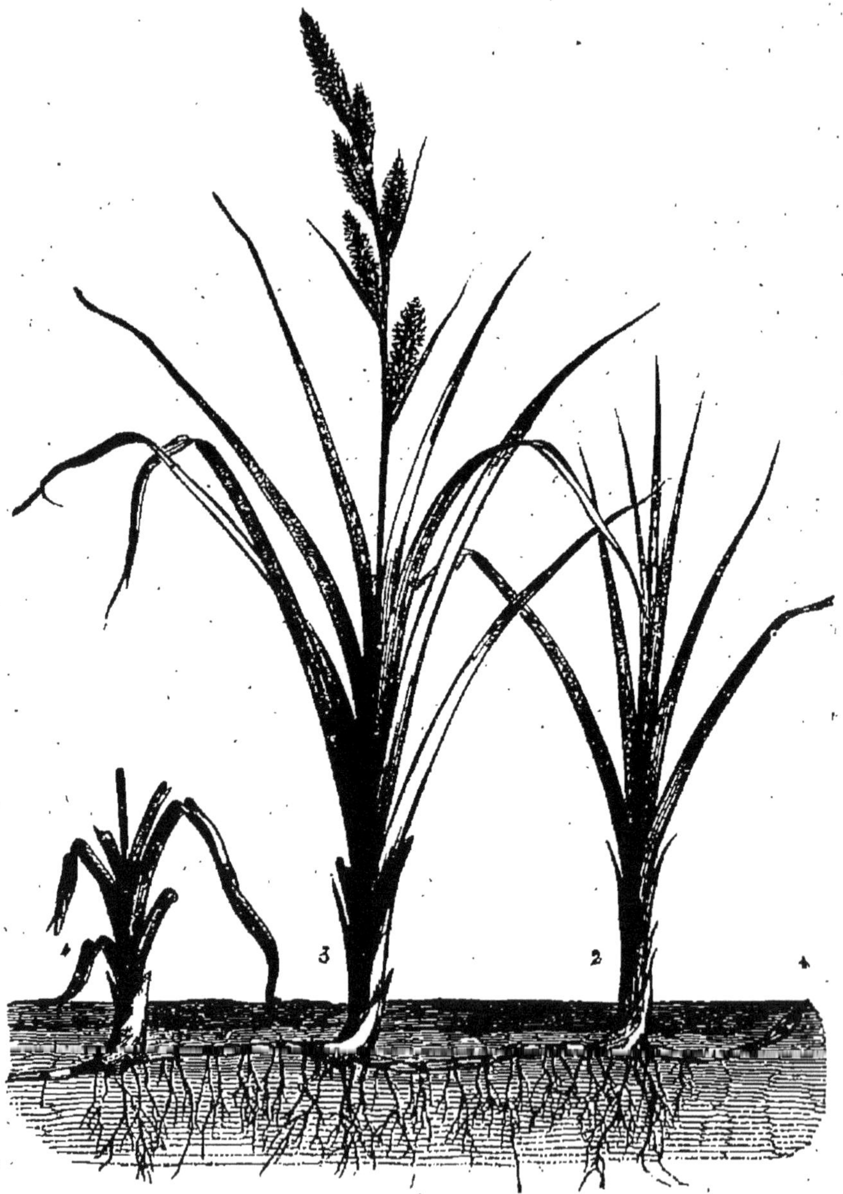

Fig. 47.— Carex. Il présente une tige souterraine couverte d'écailles, sur laquelle s'attachent quelques branches aériennes.

d'années du rhizome. Quant au bourgeon qui est à la base de la tige aérienne, il se développera au printemps suivant en une nouvelle partie aérienne, qui subira le même sort que celle que nous venons d'examiner.

Le rhizome d'Iris, noueux, est couvert des cicatrices laissées par les feuilles; il porte des racines adventives et les extrémités de la tige ou de ses branches sont toujours terminées par un bouquet de feuilles épanouies dans l'air. Les

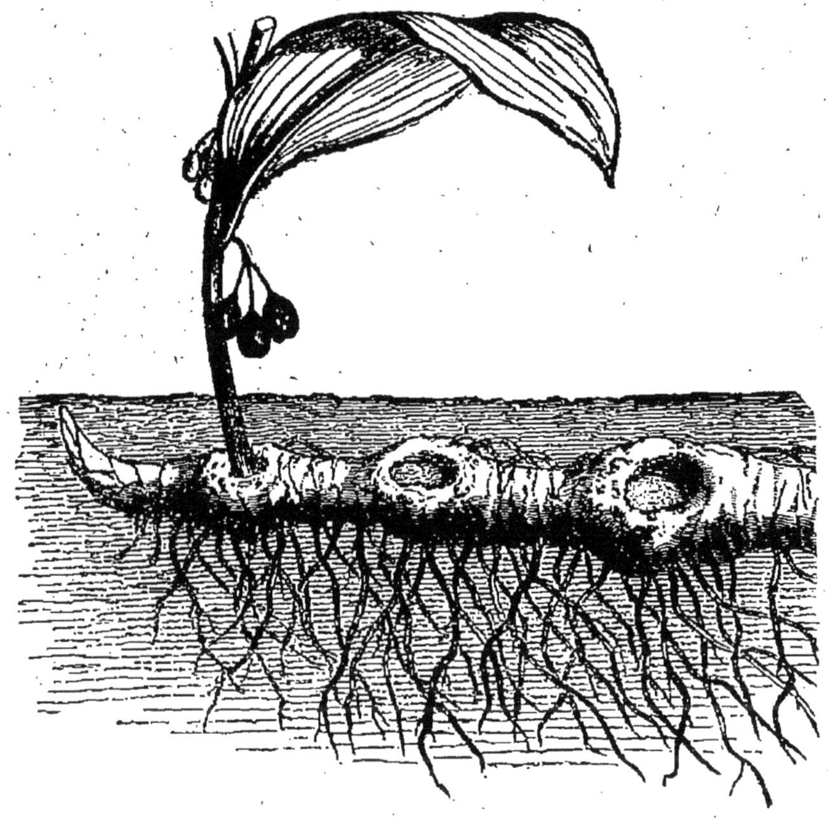

Fig. 48. — Sceau-de-Salomon présentant sa tige souterraine et sa tige aérienne. La tige aérienne se détruit chaque année et laisse une cicatrice sur le rhizome.

renflements qu'on observe sur ce rhizome sont les parties formées pendant une année.

D'autres tiges souterraines sont très courtes et acquièrent une grande épaisseur; elles sont enveloppées par les feuilles desséchées et minces : on les appelle *bulbes solides;* telles sont les tiges de Glaïeul, de Safran (fig. 49). Enfin les tubercules de certaines plantes, notamment les tubercules de la

Pomme de terre, sont aussi des fragments de tiges souterraines.

On peut toujours s'assurer que les bulbes et les tubercules sont des tiges, car, en examinant leur surface, on y trouve

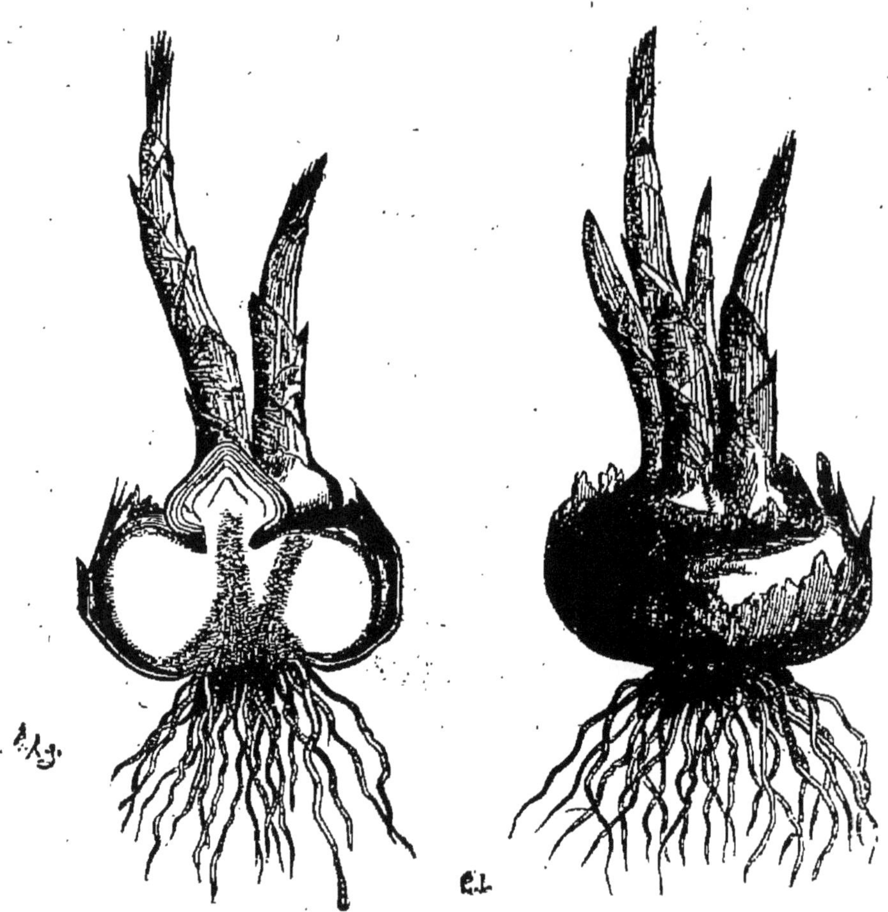

Fig. 49. — Bulbe de Safran entier et coupé. On voit le bulbe de l'année précédente et à son sommet trois ou quatre bourgeons qui développeront autant de nouveaux bulbes.

les restes des anciennes feuilles, sous la forme de cicatrices ou d'écailles, et on aperçoit des bourgeons qui se développent à l'aisselle des feuilles.

Bourgeons.

Nous venons d'étudier la tige et les feuilles, et nous avons vu comment ces parties de la plante sont conformées quand elles ont acquis leur développement ; il nous reste à dire quelques mots sur ces mêmes parties à l'état jeune.

La tige et les feuilles, quand elles sont jeunes, forment ces corps ovoïdes, appelés *bourgeons*, qu'on aperçoit au printemps sur les arbres (fig. 50).

Fig. 50. — Branche portant des bourgeons.

Fig. 51. — Bourgeon coupé en long.

Fig. 52. — Bourgeons de Saule représentés au moment où ils s'épanouissent

Si l'on examine les bourgeons d'un arbre, on voit qu'ils sont constitués par de petites lames brunes ou *écailles;* ces écailles recouvrent les tissus jeunes de la tige et des feuilles qui occupent le centre (fig. 51). Les écailles sont destinées à protéger contre le froid et l'humidité les jeunes branches, et pour mieux remplir ce rôle, elles sont revêtues souvent de matière cireuse, ou présentent, intercalé entre elles, un duvet très soyeux.

Quand la température s'élève, au printemps, la reprise de la végétation a lieu. On voit alors les écailles du bourgeon s'écarter pour laisser passer la jeune branche et les feuilles qui s'épanouissent (fig. 52).

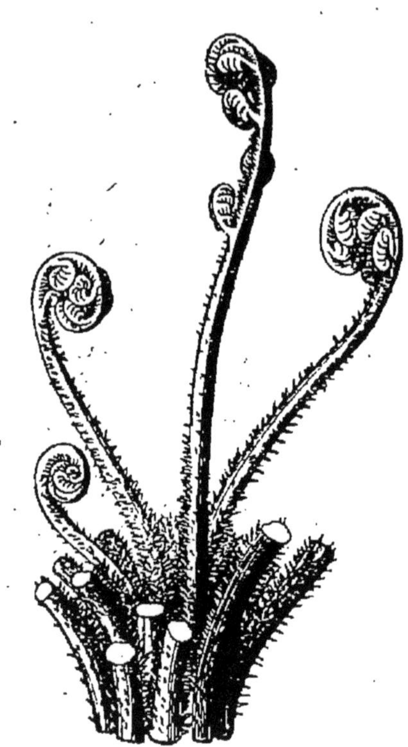

Fig. 53. — Bourgeon de Fougère présentant les jeunes feuilles enroulées en crosse.

La manière dont se produit l'épanouissement des feuilles est très variable, et suffit parfois pour caractériser tout un groupe de plantes; ainsi, dans les Fougères, les jeunes feuilles sont enroulées en crosse et se déroulent peu à peu de dedans en dehors.

Utilité et emploi des tiges. — Les tiges des arbres ligneux constituent le bois, dont l'emploi est si général, soit comme matériel de construction, soit comme chauffage.

Les tiges du Chanvre, du Lin servent à la fabrication de la toile.

Au point de vue alimentaire, les tiges sont non moins importantes : c'est de la tige de la Canne à sucre qu'on retire le sucre ordinaire; ce sont les tiges souterraines de la Pomme de terre qui se gorgent de nourriture et constituent, malgré leur récente introduction en France, l'un des aliments maintenant indispensables à l'homme.

En résumé, nous avons appris à connaître trois principaux organes dans les plantes :

1° Les *racines*, dirigées de haut en bas, sont surtout chargées de puiser les matières alimentaires dans le sol où vit la plante; elles absorbent ces matières à l'état liquide, au moyen de leur région terminale.

2° Les *feuilles*, affectant la forme de lames, et remplies d'une matière colorante verte, sont destinées à fournir à la plante le carbone dont elle a besoin, en décomposant à la lumière l'acide carbonique de l'air.

Elles servent aussi à rejeter dans l'air, sous forme de vapeur, l'excès d'eau puisé par les racines.

3° Enfin la *tige*, qui supporte les feuilles, constitue l'intermédiaire entre les racines et les feuilles au moyen des vaisseaux qu'elle contient. Ces vaisseaux sont en communication à la fois avec les vaisseaux des racines et avec ceux des feuilles.

COMMENT SE NOURRIT LA PLANTE.

Nous savons que, pour qu'une jeune plante se développe aux dépens d'une graine, d'un tubercule ou d'un oignon, il suffit de placer ces organes dans un milieu humide, aéré et chaud; cette jeune plante n'emprunte rien à l'extérieur, car elle se nourrit des aliments mis en réserve par la plante mère.

Nous devons maintenant étudier comment la plante se nourrit quand elle a développé une tige, des feuilles et des racines.

Les aliments que doit consommer la plante sont en général des matières minérales. Ces aliments sont introduits, comme nous l'avons vu, par les *racines* et par les *feuilles*; ils doivent donc exister dans l'air et dans le sol.

Les aliments contenus dans l'air sont des corps gazeux, tels que l'*oxygène* et l'*acide carbonique*.

Les aliments contenus dans le sol, beaucoup plus nombreux, sont constitués par des sels en dissolution dans l'eau qui le maintient humide; ce sont des *azotates* et des *sels ammoniacaux* fournissant l'azote nécessaire à la plante, des *phosphates*, des *carbonates*, des *sulfates*, et enfin des sels de *potasse*, de *chaux*, de *fer*.

La nature et la proportion des aliments renfermés dans l'air ne changent pas, et ces substances existent toujours en quantité suffisante pour nourrir les plantes; dans la culture, l'homme n'a donc point à se préoccuper de ces aliments.

Mais il n'en est plus de même pour les aliments contenus dans le sol : ils disparaissent peu à peu par des cultures successives et la terre s'appauvrit; aussi l'homme doit-il intervenir pour la modifier, quand il veut obtenir des récoltes suffisantes.

Qualités d'un sol fertile. — Les différents sels minéraux utiles à la plante se forment sans cesse à la surface du sol, et l'eau des pluies tend à les entraîner dans les parties profondes; mais, malgré l'action des pluies, la terre végétale retient toujours une certaine quantité de matières minérales.

Les différents sols varient beaucoup à ce point de vue, et les plus fertiles sont ceux qui retiennent le mieux les matières minérales que la plante doit absorber.

On a reconnu depuis longtemps qu'un sol, pour être fertile, doit être formé par un mélange de calcaire, de sable, d'argile et de matières organiques; au point de vue physique, il doit contenir un mélange de gravier et de sable, afin d'être perméable à l'air et à l'eau. L'observation vient le démontrer : les sols exclusivement calcaires, argileux ou sablonneux sont en effet stériles. Rappelons, à ce propos, la stérilité de la Champagne dans la région où le sol de cette province est constitué par la craie ; rappelons aussi que les sols formés de sables siliceux, où croissent en abondance les Bruyères et les Fougères, sont aussi stériles.

Pour donner à un sol calcaire ou siliceux une composition convenable, on y ajoute les matériaux qui lui manquent; ainsi on ajoute du calcaire aux sols argileux ou siliceux, et de l'argile aux sols calcaires. Cette opération s'appelle *amender les terres*.

Assolements, engrais. — Les sols fertiles, ou les sols amendés, s'épuisent par la culture, et comme les aliments minéraux qu'ils contiennent ne se reforment que lentement, les récoltes s'appauvrissent; on remédie à cet inconvénient de plusieurs façons.

1° *Assolements.* — On sait que les racines des plantes peuvent être pivotantes ou fibreuses. Les premières s'enfoncent profondément dans le sol et lui enlèvent les aliments, surtout en profondeur, peu en surface; la Betterave est un exemple de ces plantes. Les racines fibreuses, au contraire, peu profondes, s'étalent à la surface du sol et l'appauvrissent; les Graminées nous offrent un exemple de plantes qui épuisent le sol en surface, tandis que les Betteraves l'épuisent en profondeur. En se fondant sur cette remarque, on alterne la culture des plantes à racines profondes avec celle des plantes dont les racines sont superficielles. Ces alternances de culture sont appelées *assolements.*

On peut citer comme exemple de ces alternances de cultures l'exemple suivant, fondé sur la remarque précédente :

1re année : Avoine.
2e — Betterave.
3e — Orge.

2° *Engrais.* — Les assolements, même bien établis, ne suffisent pas pour obtenir toujours de bonnes récoltes : le sol s'appauvrit sans cesse, parce qu'on ne lui laisse pas les débris des plantes qui s'y sont développées.

On a recours alors aux *engrais*, qui restituent au sol les matières minérales qu'il a perdues. On a employé longtemps comme engrais des matières organiques, notamment le *fumier*, formé par les débris de paille mélangés aux matières ammoniacales provenant de la décomposition de l'urine des animaux de ferme, le *guano* du Pérou, formé par les déjections d'oiseaux. On emploie maintenant, en outre, avec avantage, des engrais minéraux, tels que des *phosphates*, des *sels ammoniacaux* et des *azotates.*

CHAPITRE III

MANIÈRES DONT LA PLANTE SE REPRODUIT

Reproduction des plantes au moyen des fleurs.

Quand une plante est placée dans les conditions les plus convenables pour vivre, son corps grandit par la formation de nouveaux organes : tiges, feuilles et racines ; bientôt on voit apparaître, en certains points, des appareils particuliers, colorés, qu'on appelle des *fleurs*, et qui sont destinés à reproduire la plante.

Étudions ces organes. Comme le Haricot ou la Pomme de terre ne donnent leurs fleurs que dans l'été, prenons pour exemple des plantes qui fleurissent de bonne heure, telles que la Giroflée et la Jacinthe. On trouve ces plantes en hiver sur les marchés et on les obtient en fleur facilement.

Parties dont se compose une fleur.

Giroflée. — Arrachons une fleur de Giroflée (fig. 54) ; elle est attachée à la plante par un filet assez grêle, qu'on appelle *pédoncule*.

A la base de la fleur nous apercevons d'abord quatre lames vertes semblables aux feuilles, mais plus petites. La réunion de ces lames forme le *calice*, et chacune d'elles a reçu le nom de *sépale*. Enlevons les sépales, nous voyons qu'ils entourent quatre lames bien plus grandes, disposées en croix, colorées en brun et très odorantes : ce sont les *pé-*

tales, et leur réunion a reçu le nom de *corolle* (fig. 54). Enlevons encore la corolle, il reste dans le tube qu'elle

Fig. 54. — Fleur de Giroflée. On aperçoit les enveloppes de la fleur formant le calice et la corolle. Les pétales sont disposés en croix.

formait un certain nombre de filaments grêles portant à leur sommet un renflement; on désigne ces filaments sous le nom

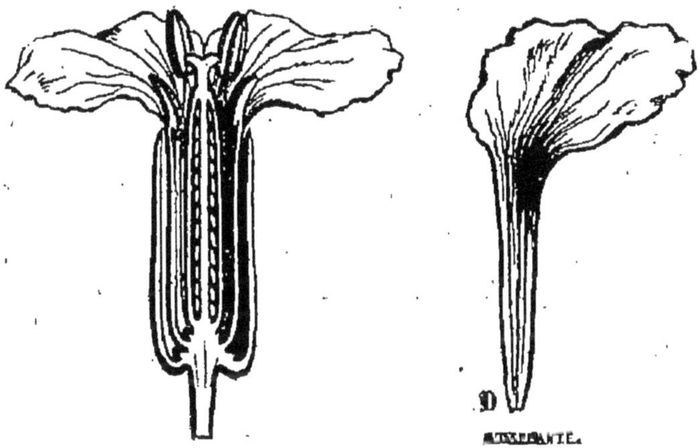

Fig. 55. — Fleur de Giroflée coupée en long et pétale isolé.

d'*étamines*. Enfin, au centre même de la fleur, et continuant le pédoncule, se trouve une sorte de massue : le *pistil*.

Étamines. — Les étamines de la Giroflée sont toujours au nombre de six, de taille inégale : quatre sont grandes, deux plus petites (fig. 56).

Chaque étamine se compose d'un filament blanc assez long, le *filet;* le filet porte à son extrémité un petit corps ovoïde, coloré en brun et appelé *anthère*. L'anthère est une sorte de massue divisée ordinairement, par un profond sillon vertical, en deux moitiés, ce qui lui donne l'apparence d'un pain fendu. Chaque moitié est divisée en deux sacs occupant toute la longueur de l'anthère et formant les *loges*. Ces cavités contiennent, lorsque la fleur est complètement épanouie, une poussière extrêmement fine, jaune ou brune : c'est le *pollen*.

Les anthères sont fermées jusqu'au moment où la fleur

Fig. 56. — Fleur de Giroflée dont on a enlevé les sépales et les pétales. On aperçoit les six étamines autour du pistil.

Fig. 57. — Étamine d'une fleur de Pomme de terre laissant échapper le pollen.

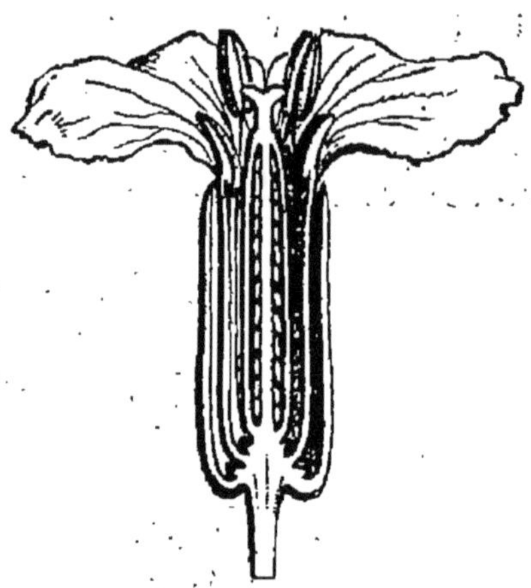

Fig. 58. — Fleur de Giroflée coupée en long. On aperçoit l'ovaire, le style et le stigmate.

s'ouvre, mais bientôt elles se déchirent suivant une ou deux fentes longitudinales et laissent échapper le pollen. En examinant les étamines d'une fleur de Giroflée à la loupe au moment où elle s'ouvre, on voit les anthères se fendre en long. La manière dont le pollen est mis en liberté n'est pas toujours la même ; ainsi, dans la fleur de Pomme de terre, qu'on peut étudier en été, les anthères se percent d'un petit trou à leur sommet (fig. 57).

Certaines plantes laissent échapper une si grande quantité de pollen, qu'il forme un nuage de poussière jaune quand on secoue la plante. C'est ce qui arrive au printemps pour les Noisetiers et les Pins.

Pistil. — Le pistil, qui occupe le centre de la fleur, se compose d'un sac allongé formant à lui seul presque tout l'organe (fig. 58) ; au sommet, ce sac se continue par un petit étranglement, et celui-ci est surmonté d'une partie renflée. Le sac est appelé *ovaire*, le renflement terminal est le *stigmate* et l'étranglement qui sépare le stigmate de l'ovaire est le *style ;* ce dernier est, dans la Giroflée, extrêmement court.

Fendons le pistil dans sa longueur, nous verrons que l'ovaire forme une cavité à l'intérieur de laquelle se trouvent un grand nombre de petits grains blancs, arrondis, appelés *ovules*. Les ovules sont attachés aux parois de l'ovaire le long de deux bandes opposées (fig. 59).

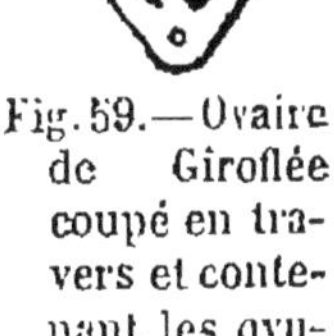

Fig. 59. — Ovaire de Giroflée coupé en travers et contenant les ovules.

Le stigmate est toujours imprégné d'une substance visqueuse. On peut s'en assurer en le touchant avec les doigts : on sent une certaine adhérence ; on peut encore déposer sur le stigmate de petits fragments de papier : ils y restent collés.

Ainsi la fleur de Giroflée se compose de quatre parties : le *calice* et la *corolle*, constitués par des lames vertes ou colorées, affectant la forme d'un tube ; puis les *étamines* et le *pistil*, contenus dans le tube formé par le calice et la corolle.

Les *étamines* portent les *anthères*, qui doivent s'ouvrir pour laisser échapper le *pollen ;* le *pistil* est surtout formé par un sac, l'*ovaire*, qui contient un grand nombre de grains, les *ovules*.

Jacinthe. — La fleur de Jacinthe est assez semblable à celle de la Giroflée : elle n'en diffère que par l'absence d'un calice et d'une corolle distincts. L'enveloppe de la fleur est ici constituée par un tube, qui s'évase à la partie supérieure,

Fig. 60. — Grappe de fleurs de Jacinthe.

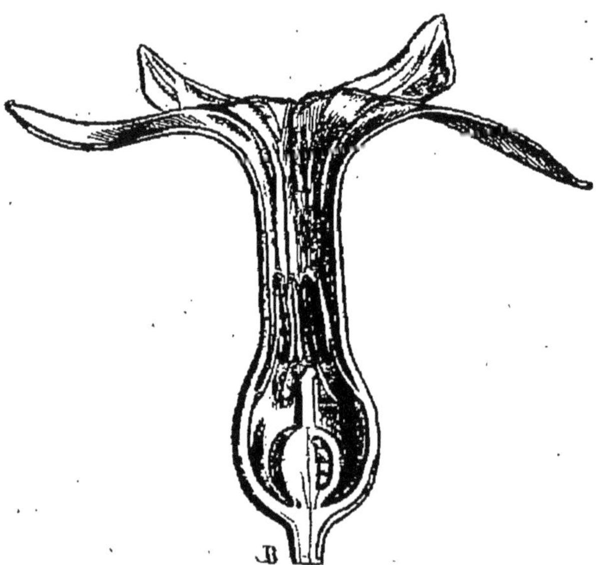

Fig. 61. — Fleur de Jacinthe coupée en long.

en forme d'entonnoir, les bords du tube sont découpés en six parties appelées *dents* (fig. 60).

En coupant une des fleurs en long, nous trouvons six étamines à filets très courts, fixées sur les parois du tube, de sorte qu'en déchirant l'enveloppe, on enlève en même temps les étamines (fig. 61). Le centre de la fleur est occupé par le pistil en forme de bouteille; la partie renflée à la base représente l'ovaire, le col assez allongé forme le style : il est terminé par le stigmate renflé et divisé en trois parties. Une coupe en travers, pratiquée au milieu de l'ovaire (fig. 62), montre qu'il est divisé en trois cavités ou loges, contenant les ovules.

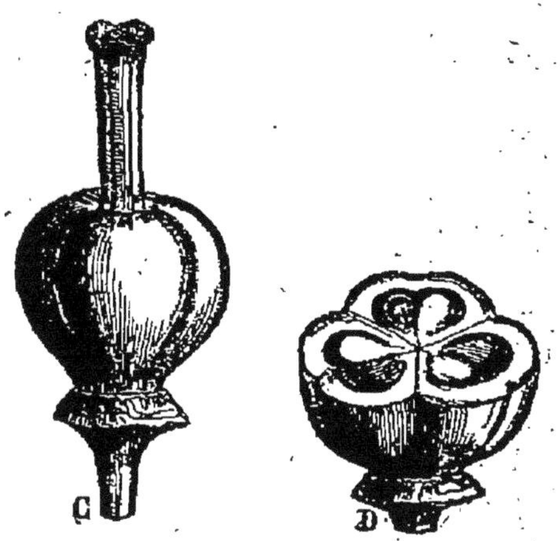

Fig. 62. — Pistil et ovaire coupé en travers.

Rôle de la fleur.

Prenons un pied de Giroflée qui va fleurir, observons-le de jour en jour. Nous verrons dans les fleurs qui étaient en boutons, les pièces du calice et de la corolle s'écarter, puis les étamines et le pistil apparaître; on dit alors que les fleurs sont épanouies.

Les fleurs restent épanouies pendant quelques jours, puis la corolle, le calice, ainsi que les étamines se dessèchent et tombent bientôt; le pistil seul persiste.

Mais il ne conserve pas longtemps l'aspect qu'il avait dans la fleur: il grossit, s'allonge beaucoup, et prend alors le nom de *fruit* (fig. 63). Quand il a achevé de grossir, il jaunit à son tour, se dessèche, puis se fend suivant sa longueur pour laisser échapper les *graines*, formées aux dépens des ovules (fig. 64).

Ainsi la fleur de Giroflée a pour but de former le fruit qui contient les graines.

C'est l'*ovaire* seul qui forme le *fruit*, tandis que les *ovules* se transforment en *graines*.

Rôle des parties de la fleur dans la formation du fruit. — Nous voyons déjà que le pistil est indispensable à la formation du fruit. Mais suffit-il seul pour le former ?

Prenons des fleurs de Giroflée au moment où elles vont s'ouvrir, et coupons avec des ciseaux fins le calice chez les unes, le calice et la corolle chez les autres.

Au bout de quelques jours, en regardant le pied de Giroflée, nous verrons que le fruit se forme aussi bien dans les fleurs mutilées que dans les fleurs normales : le calice et la corolle ne sont donc pas indispensables à la formation du fruit.

Fig. 63. — Fruit de la Giroflée s'ouvrant pour laisser échapper les graines.

Fig. 64. — Graine de Giroflée entière et coupée en long.

Prenons maintenant d'autres fleurs de Giroflée encore en boutons, et coupons non seulement le calice et la corolle, mais encore toutes les étamines.

Nous savons déjà, par l'expérience précédente, que la suppression du calice et de la corolle est sans influence sur la formation du fruit. Nous aurons soin d'envelopper le bouquet des fleurs ainsi mutilées d'un cornet de papier ou d'une feuille de gélatine, pour empêcher le pollen des autres fleurs de tomber sur le stigmate.

Au bout de quelques jours, nous n'apercevons aucun changement dans le pistil des fleurs mutilées, et si nous attendons assez longtemps, cet organe se desséchera sans que le fruit se soit formé. Pendant ce temps les boutons des fleurs non mutilées ont développé leur fruit.

Les étamines sont donc indispensables à la formation du

fruit. Elles servent à produire le pollen, qui doit être transporté sur le stigmate et retenu par cet organe pour que le fruit se constitue; en effet, si, après avoir coupé les étamines, nous déposons sur le stigmate des fleurs mutilées, à l'aide d'un pinceau, le pollen des étamines d'autres fleurs, le fruit se forme toujours.

Le stigmate a pour but de retenir le pollen au moyen de la matière visqueuse dont il est couvert, car si on le vernit ou si on le coupe, on empêche le fruit de se former.

Ainsi les parties essentielles de la fleur sont constituées par les étamines et le pistil. La transformation du pistil en fruit ne peut avoir lieu que lorsque le pollen des étamines a été déposé sur le stigmate du pistil.

Différentes sortes de fleurs.

Les fleurs ne ressemblent pas toutes à la fleur d'une Giro-

Fig. 65. — Branches de Saule appartenant à des pieds différents, portant, l'une un épi de fleurs à étamines, à gauche, l'autre un épi de fleurs à pistil, à droite. Le Saule est une plante dioïque.

flée, et nous allons examiner maintenant les différences qui existent entre elles.

Les fleurs qui présentent, comme la Giroflée, le pistil et les étamines réunis dans le même organe sont des fleurs *complètes* : c'est le plus grand nombre.

Si nous examinons les fleurs du Saule (fig. 65) ou du Bouleau (fig. 66-67), nous verrons que certaines fleurs ne con-

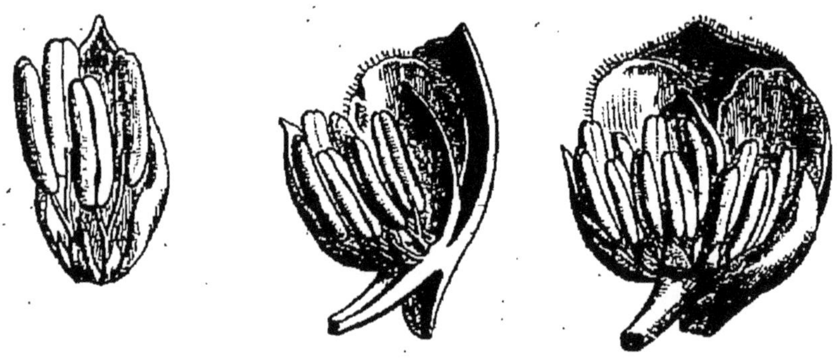

Fig. 66. — Fleurs à étamines de Bouleau. Chaque écaille contient trois fleurs; dans chaque fleur, il existe quatre étamines.

tiennent que les étamines, d'autres que le pistil. Ces fleurs, incomplètes, sont de deux sortes : les fleurs à étamines, et les fleurs à pistil. Ce que nous avons dit du rôle de la fleur montre que les plantes à fleurs incomplètes ne peu-

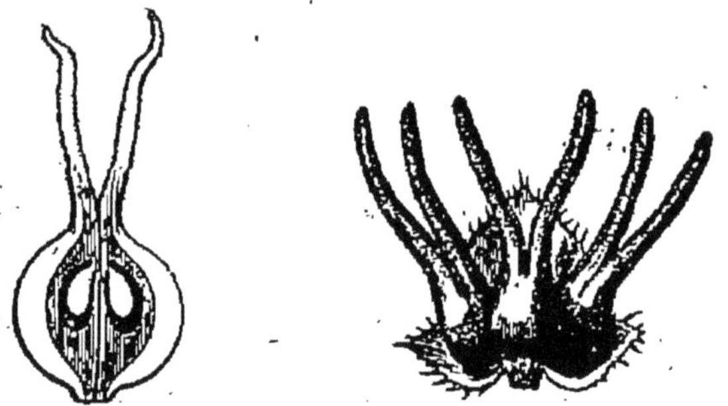

Fig. 67. — Fleurs à pistil de Bouleau. Chaque écaille contient trois fleurs; l'une des fleurs est isolée et coupée en long, pour montrer qu'elle contient deux ovules.

vent produire de graines que si elles offrent à la fois les fleurs à étamines et les fleurs à pistil ; mais ce sont ces dernières seules qui forment un fruit : les fleurs à étamines se flétrissent et disparaissent sans laisser de traces.

Le Chêne, le Pin, le Noisetier, le Bouleau (fig. 68), ont les deux sortes de fleurs sur le même pied ; on les appelle des plantes *monoïques*.

Le Saule (fig. 65), le Chanvre, n'ont qu'une sorte de fleur

Fig. 68. — Branche fleurie de Bouleau. On voit à l'extrémité deux épis de fleurs à étamines, et le long de la branche des épis dressés de fleurs à pistil. Le Bouleau est une plante monoïque.

Fig. 69. — Fleur de Primevère présentant un calice et une corolle à sépales et pétales soudés.

Fig. 70. — Fleur à pistil du Saule. Elle n'a pas de corolle ni de calice ; c'est une fleur apétale.

sur le même pied; il existe alors des pieds à fleurs renfermant des étamines et des pieds portant seulement des fleurs à pistil et la réunion de ces deux sortes de pieds est nécessaire à la formation des graines. Ces plantes sont appelées plantes *dioïques*.

Les fleurs à étamines et à pistil réunis sont ordinairement pourvues de deux sortes d'enveloppes, le *calice* et la *corolle*. Nous trouvons ces organes dans la fleur de Giroflée, de Primevère (fig. 69).

La fleur de Jacinthe est différente (fig. 61). Si nous la coupons en long, nous ne trouvons qu'une seule enveloppe, colorée, qui forme un tube évasé, et dont les bords sont découpés en six dents. Cette enveloppe représente le calice et la corolle réunis; on la désigne sous le nom de *périanthe*. Le Lis, l'Iris sont aussi des fleurs à périanthe.

Les fleurs de Saule (fig. 70), de Peuplier, n'ont pas d'enveloppes autour des étamines ou du pistil. On désigne ces fleurs sous le nom de fleurs *apétales*.

Quand les fleurs sont pourvues d'enveloppes, les pièces qui les composent peuvent être séparées les unes des autres; ainsi on peut, dans une fleur de Giroflée, arracher successivement tous les pétales; on dit dans ce cas que les fleurs sont *dialypétales*.

Fig. 71. — Fleur de Pommé de terre à corolle gamopétale.

Fig. 72. — Orchis. Fleur à corolle irrégulière

La Violette, le Haricot ont des fleurs dialypétales.

Mais si nous essayons d'arracher un pétale de la corolle

dans une fleur de Primevère ou de Pomme de terre, la corolle s'enlève tout entière, parce que les pétales sont soudés entre eux (fig. 71). On dit alors que les fleurs de Primevère et de Pomme de terre sont *gamopétales*.

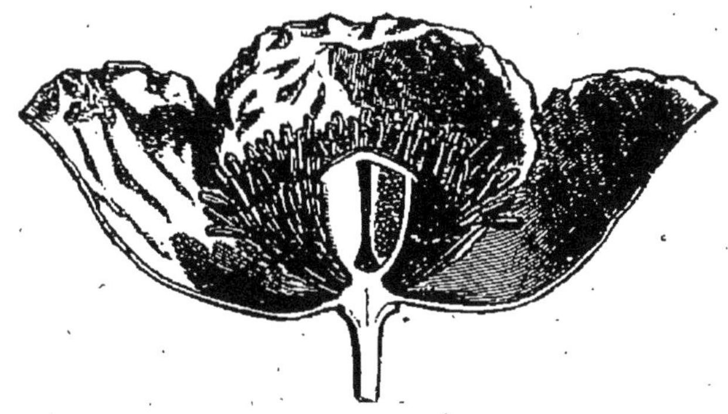

Fig. 73. — Fleur de Coquelicot coupée en long. Elle montre que les étamines sont au-dessous du pistil ; les étamines sont hypogynes et l'ovaire est supère.

Les enveloppes qui composent la fleur peuvent avoir leurs différentes pièces de même grandeur et de même forme : la fleur est alors régulière, comme dans la Giroflée, le Fraisier,

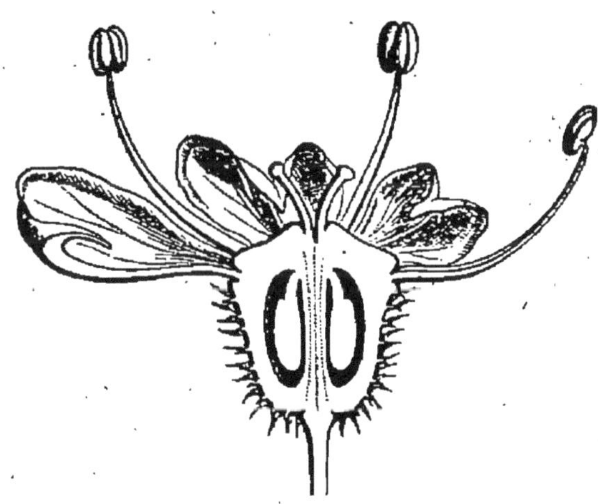

Fig. 74. — Fleur de Carotte montrant l'ovaire infère placé au-dessous des étamines; les étamines sont épigynes.

la Pomme de terre. Souvent les sépales ou les pétales sont inégaux, et la fleur est irrégulière : le Pois, le Lamier, l'Orchis (fig. 72) ont des fleurs à corolle irrégulière. On a distingué diverses sortes de corolles régulières et irrégulières ; nous les étudierons mieux en parlant des familles.

Les fleurs à pistil et étamines réunis peuvent encore différer par la situation relative du pistil et des étamines.

Dans la fleur de Giroflée, les étamines sont attachées au-dessous de la base de l'ovaire ; on dit alors que l'ovaire est *supère* ou *libre*, et les étamines sont appelées *hypogynes ;* la Giroflée, le Coquelicot (fig. 73), le Lis ont l'ovaire supère. D'autres plantes ont l'ovaire situé au-dessous de l'insertion des étamines, souvent même au-dessous du calice et de la corolle ; on dit alors que l'ovaire est *infère* ou *adhérent* et que les étamines sont *épigynes* ou *périgynes*. La Campanule, la Carotte (fig. 74) sont des fleurs à ovaire infère.

Conformation des étamines. — Les étamines offrent de grandes variations dans leur arrangement et leur nombre.

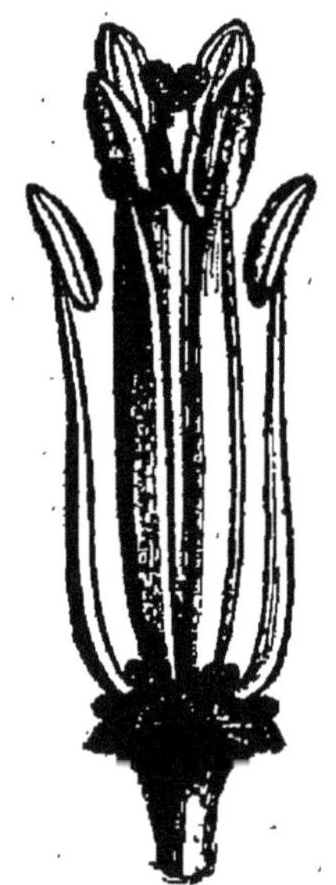

Fig. 75. — Étamines de Giroflée. Il y en a six : quatre grandes et deux petites ; on les nomme étamines tétradynames.

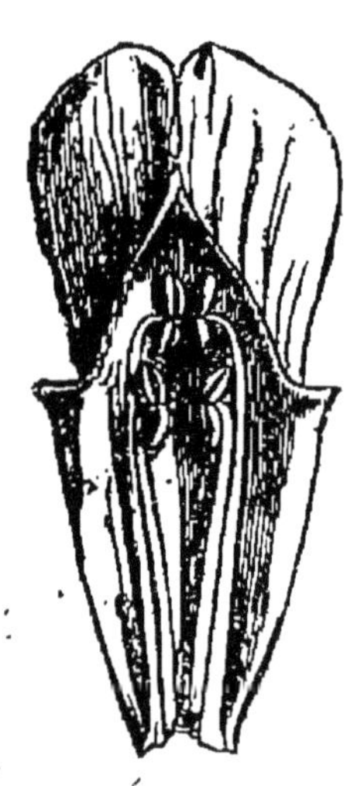

Fig. 76. — Muflier. Corolle ouverte pour montrer les quatre étamines didynames.

Elles sont ordinairement pourvues des parties que nous avons distinguées dans la fleur de Giroflée. Les anthères, qui existent parfois seules, comme dans la fleur de l'If, s'ouvrent de manières différentes pour laisser échapper le pollen. Dans la Giroflée, les anthères se fendent suivant la longueur; dans la Pomme de terre, elles s'ouvrent par un petit trou placé au sommet des loges; dans l'Épine-vinette, elles s'ouvrent au moyen d'orifices fermés par de petites soupapes.

Les modifications dues à l'arrangement des étamines entre elles sont les plus importantes.

Signalons-en quelques-unes.

Ainsi nous avons trouvé dans la Giroflée six étamines, dont quatre grandes et deux petites. Ces étamines, appelées *tétradynames*, caractérisent toute la famille à laquelle appartiennent les Giroflées (fig. 75).

Dans une fleur de Lamier blanc, il y a toujours quatre étamines, deux grandes et deux petites; ces étamines sont

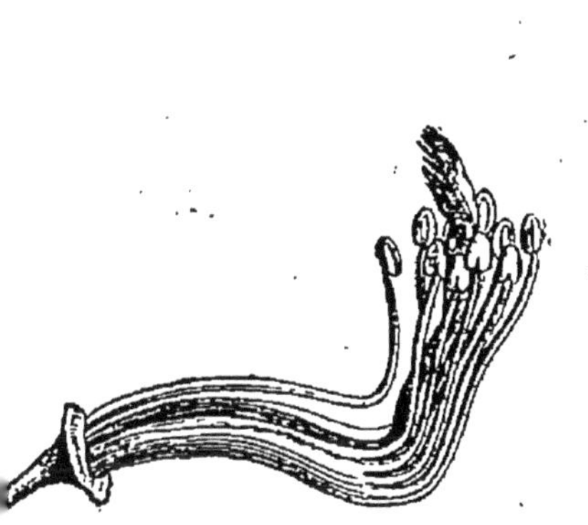

Fig. 77. — Fleur de Pois dont on a enlevé le calice et la corolle pour montrer que les étamines sont groupées en deux faisceaux, l'un de neuf étamines, l'autre d'une seule.

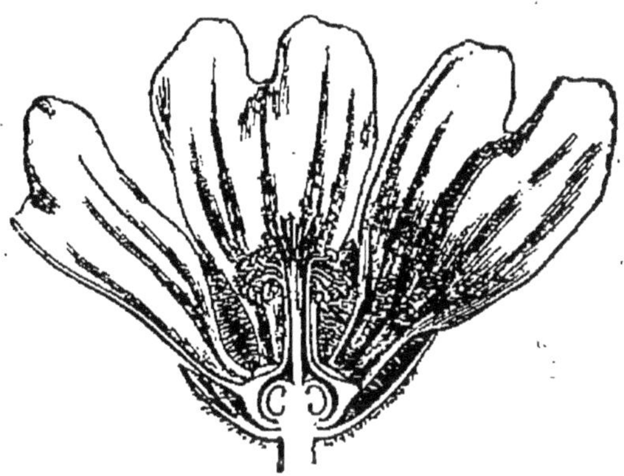

Fig. 78. — Fleur de Mauve coupée en long montrant que les étamines sont soudées en un seul tube par leurs filets; ces étamines sont monadelphes.

appelées *didynames;* elles caractérisent le groupe auquel appartient le Lamier; il en est de même dans la fleur du Muflier (fig. 76).

Dans une fleur de Pois (fig. 77), il y a dix étamines; neuf de ces étamines sont soudées entre elles par leurs filets, la dixième est libre. Quand les étamines sont ainsi groupées en deux faisceaux par leurs filets, on les appelle *diadelphes*.

Dans une fleur de Mauve (fig. 78), les filets des étamines, sont tous soudés et forment un tube qui entoure le pistil. Ces étamines sont dites *monadelphes*, elles caractérisent le groupe des Mauves.

Conformation du pistil. — Le pistil est formé par un certain nombre de pièces qu'on désigne sous le nom de *carpelles*. Dans le Pois (fig. 79), il n'y a qu'un seul carpelle qui forme tout le pistil, mais dans le Fraisier il existe un grand nombre de carpelles fixés sur le réceptacle (fig. 80). Ces carpelles sont indépendants les uns des autres, chacun d'eux se compose d'un ovaire, d'un style et d'un stigmate.

Fig. 79. — Pistil de la fleur de Pois isolé; il est formé par un carpelle.

Dans le pistil du Géranium il y a cinq carpelles, mais ces carpelles sont soudés entre eux, et on les reconnaît seulement aux cinq stigmates qui terminent le style.

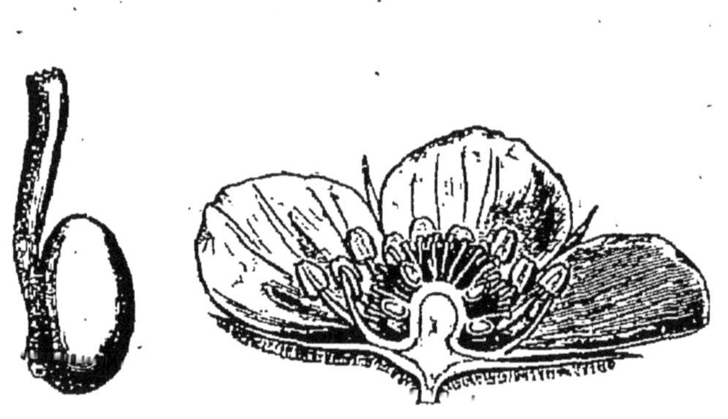

Fig. 80. — Fleur de Fraisier coupée en long. On voit au centre le pistil formé par un grand nombre de carpelles; à gauche on voit un des carpelles isolé et grossi.

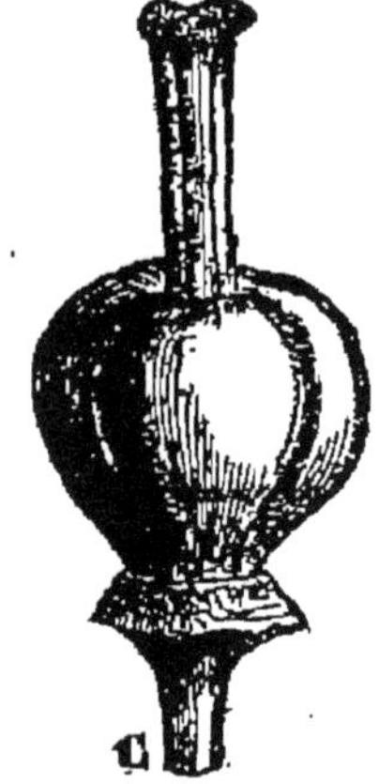

Fig. 81. — Pistil de Jacinthe formé de trois carpelles soudés.

Dans la Giroflée il y a deux carpelles, et trois dans le pistil de Jacinthe (fig. 81).

Ainsi le pistil des fleurs peut varier beaucoup. Celui du Pois est à un seul carpelle; celui du Géranium, du Fraisier, contient plusieurs carpelles; mais ces carpelles sont libres dans le Fraisier et soudés dans le Géranium.

Manière dont les fleurs sont disposées sur la plante. Inflorescence.

On donne le nom d'*inflorescence* à la manière dont les fleurs sont disposées sur une plante.

Les fleurs qu'une plante développe peuvent être portées sur de longs pédoncules indépendants les uns des autres : ce sont des fleurs *solitaires*. Ainsi on peut arracher une à une les fleurs de Violette (fig. 82).

Fig. 82. — Pied de Violette montrant les fleurs solitaires.

Mais le plus souvent les fleurs sont groupées en nombre plus ou moins considérable sur une partie de la tige.

Prenons comme exemple une branche fleurie de Lis (fig. 83); nous trouvons les fleurs, dans cette inflorescence, disposées tout le long de la tige.

Les pédoncules qui portent les fleurs sont placés à l'ais-

Fig. 83. — Inflorescence du Lis montrant les fleurs disposées en grappe et les bractées qui les accompagnent

selle de feuilles très petites, différentes des feuilles nor males; on appelle *bractées* ces feuilles modifiées qui accompagnent les fleurs. La forme, les dimensions et la couleur des bractées sont très différentes de celles des feuilles ordinaires.

Fig. 84. — Inflorescence en cyme de la Petite Centaurée.

Fig. 85. — Grappe de fleurs du Chou On aperçoit les fleurs en bouton au sommet, les fleurs épanouies en dessous et les fruits à la base.

Trois parties sont donc à distinguer dans une inflorescence : les *fleurs*, les *pédoncules*, les *bractées*.

Les inflorescences sont très variées, mais quelques-unes d'entre elles sont assez constantes pour servir à caractériser

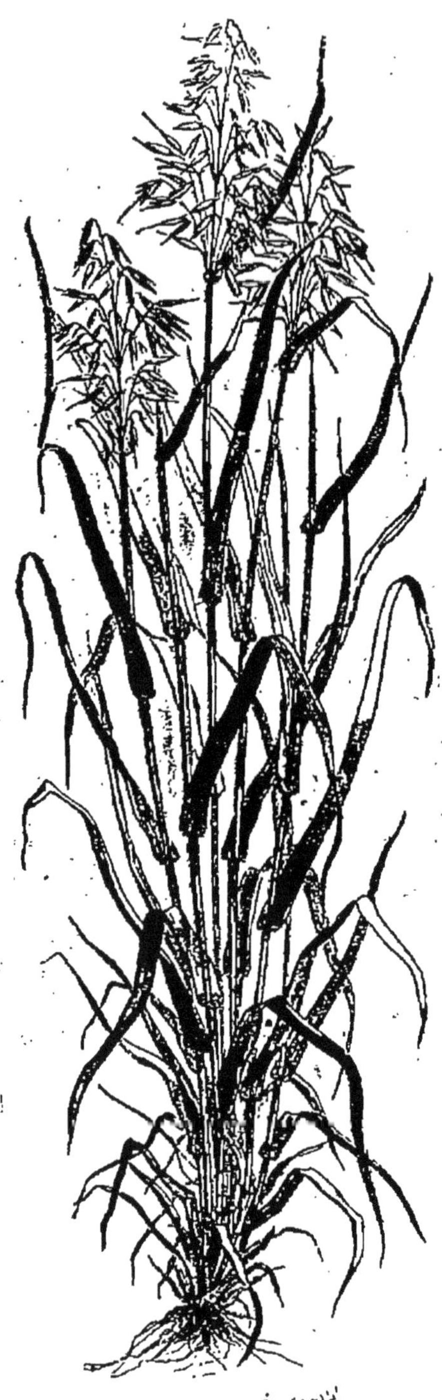

Fig. 86. — Pied d'Avoine montrant l'inflorescence en grappe composée d'épis.

des familles de plantes, c'est pourquoi nous devons insister sur les formes les plus remarquables.

La première forme est appelée *inflorescence définie* ou *cyme*. Elle est caractérisée en ce que les fleurs terminent toujours les rameaux de la tige, et ceux-ci cessent de s'accroître.

Les inflorescences de la Bourrache, du Myosotis, de la Petite Centaurée (fig. 84) sont des cymes.

On distingue ensuite l'*inflorescence indéfinie*, dont le type est la *grappe*. Dans cette inflorescence les fleurs sont fixées sur les côtés d'un axe commun, appelé axe d'inflorescence, qui continue à s'allonger pendant l'épanouissement des fleurs et la formation des fruits.

La Giroflée, la Jacinthe ont une inflorescence en grappe.

L'inflorescence indéfinie présente quelques modifications importantes.

Quand les pédoncules détachés de l'axe d'une grappe ne portent qu'une fleur, l'inflorescence forme une *grappe simple*. Ex. Giroflée, Chou (fig. 85). Si ces pédoncules portent plusieurs fleurs, la grappe est dite *composée*. Ex. : Avoine (fig. 86).

On donne le nom d'*épi* à une grappe dont les pédoncules sont très petits, de sorte que les fleurs paraissent comme collées sur l'axe. Ex. : Verveine, Blé (fig. 87). L'épi est *simple* dans la Verveine, parce que les fleurs sont attachées une à une le long de l'axe d'inflorescence. Il est *composé* dans le Blé, parce que les fleurs sont disposées par groupes de trois; ces groupes sont appelés *épillets*.

Fig. 87. — Inflorescence en épi simple de la Verveine officinale.

On distingue plusieurs sortes d'épis. Les épis proprement dits contiennent des fleurs à étamines et à pistil. S'ils ne

Fig. 88. — Inflorescence en épi composé du Blé barbu.

renferment que des fleurs à étamines ou des fleurs à pistil, on les appelle *chatons*. Ex. : Noisetier (fig. 89). Les inflorescences des fleurs à étamines ou à pistil des Gymnospermes (Sapin), assez semblables à des épis, s'appellent *cônes* (fig. 90).

Si, dans une grappe, les pédoncules des fleurs inférieures s'allongent beaucoup tandis que ceux des fleurs supérieures restent courts, celles-ci viennent se placer toutes au même niveau : on a alors un *corymbe*. Ex. : Poirier, Alisier (fig. 91). Le corymbe est *simple* quand chaque pédoncule attaché à l'axe de la grappe se termine par une fleur. Il est *composé* lorsque chaque pédoncule porte plusieurs fleurs disposées en corymbes plus petits.

Si les pédoncules des fleurs se rattachent en un même point de l'axe commun et forment des rayons égaux terminés par une fleur, qui divergent comme les branches d'un parapluie, on a une *ombelle*. Ex. : Ail, Carotte (fig. 92). L'ombelle est *simple* dans l'Ail, où chaque rayon se termine par une fleur. Elle est *composée* dans la Carotte, parce que chaque rayon de l'ombelle porte à son extrémité une ombelle plus petite

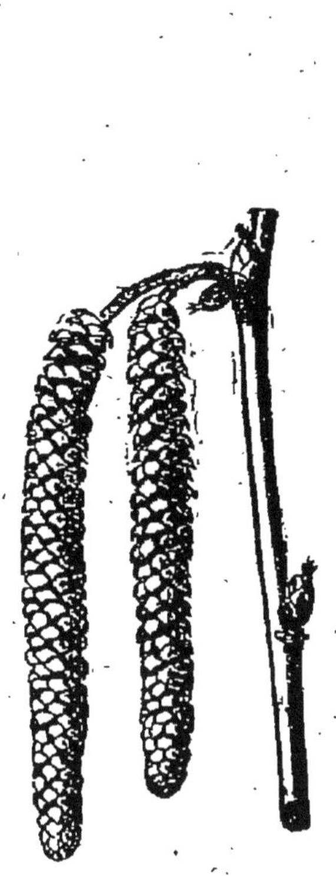

Fig. 89. — Chatons du Noisetier, ou épis ne contenant que des fleurs à étamines.

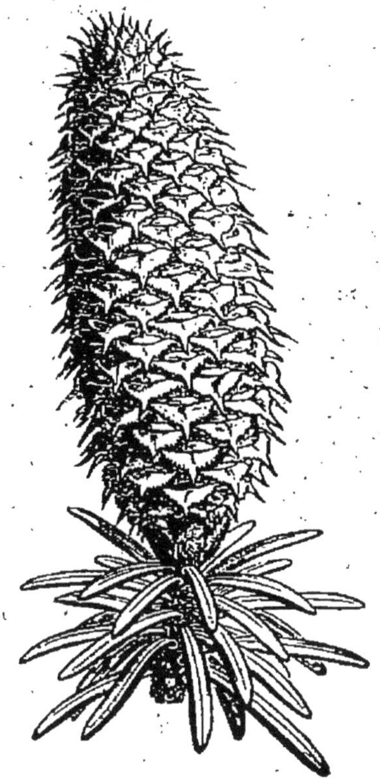

Fig. 90. — Inflorescence du Sapin, ne contenant que des fleurs à pistil ; c'est un cône.

Fig. 91. — Inflorescence en corymbe de l'Alisier.

Fig. 92. — Inflorescence en ombelle de la Carotte.

ou *ombellule*. Ce sont les rayons de l'ombellule qui portent les fleurs.

Il peut arriver enfin que le support commun des fleurs soit élargi et porte directement les fleurs qui se trouvent fixées sur toute sa surface : l'inflorescence forme alors un *capitule*.

La grande Marguerite (fig. 93, 94) offre un exemple de capitule. Dans ce capitule, il existe deux sortes de fleurs : les

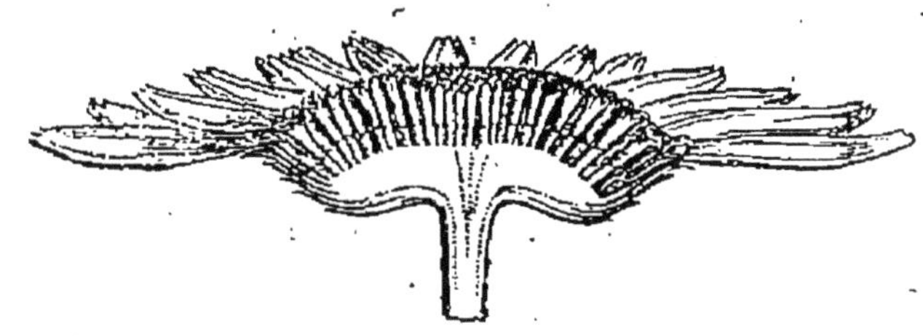

Fig. 93. — Capitule de la grande Marguerite coupé en long.

fleurs qui occupent le centre, jaunes, forment le cœur, elles sont tubuleuses ; celles qui occupent les bords du capitule sont blanches, et la corolle de chacune d'elles est ouverte

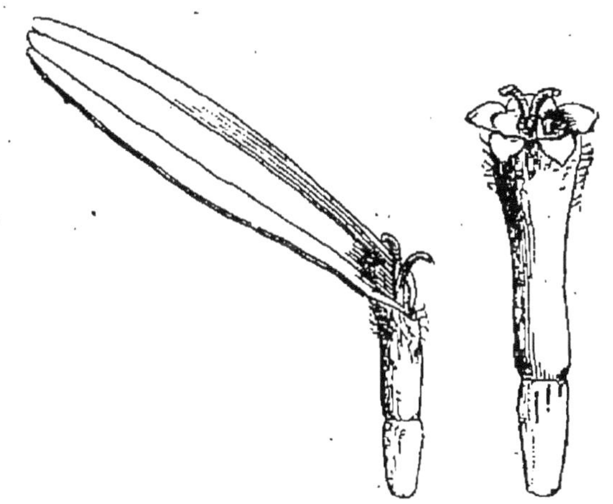

Fig. 94. — Deux fleurs isolées du capitule de la grande Marguerite. On aperçoit à gauche une fleur à corolle en forme de cornet, blanche, occupant le pourtour du capitule ; à droite on voit une fleur tubuleuse, jaune, occupant le centre du capitule.

en cornet (fig. 94) ; les lames blanches qu'on arrache sont autant de fleurs : elles ne représentent donc pas ce qu'on nomme vulgairement des pétales. Dans un capitule, les bractées qui accompagnent les fleurs sont très nombreuses : elles forment ce qu'on appelle un *involucre*, et la surface élargie de l'axe sur laquelle se trouvent les fleurs, a reçu le nom de *réceptacle*.

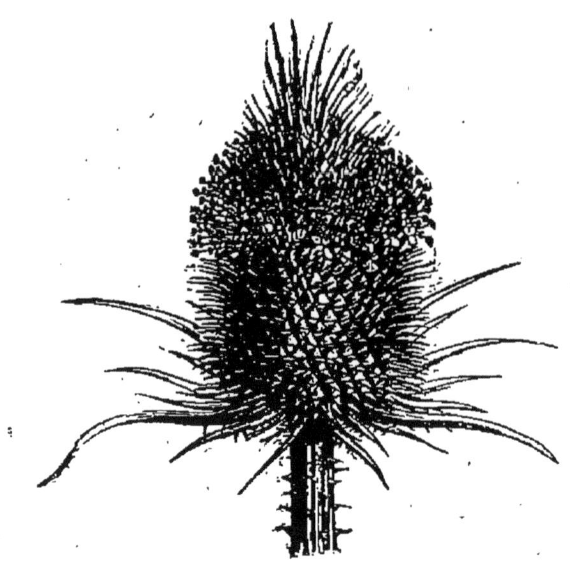

Fig. 95. — Inflorescence en capitule de la Cardère sauvage.

Les Cardères (fig. 95) ont aussi les fleurs disposées en capitules.

PARTIES QUI SUCCÈDENT A LA FLEUR.

Nous savons que le rôle de la fleur est de servir à la formation du *fruit*, qui contient les *graines*.

Le fruit et les graines ne commencent à se former qu'au moment où le pollen produit par les étamines est déposé sur le stigmate du pistil soit par le vent, soit par les insectes ou par d'autres moyens. A partir de ce moment, les enveloppes de la fleur ainsi que les étamines se flétrissent et se dessèchent. Le stigmate et le style se flétrissent aussi; l'ovaire seul persiste: c'est lui qui en grossissant donne le *fruit*, tandis que les ovules deviennent les *graines*.

Fruit.

Le fruit est donc formé par l'ovaire dont les parois grossissent. On appelle *péricarpe* les parois de l'ovaire quand il est transformé en fruit. Il arrive parfois, pendant la transformation de l'ovaire en fruit, que les parois de celui-ci grandissent sans s'épaissir et à la maturité ces parois se dessèchent; on a alors un fruit *sec*. La Giroflée, le Haricot, la Jacinthe ont des fruits secs.

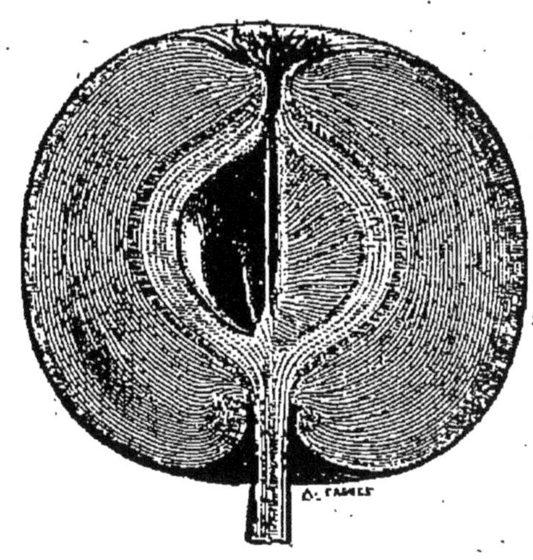

Fig. 96. — Pomme coupée en long.

Dans d'autres plantes, pendant la transformation de l'ovaire en fruit, les parois de l'ovaire s'accroissent beaucoup en épaisseur et deviennent charnues : ce sont alors des fruits *charnus*. La Cerise, le Raisin, la Noix, la Pomme (fig. 96), sont des fruits charnus.

En général, la partie la plus extérieure de l'ovaire devient molle, pulpeuse, tandis que celle qui avoisine la graine acquiert une grande dureté et prend la consistance du bois; c'est ce qu'on voit dans la

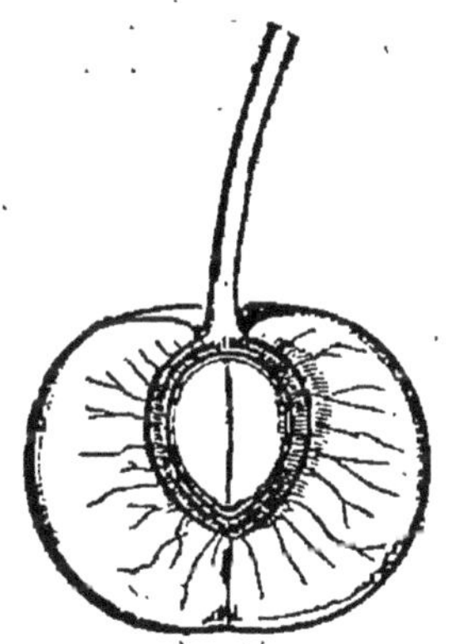

Fig. 97. — Cerise coupée en long. Exemple de drupe.

Fig. 98. — Grain de Groseille. Exemple de baie.

Cerise (fig. 97). On mange la partie extérieure du péricarpe devenue pulpeuse, tandis que la partie interne, dure, emprisonne la graine et forme le noyau. Les fruits semblables à la Cerise sont appelés *drupes*.

Dans le Raisin, la Groseille (fig. 98), le péricarpe se transforme en une matière pulpeuse dans laquelle nagent les graines ou pépins. Ces fruits sont des *baies*.

Fig. 99. — Capsule de Pavot s'ouvrant par des trous situés au sommet.

Les fruits charnus contiennent en général peu de graines, ils ne s'ouvrent jamais pour les mettre en liberté; leur masse se décompose, et c'est par la décomposition des fruits que les graines sont isolées.

Les fruits secs, au contraire, s'ouvrent ordinairement à la maturité et les graines nombreuses qu'ils contiennent sont mises en liberté.

La plupart des fruits secs qui s'ouvrent à la maturité, s'appellent *capsules* et contiennent plusieurs graines.

Les capsules s'ouvrent par des procédés très différents : celles du Pavot (fig. 99) s'ouvrent par des trous situés au sommet; celles du Mouron (fig. 100) se séparent en deux parties comme une boîte munie de son couvercle. Mais en général elles s'ouvrent par une ou plusieurs fentes en long, et se partagent alors en plusieurs fragments ou *valves*. Le nombre des fragments que donne le fruit en s'ouvrant est généralement égal au nombre des carpelles qui se sont soudés pour former l'ovaire. La

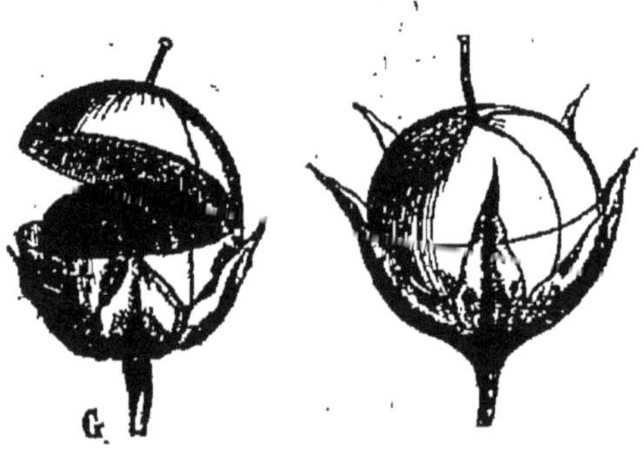

Fig. 100. — Fruit du Mouron fermé et ouvert.

capsule de la Jacinthe, formée par trois carpelles, s'ouvre en trois valves (fig. 101). Le fruit du Haricot ou du Pois (fig. 102), appelé *gousse*, s'ouvre par une fente longitudinale. Le fruit de la Giroflée (fig. 103), appel *silique*, s'ouvre par deux fentes opposées, de sorte que les deux moitiés du fruit se soulèvent en laissant un cadre où sont attachées les graines.

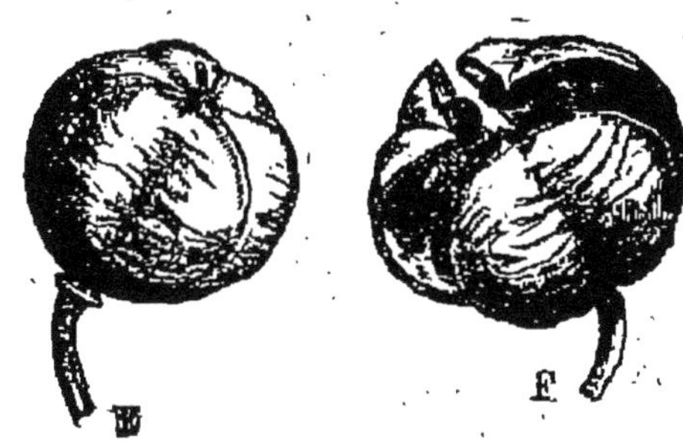

Fig. 101. — Capsule de Jacinthe ouverte en trois valves.

Il existe cependant des fruits secs qui ne s'ouvrent pas à la maturité; ils ne contiennent ordinairement qu'une graine : on les nomme *achaines*. Ex. : Le fruit de la Carotte, du Soleil.

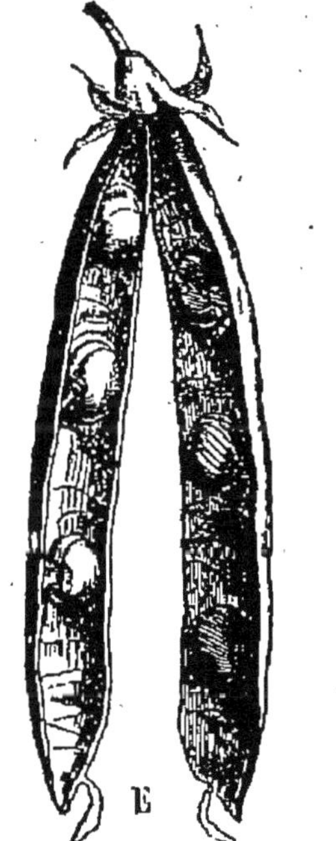

Fig. 102. — Fruit du Pois ouvert; c'est une gousse.

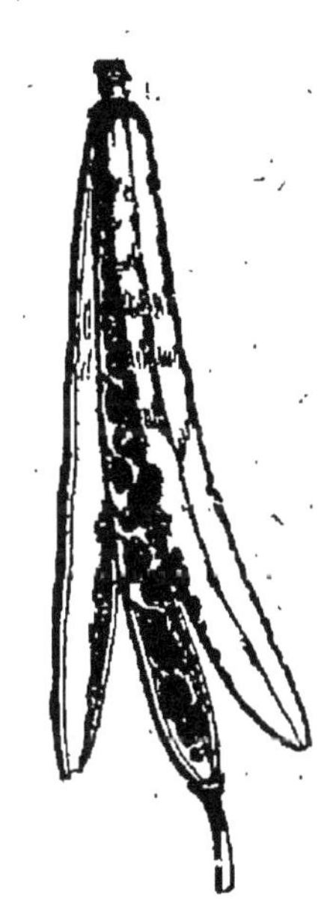

Fig. 103. — Fruit de la Giroflée s'ouvrant en deux valves; c'est une silique.

Les grains de Blé sont aussi des achaines, et quand on

moud le blé pour le transformer en farine, les parois du fruit se brisent et constituent les pellicules jaunes désignées sous le nom de *son*.

La dissémination des achaines est souvent favorisée par des

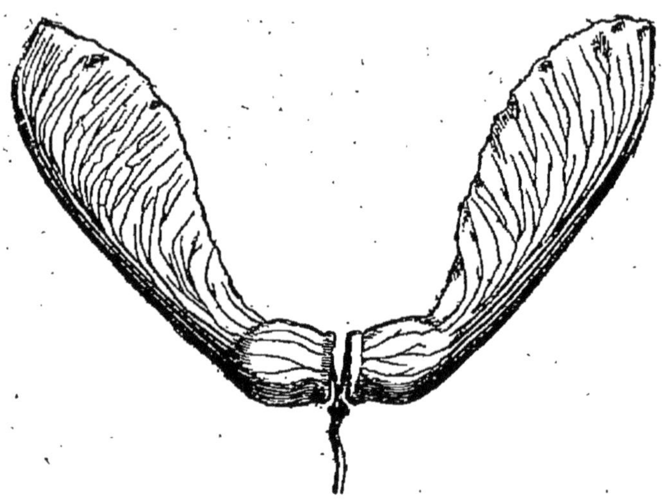

Fig. 104. — Fruit sec de l'Érable; il est ailé.

lames membraneuses ou des poils qui les recouvrent. Ainsi les fruits de l'Érable (fig. 104), de l'Orme (fig. 105), sont ailés; ceux des Chardons, des Laitues (fig. 106, 107) sont garnis de collerettes de poils formant l'aigrette de ces fruits.

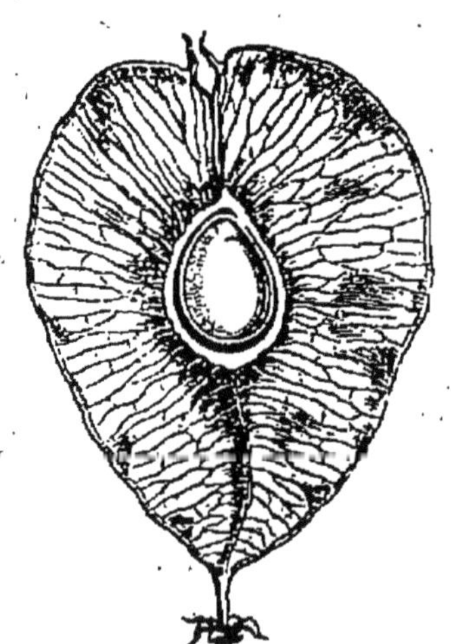

Fig. 105. — Fruit ailé de l'Orme

Ce sont les fruits à aigrettes du Pissenlit qui forment ces têtes arrondies que les enfants s'amusent à souffler.

Utilité des fruits. — Beaucoup de fruits, et notamment les fruits charnus, sont employés dans l'alimentation.

C'est généralement le péricarpe que l'on mange, parce que la maturation développe une grande quantité de matière sucrée dans son épaisseur. Il en est ainsi dans la Cerise, la Pomme, le Groseilli

Les fruits servent aussi à la fabrication des boissons fer-

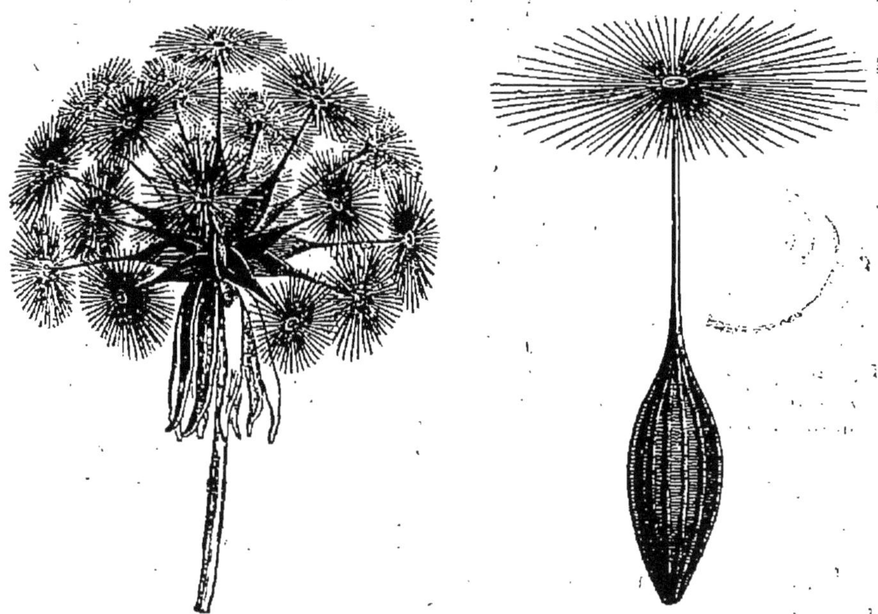

Fig. 106. — Groupe de fruits de la Laitue.

Fig. 107. — Fruit isolé de la Laitue; il est pourvu d'une couronne de poils.

mentées ; la Vigne, les Pommiers, les Poiriers sont cultivés dans ce but.

Graine.

La graine est formée par les ovules accrus et mûris. Nous savons déjà, d'après la description qui a été faite de la graine de Haricot, de Pois (fig. 108) ou de Blé, qu'une graine se compose d'enveloppes entourant une partie centrale appelée *amande*. Cette amande contient toujours un petit corps appelé *embryon*, représentant une plante en miniature. Nous avons distingué dans l'embryon les organes qui doivent constituer la plante adulte, c'est-à-dire une radicule, une tigelle, une ou deux feuilles nourricières appelées *cotylédons*, et enfin à l'extrémité de la tigelle un bourgeon appelé *gemmule*, qui contient à l'état jeune les premières feuilles.

Outre l'embryon, les graines contiennent toujours une

réserve de matières alimentaires destinée à nourrir l'embryon pendant qu'il constituera ses organes de nutrition.

Dans certaines plantes, le Haricot, les graines de Pommier (fig. 109), la réserve de nourriture est entièrement renfermée dans les deux cotylédons, et l'embryon occupe toute la graine.

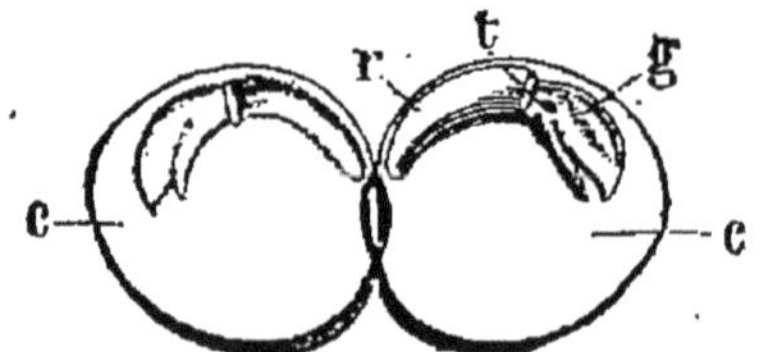

Fig. 108. — Pois coupé en deux : *r*, radicule ; *t*, tigelle ; *g*, gemmule ; *c*, cotylédons.

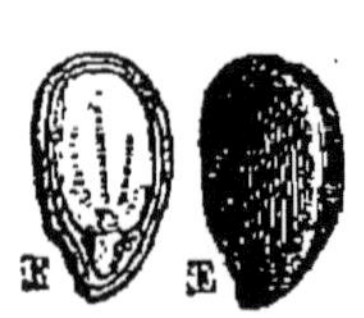

Fig. 109. — Pepins ou graines du Pommier. L'embryon remplit toute la graine.

Fig. 110. — Grain de Maïs montrant que l'embryon n'occupe qu'une partie de la graine.

Dans d'autres plantes, le Blé, le Maïs (fig. 110), par exemple, l'embryon reste petit et la réserve alimentaire, placée à côté de lui, achève de remplir la graine. On appelle *albumen* cette réserve placée à côté de l'embryon dans la graine. Les cotylédons de l'embryon servent alors de suçoirs, c'est-à-dire puisent les aliments dans l'albumen, après les avoir digérés, pour les disséminer dans l'embryon quand celui-ci se développe.

La nature de la réserve alimentaire contenue dans les graines n'est pas toujours la même. Tantôt c'est de l'amidon mélangé à des matières azotées, comme dans les graines des céréales : Blé, Maïs, Orge, etc.

Tantôt elle est constituée par des matières grasses mélangées à des matières azotées, comme dans les graines oléagineuses : Noix, Pavot, Colza.

Enfin cette réserve peut être formée par de la cellulose, qui acquiert une grande dureté, comme dans la graine du Dattier.

Utilité des graines. — Les graines sont employées en grand nombre dans l'alimentation.

Les graines des céréales, Blé, Maïs, Seigle, Riz, forment la base de l'alimentation de l'homme. Réduites en poudre, elles constituent la farine et servent à la fabrication du pain, des pâtes alimentaires.

Les graines des plantes Légumineuses, telles que le Haricot, le Pois, la Lentille, sont aussi très employées et constituent des aliments de première nécessité.

Les graines oléagineuses fournissent la plupart des huiles employées dans l'alimentation ou l'industrie; les graines de Colza, de Noyer, de Hêtre fournissent des huiles alimentaires; les graines du Lin, du Chènevis fournissent des huiles employées pour l'éclairage ou dans la peinture.

Enfin, certaines graines, celles de l'Orge, par exemple, servent à la fabrication d'une boisson fermentée, la bière.

MULTIPLICATION DES PLANTES SANS LE SECOURS DES FLEURS.

Les fleurs ne sont pas les seules parties de la plante qui soient capables de la reproduire. On sait que beaucoup de plantes d'ornement, les Géraniums, les Rosiers, sont reproduites par les jardiniers sans que ces plantes fleurissent.

Il suffit de couper une branche de Géranium, de la placer en terre, pour reproduire un nouveau Géranium. La branche placée en terre développe bientôt des racines adventives, et elle est alors capable de se nourrir des matières minérales renfermées dans le sol. On appelle *bouture* le fragment de Géranium planté en terre, et l'opération qu'on réalise ainsi est le *bouturage*. C'est par ce procédé qu'on reproduit les Rosiers, les Lauriers.

Il existe des plantes qu'on ne peut pas reproduire par le bouturage, parce que les fragments que l'on sépare de la plante mère périssent avant d'avoir formé les racines adventives destinées à les nourrir. On emploie dans ce cas l'opération appelée *marcottage*. Cette opération consiste à enterrer les branches qui doivent donner de nouvelles plantes, sans les séparer de la plante mère. Ces branches développent, dans la partie enterrée, des racines adventives quand ces racines sont assez développées, on coupe les rameaux et on obtient autant de pieds distincts qu'on avait de rameaux enterrés (fig. 111).

Dans nos bois, les Fraisiers se multiplient par un procédé assez analogue. On voit partir du pied de chaque Fraisier des tiges très étroites, qui rampent sur la terre, de distance en distance ; ces tiges grêles touchent le sol et développent à l'endroit où se trouvent les nœuds un certain nombre de

Fig. 111. — Exemple de marcottage. Quatre branches ont été enterrées et développent des racines adventives. En les séparant de la plante mère, on aura quatre plantes nouvelles.

racines adventives, puis des feuilles apparaissent et un nouveau pied se constitue à côté de l'ancien (fig. 112). Cette multiplication se produit sans cesse : elle explique pourquoi les bordures de Fraisiers ne tardent pas à envahir les plates-bandes sur une grande étendue, si l'on ne prend pas soin de couper les tiges grêles que chaque pied envoie en tous sens.

La Pomme de terre est encore un exemple de plantes qu'on peut multiplier sans le secours des graines.

En effet, les tiges souterraines que chaque pied développe, se renflent en certains points, leur tissu se gorge d'amidon et elles forment ainsi les tubercules qu'on arrache au

Fig. 112. — Marcottage naturel du Fraisier.

mois de septembre. Chaque pied peut former un grand nombre de tubercules, qui se séparent par la destruction des tiges qui les reliaient entre eux.

Si au printemps on plante ces tubercules, on obtient autant de plantes nouvelles. On peut même, en découpant chaque Pomme de terre en autant de morceaux qu'il y a d'yeux, obtenir un pied de Pomme de terre pour chaque œil.

CHAPITRE IV

DÉVELOPPEMENT COMPLET D'UNE PLANTE

Nous pouvons maintenant, au moyen de quelques exemples, suivre le développement des plantes.

Plantes annuelles : Haricot, Blé. — Nous avons vu que la graine de Haricot, placée dans un milieu aéré, humide et chaud, germe en développant une plante qui d'abord tire sa nourriture de la provision d'aliments placée dans les cotylédons, et bientôt, quand elle a formé ses racines et ses feuilles, se nourrit des aliments renfermés dans le sol et dans l'air.

Nous savons que cette jeune plante périt si elle ne trouve pas les aliments qui lui conviennent.

Pendant les premiers mois de son développement, le Haricot croît et consomme toute la nourriture qu'il emprunte au sol. Mais bientôt il a achevé sa croissance, et quand il cesse de grandir, on voit apparaître les fleurs destinées à former les graines ; celles-ci serviront chacune à reproduire une nouvelle plante.

A ce moment une grande partie de la nourriture va s'accumuler dans la graine sous forme de provision de réserve, et quand cette graine est mûre, c'est-à-dire quand elle a acquis tout son développement, la plante entière avec ses feuilles, sa tige et ses racines se flétrit, ne laissant d'autre vestige de son existence que quelques graines. Ces graines passeront la mauvaise saison sans subir d'altération, et germeront au printemps suivant, en reproduisant les phénomènes que nous venons de décrire.

Le développement d'un grain de Blé est identique à ce que nous venons de voir pour le Haricot. Toutes ces plantes périssent à chaque saison, leurs graines seules persistent. On nomme ces plantes des *plantes annuelles*.

Plantes bisannuelles : Betterave. — Le développement d'une graine de Betterave est différent.

Cette graine germe, comme nous le savons, dans les mêmes conditions que les Haricots, elle développe bientôt des feuilles, une tige et des racines. Les feuilles qui se développent forment un bouquet porté par une tige très courte.

Les aliments absorbés par la plante ne sont pas tous consommés : une partie de ces aliments est aussitôt mise en réserve, sous la forme de sucre ordinaire, dans la racine principale ; cette racine, d'abord très grêle, grossit peu à peu à mesure que la provision de sucre qui s'y amasse augmente. Pendant toute l'année, la plante ne développe pas d'autres organes que des feuilles, une tige et des racines, et la formation de la réserve de nourriture dure pendant tout l'été jusqu'à l'automne. A ce moment la tige, les feuilles et les racines périssent et se dessèchent, il ne reste de la plante que sa racine principale, devenue charnue.

On la conserve tout l'hiver dans les caves ou en terre. Au printemps suivant on voit se développer, au milieu des débris des feuilles de l'année précédente, une tige qui grandit beaucoup et se ramifie en développant les fleurs. A ce moment la Betterave tire seulement sa nourriture de la racine, elle consomme le sucre qui s'y est amassé l'année précédente ; ce sucre, mis en provision, est utilisé pour la formation des tiges et des fleurs, et une partie de cet aliment est mise en réserve dans les graines qui succèdent à la fleur ; puis toute la plante périt, laissant ses graines.

Le développement d'une graine de Betterave s'accomplit

donc en deux ans; la Carotte présente un développement semblable à celui de la Betterave. Les plantes qui offrent ce mode de végétation sont appelées plantes *bisannuelles*.

Les plantes annuelles ainsi que les plantes bisannuelles ne fleurissent qu'une fois et, par suite, ne produisent de graines qu'une seule fois; ces plantes sont toutes des *herbes*, leur tige n'est jamais ligneuse.

Plantes vivaces : Pomme de terre, Jacinthe. — La Pomme de terre présente un développement différent de ce que nous offrent le Haricot ou la Betterave.

La graine de Pomme de terre placée en terre, au printemps, germe en donnant une plante complète, qui bientôt, après avoir consommé la provision de nourriture renfermée dans la graine, se nourrit elle-même des aliments contenus dans le sol ou dans l'air. Mais, au lieu d'utiliser tous les aliments qu'elle absorbe, elle en amasse des provisions sous forme d'amidon dans les parties renflées de la tige souterraine; ces parties renflées constituent les tubercules de Pomme de terre. A la fin de l'été, la plante fleurit et développe des graines, à l'intérieur desquelles on trouve aussi des provisions de nourriture destinées à l'embryon.

Bientôt la plante se flétrit et laisse les graines mûres. Mais on trouve en outre, au milieu des débris de la tige souterraine et des racines, les tubercules, qui représentent une partie de la plante, et qui restent vivants.

Chaque tubercule, après avoir passé l'hiver sans donner signe de vie, se réveille au printemps et pousse à chacun de ses yeux des tiges aériennes ou souterraines.

Les plantes qui, comme la Pomme de terre, survivent à la mauvaise saison, sont dites *vivaces*.

On peut les multiplier non seulement par des graines, mais par les parties qui restent vivantes à la fin de chaque saison.

La Jacinthe offre un développement analogue. Une graine de Jacinthe donne en germant une petite plante qui n'offre encore aucun vestige de l'oignon dont nous nous sommes servis. Cette plante développe quelques feuilles et des racines ; la tige restant très courte, elle consomme une petite quantité d'aliments et l'excédent vient s'emmagasiner à la base des feuilles, qui se renflent peu à peu et constituent un bulbe de petite taille ; ce bulbe grossit jusqu'à la fin de la saison, au moment où les feuilles se flétrissent quand la végétation cesse, et le bulbe seul survit. Au printemps suivant, de nouvelles feuilles se développent et contribuent à augmenter encore la provission de nourriture renfermée dans les écailles. C'est seulement au bout de deux ou trois ans que la Jacinthe fleurit. Elle consomme alors, pour former sa tige florale, ses fleurs et ses graines, une grande partie de la provision qui était amassée dans les écailles du bulbe. Mais la plante ne meurt pas, car de nouvelles feuilles se développent et contribuent à reformer un nouveau bulbe au-dessus de l'ancien.

Les arbres, les plantes à rhizome sont aussi des plantes vivaces ; c'est dans la tige des arbres, ou dans le rhizome, que les matières alimentaires s'accumulent pour servir au développement de la plante, à l'époque où la végétation recommence.

Les plantes vivaces, caractérisées parce qu'elles fleurissent plusieurs fois pendant leur vie, peuvent différer les unes des autres suivant que tout ou partie de leur corps seulement reste vivace.

Quelques-unes ont tout le corps vivace, même le feuillage, comme le Lierre, le Chêne-liège, le Chêne Yeuse, l'If, dont les feuilles persistent plusieurs années. D'autres perdent leurs feuilles chaque année, la tige et les racines seules sont persistantes ; ce sont les arbres à feuilles caduques, tels que le Chêne commun, le Hêtre, etc. Ces deux sortes de plantes appartiennent à la catégorie des *arbres*, *arbustes* ou *arbrisseaux*, leur tige est en grande partie ligneuse.

Dans d'autres cas une partie de la tige seulement est vivace : c'est la partie souterraine, rhizome ou bulbe ; la partie aérienne meurt chaque année. Le Sceau-de-Salomon, l'Asperge, le Glaïeul, la Primevère sont dans ce cas. Enfin la Pomme de Terre nous offre un exemple de plante dont une partie de la tige souterraine, le tubercule, reste vivace.

Les plantes dont la tige souterraine seule est entièrement ou partiellement vivace appartiennent à la catégorie des *herbes vivaces*; leur tige aérienne n'est jamais ligneuse.

DEUXIÈME PARTIE

ÉTUDE DES DIFFÉRENTS GROUPES DE PLANTES

CHAPITRE I

CRYPTOGAMES ET PHANÉROGAMES

Les plantes qui composent le règne végétal ne présentent pas toutes le degré de complication que nous ont offert le Haricot ou la Giroflée

Nous allons maintenant indiquer les différences qui existent entre elles, différences qui ont permis de les classer en plusieurs groupes.

CRYPTOGAMES OU PLANTES SANS FLEURS.

Comparons d'abord à la Giroflée une Fougère, le Polystic, que l'on trouve communément dans les bois humides.

Cette Fougère présente un bouquet de feuilles découpées, sortant de terre. En arrachant la plante, on voit que ces feuilles sont attachées à l'extrémité d'une tige entièrement souterraine. Cette tige est couverte par les débris des feuilles anciennes, réduites à la base de leur pétiole ; elle porte de nombreuses racines adventives, très grêles, offrant l'apparence de filaments noirs (fig. 113). D'après cela, nous retrouvons chez la Fougère les trois sortes d'organes nécessaires à la plante pour vivre, et jusqu'ici cette plante ne diffère

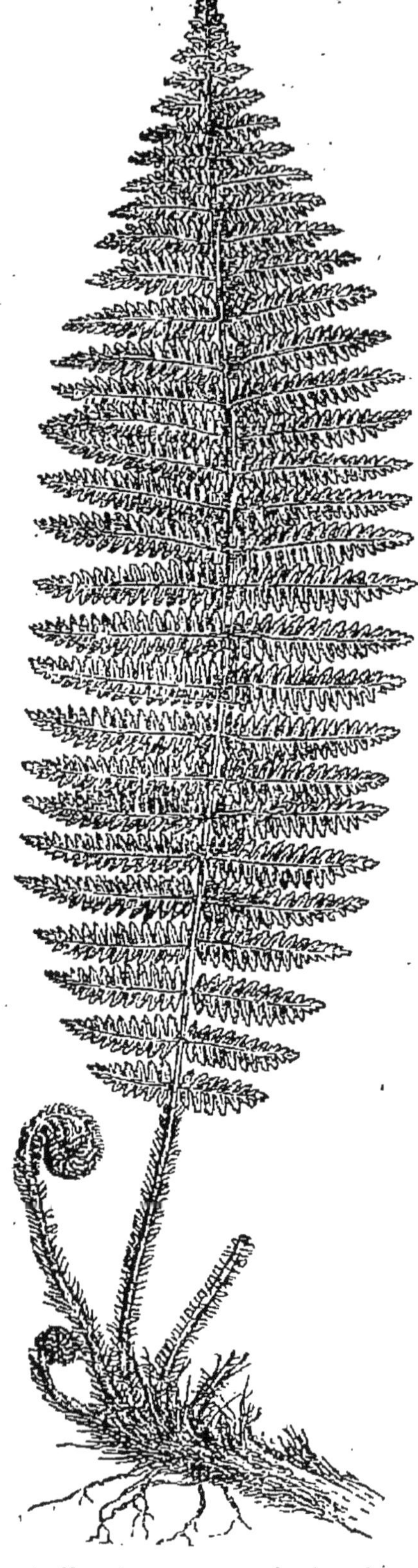

Fig. 113. — Fragment de Fougère montrant la tige, les racines et les feuilles.

pas, quant à sa conformation et à sa manière de vivre, d'une Giroflée ou d'un Haricot.

Mais son mode de reproduction est différent. Tandis que la Giroflée développe des fleurs destinées à former les graines, la Fougère ne développe jamais de fleurs, à quelque moment de l'année qu'on l'observe; elle ne forme donc pas de graines. Mais à la fin de l'été, quand on examine la face inférieure des feuilles, on aperçoit sur les ramifications du limbe de petites taches brunes, disposées en séries régulières, et affectant, quand on les examine à la loupe, la forme d'un Haricot (fig. 114). Ces taches sont des amas de petits sacs renfermant une poussière brune très fine.

Les grains de cette poussière sont les *spores* et chaque spore peut reproduire la Fougère. Les sacs dans lesquels ces spores sont renfermées s'appellent des *sporanges* (fig. 115), et ce sont les amas formés par un grand nombre de sporanges qui forment les taches brunes que l'on aperçoit à la face inférieure de la feuille.

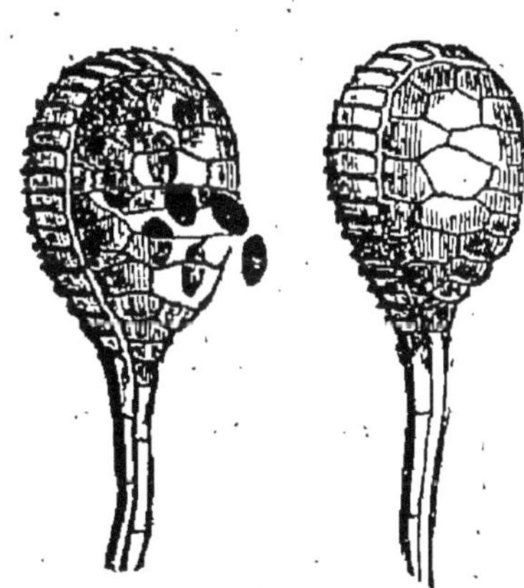

Fig. 114. — Fougère. Organes renfermant les spores; ils sont fixés à la face inférieure des feuilles et forment des groupes de sporanges.

Fig. 115. — Deux sporanges de Fougères; l'un d'eux, ouvert, laisse échapper les spores.

Ainsi la Fougère, plante pourvue de tige, de feuilles et

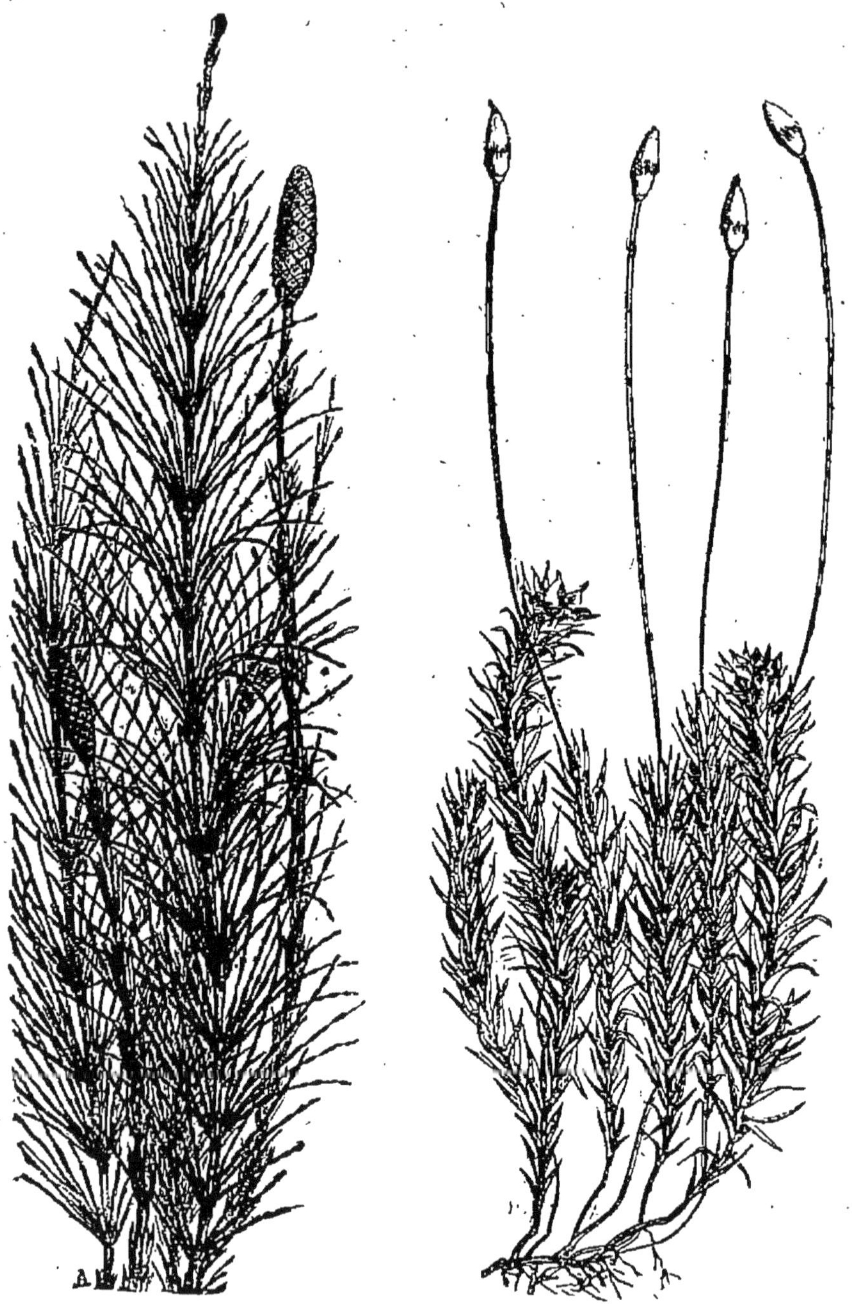

Fig. 116. — Prêle. C'est une plante sans fleurs.

Fig. 117. — Mousse commune, Polytric c'est une plante sans racines.

de racines, ne porte ni fleurs ni graines et se reproduit

par des *spores;* les Prêles (fig. 116), les Mousses sont aussi des plantes sans fleurs, qui se reproduisent par des spores.

Toutes les plantes sans fleurs s'appellent *Cryptogames,* tandis que les plantes à fleurs et par suite pourvues de graines s'appellent des *Phanérogames.*

La Prêle, la Fougère, la Mousse sont des Cryptogames.

Le Haricot, la Pomme de terre, la Jacinthe sont des Phanérogames.

PHANÉROGAMES OU PLANTES A FLEURS.

Différentes sortes de Phanérogames. — Le corps des Phanérogames se divise toujours en tige, racines et feuilles; c'est seulement par la conformation de la fleur et du fruit que ces plantes diffèrent.

Dans la Giroflée ou la Jacinthe (fig. 118), nous avons vu

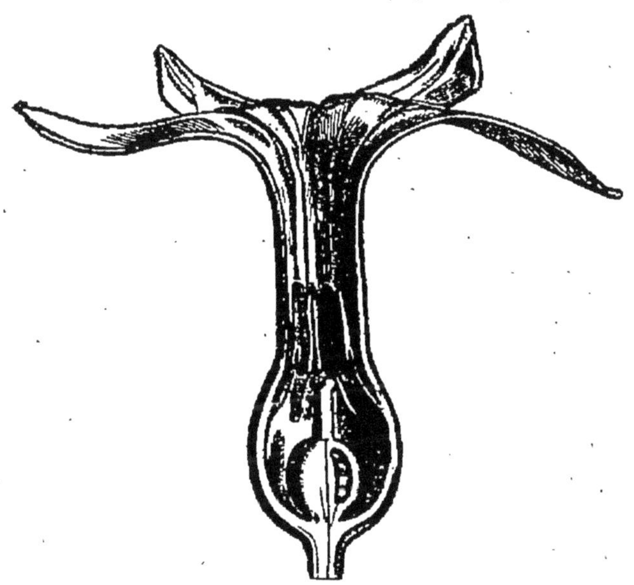

Fig. 118. — Fleur de Jacinthe coupée en long. Les ovules sont emprisonnés dans un sac appelé *ovaire,* situé au fond de la fleur.

que le pistil offrait toujours à la base un sac, l'ovaire, présentant une ou plusieurs cavités à l'intérieur desquelles se trouvent placés les ovules, c'est-à-dire les organes qui doivent devenir des graines, quand le fruit aura succédé à la fleur.

Toutes les plantes Phanérogames dont les ovules sont emprisonnés à l'intérieur d'un sac appelé *ovaire*, comme dans la Jacinthe, ont reçu le nom d'*Angiospermes*. On peut les reconnaître parce qu'il faut toujours couper l'ovaire en travers ou en long pour apercevoir les ovules.

Le Haricot, la Giroflée, la Jacinthe sont des Angiospermes.

Dans le Pin ou le Sapin, les fleurs sont toujours de deux sortes : les unes contiennent exclusivement les étamines; d'autres contiennent les pistils. Ces dernières se présentent sous la forme de petites masses ovoïdes placées à l'extrémité des branches : elles sont appelées *cônes* (fig. 119). Chaque cône est formé par un grand nombre de lames minces ou écailles, portant chacune deux ovules complètement à découvert (fig. 120). Chaque écaille est une fleur; les ovules et plus tard les graines qu'elle porte sont *nus*.

On a donné aux plantes, telles que le Pin, possédant des ovules qui ne sont jamais enveloppés et protégés par un ovaire, le nom de *Gymnospermes*. On les reconnaît parce qu'il suffit d'enlever les écailles pour apercevoir les ovules.

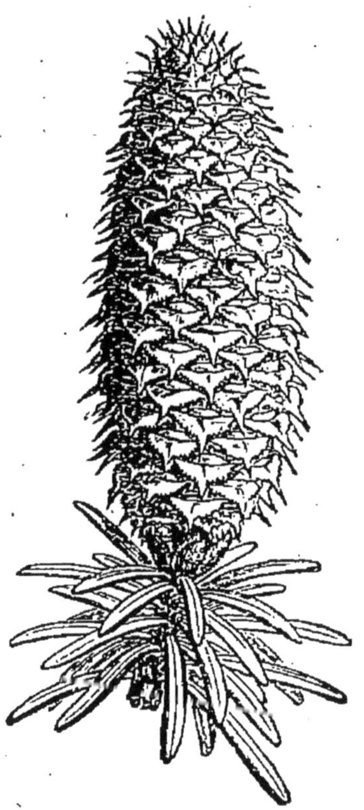

Fig. 119. — Cône de Sapin formé par des fleurs ne contenant que des ovules.

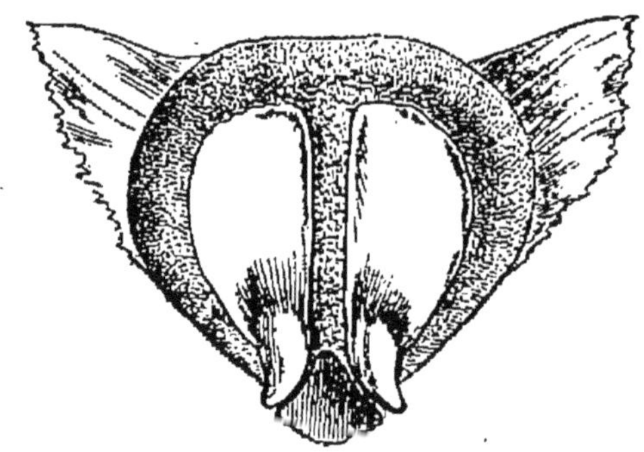

Fig. 120. — Une fleur de Sapin isolée montrant les deux graines qu'elle porte sur l'une de ses faces.

Les Mélèzes, les Cyprès, les Ifs, les Cèdres sont des *Gymnospermes.*

Les *Phanérogames Angiospermes* peuvent être divisées en deux groupes. Si nous ouvrons une graine de Haricot, nous y trouvons, comme on sait, une petite plante en miniature présentant une racine, une tige et deux feuilles spéciales, gorgées de nourriture, appelées *cotylédons.*

Le Pois (fig. 121), la graine de Pomme de terre (fig. 122),

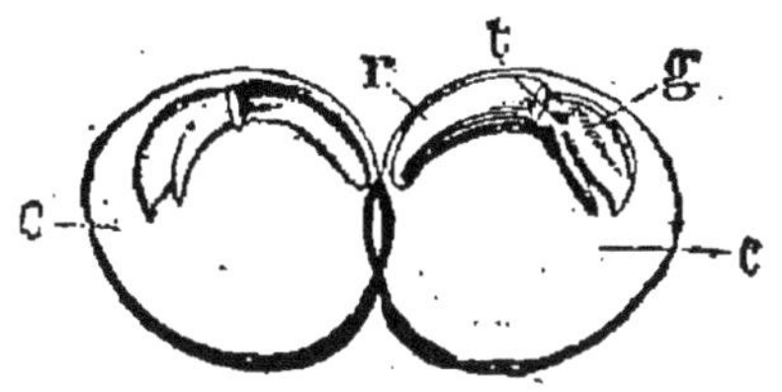

Fig. 121. — Graine de Pois ouverte. Elle contient un embryon à deux cotylédons *c.*

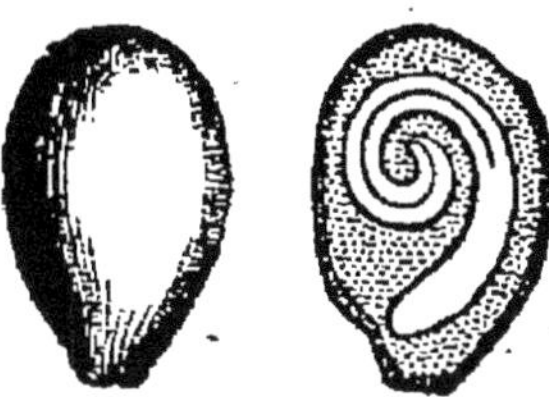
Fig. 122. — Graine de Pomme de terre entière et coupée en long. Elle contient un embryon à deux cotylédons enroulés placé au milieu de l'albumen.

de Giroflée, contiennent aussi des plantules à deux cotylédons. Mais il existe des plantes, comme le Blé par exemple, dont la graine renferme un embryon à un seul cotylédon. Coupons un grain de Blé en long, en passant par le sillon que ce grain présente, nous apercevrons en dedans de l'enveloppe du grain l'amande, qui présente deux parties (fig. 123) : la plus grande partie contient la provision de nourriture pour l'embryon, c'est elle qui, broyée, donne la farine ; la seconde partie, occupant l'extrémité du grain, contient l'embryon, dont on voit la racine, la tige et un seul cotylédon.

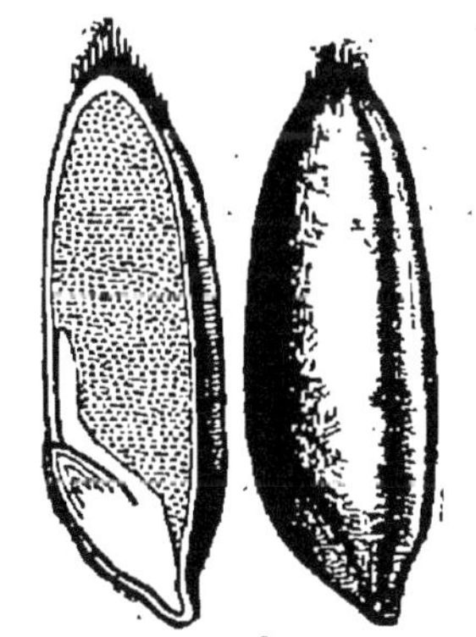
Fig. 123. — Grain de Blé entier et coupé en long. L'embryon n'a qu'un seul cotylédon ; il occupe la partie inférieure de la graine.

La graine de Jacinthe contient aussi un embryon pourvu d'un seul cotylédon.

On désigne sous le nom de *Dicotylédones* les plantes dont les graines offrent un embryon à deux cotylédons, et de *Monocotylédones* celles dont l'embryon ne renferme qu'un seul cotylédon.

Le Haricot, la Pomme de terre sont des exemples de Dicotylédones.

La Jacinthe, le Blé représentent des Monocotylédones.

Nous pouvons, d'après ce qui précède, résumer dans le tableau suivant les différents groupes de Phanérogames.

Phanérogames	ayant les ovules renfermés dans un ovaire..	Angiospermes.	Haricot	*Dicotylédones.*
			Blé.	*Monocotylédones.*
	ayant les ovules nus.	Gymnospermes.	Pin.	*Conifères.*

CHAPITRE II

DICOTYLÉDONES

Plantes à graines pourvues d'un embryon à deux cotylédons, ayant des feuilles à nervures disposées en réseau. et des fleurs ordinairement pourvues d'un calice et d'une corolle. Les pièces de la fleur sont généralement au nombre de quatre ou de cinq.

Exemples : *Oseille, Géranium, Fraisier, Primevère.*

Ces plantes ont toujours les nervures des feuilles disposées en réseau, leur tige est susceptible de s'accroître en épaisseur et chez certains arbres peut acquérir un diamètre considérable. Elles possèdent presque toujours une racine principale et des racines secondaires, qui sont aussi susceptibles de s'accroître en épaisseur.

Les fleurs ont ordinairement un calice et une corolle distincts, dont les pièces sont au nombre de quatre ou cinq. Le fruit contient des graines dans lesquelles on trouve un embryon pourvu de deux feuilles nourricières ou cotylédons.

Les Dicotylédones représentent, par leur nombre, le groupe le plus important du règne végétal.

Pour étudier ces plantes, nous allons indiquer les différences qui existent entre leurs fleurs, parce que ces différences ont servi à les diviser en plusieurs séries.

Examinons d'abord la fleur du *Géranium* (fig. 124). Elle est formée par un calice à cinq sépales entourant la corolle qui a cinq pétales larges, colorés; les étamines sont disposées en deux rangées de cinq chacune. Au centre de la fleur se trouve le pistil, constitué par cinq carpelles ayant chacun leur stigmate.

Dans cette fleur nous voyons que les différentes pièces des

enveloppes de la fleur sont libres, que les différentes parties qui

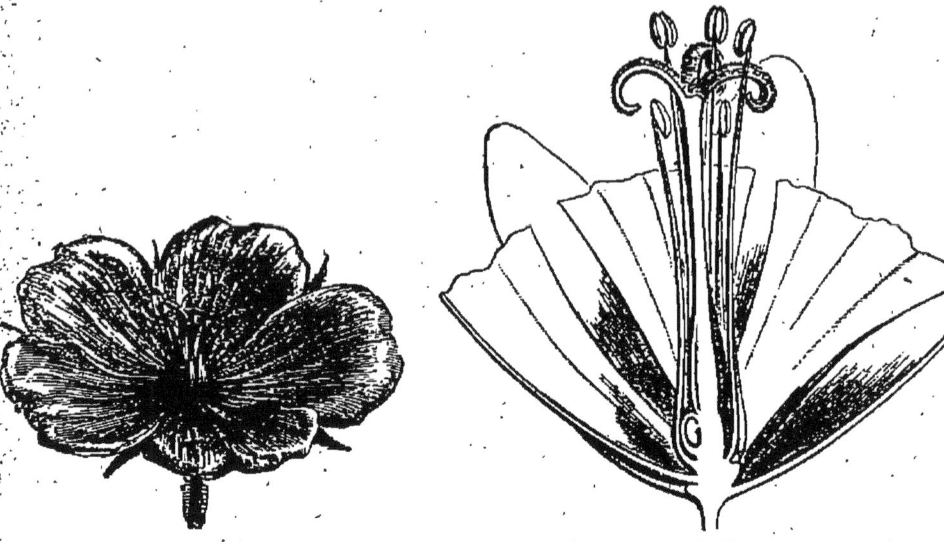

Fig. 124. — Fleur de Géranium entière et coupée en long. Celle qui est coupée en long montre la moitié des étamines et du pistil. L'un des cinq carpelles est coupé au milieu.

la composent sont rattachées sur un support commun appelé *réceptacle* de la fleur.

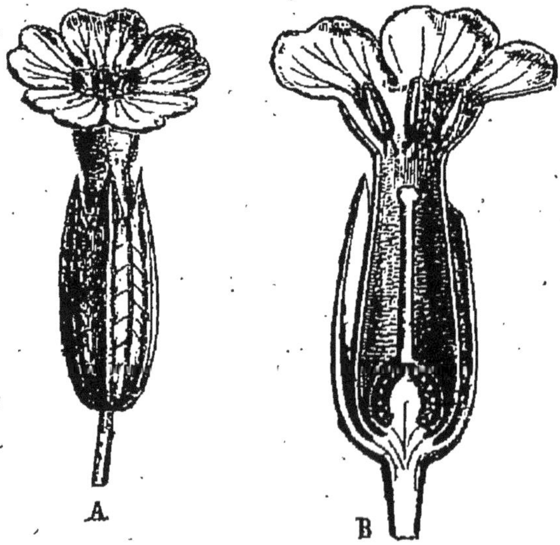

Fig. 125. — Fleur de Primevère entière et coupée en long. Les sépales et les pétales sont soudés pour former un calice et une corolle tubuleuse. Les étamines sont portées par la corolle.

Comparons à la fleur du Géranium celle de la Primevère (fig. 125). Nous trouvons un calice en forme de tube dont les bords sont découpés en cinq dents, représentant les sépales; à l'intérieur se trouve la corolle, formant un second tube dont le bord, évasé en entonnoir, est aussi divisé en cinq dents correspondant aux pétales.

Il existe cinq étamines, dont les filets sont fixés sur les

parois internes du tube formé par la corolle ; le centre de la fleur est occupé par le pistil.

La primevère diffère donc du Géranium surtout par la soudure des sépales et celle des pétales en un double tube.

Les Dicotylédones qui ont, comme le Géranium, les pétales distincts, sont désignées sous le nom de *Dialypétales*. Celles qui, comme la Primevère, ont les pétales soudés en un tube, s'appellent *Gamopétales*.

Toutes ces plantes ont la corolle grande, colorée, toujours distincte du calice. Il existe un certain nombre de Dicotylédones qui manquent souvent de pétales et de sépales, ou dont la corolle et le calice sont confondus et forment une seule enveloppe, analogue au périanthe des Monocotylédones.

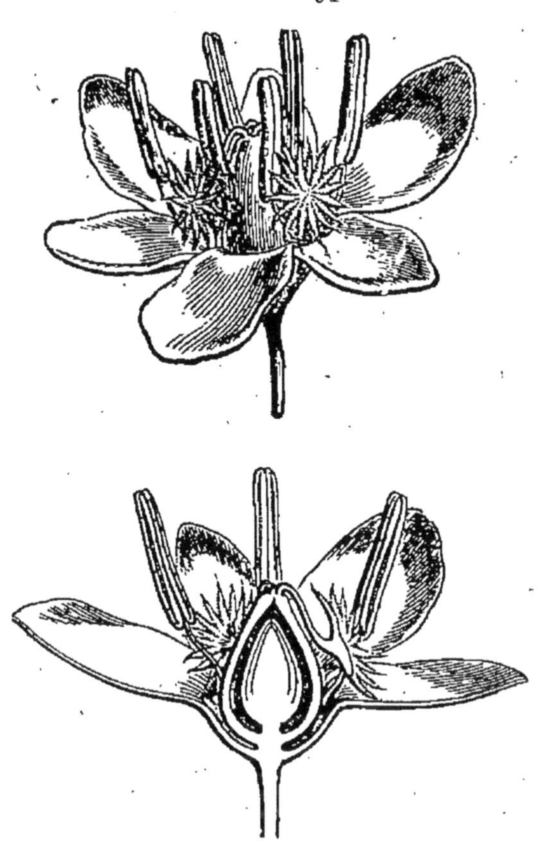

Fig. 126. — Fleurs d'Oseille *très grossies*. L'une entière, l'autre coupée en long. Les enveloppes de la fleur forment de petites lames vertes; il y a six étamines, et le pistil est terminé par trois stigmates.

Prenons par exemple l'Oseille commune (fig. 126). Ses fleurs sont très petites, il faut les examiner à la loupe pour les bien voir. L'une d'elles présente une seule enveloppe, le périanthe, formée par six petites lames verdâtres, disposées sur deux rangs. Elle entoure les étamines au nombre de six, ainsi que le pistil central, terminé par trois stigmates plumeux.

Les fleurs du Bouleau et de la plupart des arbres sont

encore plus simples, car on ne trouve plus de périanthe régulier : les étamines ou le pistil sont supportés par une petite écaille verte.

On donne aux Dicotylédones dont les fleurs ne présentent pas de calice et de corolle distincts, ou qui sont dépourvues de ces enveloppes, le nom d'*Apétales*.

Ainsi, d'après ce qui précède, trois séries principales peuvent être distinguées chez les Dicotylédones :

1° Gamopétales. Ex. : Primevère, Marguerite.
2° Dialypétales. Ex. : Géranium, Fraisier.
3° Apétales. Ex. : Oseille, Bouleau.

Nous allons passer en revue ces trois séries de Dicotylédones, en signalant les plantes les plus importantes qu'elles renferment.

DICOTYLÉDONES GAMOPÉTALES.

Plantes à corolle formée par les pétales soudés, étamines fixées sur la corolle.

Exemples : *Bluet*, *Lamier*, *Pomme de terre*, *Campanule*, *Primevère*.

Les Gamopétales peuvent être distinguées les unes des autres quand on compare la conformation de leurs fleurs.

La fleur de Primevère (fig. 127), coupée en long, nous montre le pistil qui est libre au fond du tube formé par la corolle ; l'ovaire est supère. Dans la coupe en long d'une fleur de Campanule (fig. 128) on aperçoit l'ovaire adhérent, qui est situé au-dessous du calice et de la corolle. Le style et les stigmates sont seuls visibles dans l'intérieur de la corolle. L'ovaire de la Campanule est infère.

Les Gamopétales à ovaire libre peuvent avoir leur fleur régulière comme la Pomme de terre, la Primevère, mais il en existe aussi qui ont leurs fleurs irrégulières : c'est ce qu'on observe dans le Lamier blanc (fig. 129). Celles dont les fleurs sont régulières présentent, comme c'est la règle, les étamines qui alternent avec les divisions de la corolle ; cependant la Primevère offre toujours ses étamines superposées

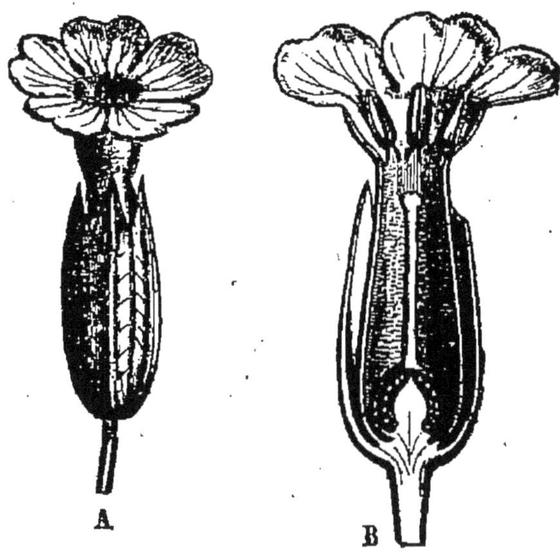

Fig. 127. — Fleur de Primevère entière et coupée en long ; les étamines sont au milieu des dents de la corolle, et le pistil occupe le fond du tube formé par celle-ci.

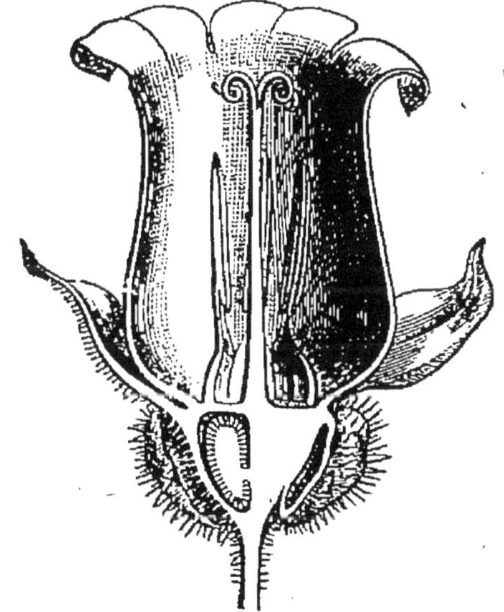

Fig. 128. — Fleur de Campanule; l'ovaire est au-dessous de la corolle, il est infère.

Fig. 129. — Fleur de Lamier blanc, à corolle irrégulière.

aux pétales, c'est-à-dire situées au milieu des divisions de la corolle.

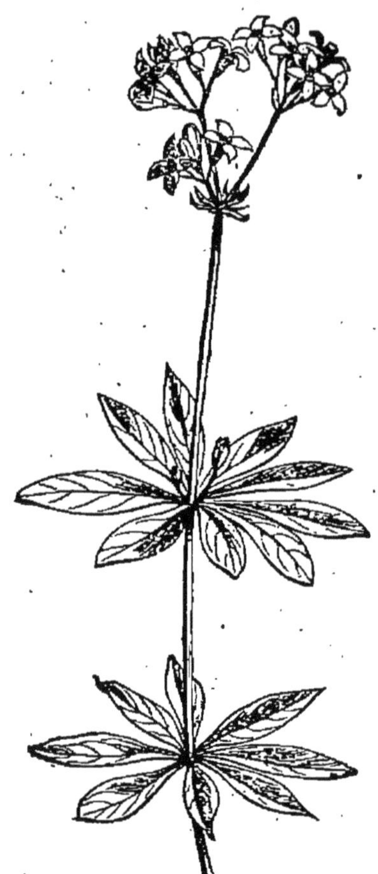

Fig. 130. — Branche fleurie d'Aspérule odorante ; les fleurs sont fixées sur des pédoncules séparés.

Fig. 131. — Inflorescence de Bluet. Les fleurs sont toutes fixées sur un support commun ou réceptacle et forment un capitule.

Quant aux Gamopétales dont l'ovaire est adhérent, les unes ont les fleurs supportées par des pédoncules plus ou moins longs, comme la Campanule, l'Aspérule (fig. 130), tandis que d'autres ont les fleurs sans pédoncule et attachées en grand nombre sur un réceptacle commun; tels sont la Marguerite, le Bluet (fig. 131-132). Les fleurs ainsi groupées en grand nombre sur un réceptacle élargi forment ce que nous avons appelé des *capitules*. Dans la fleur de Marguerite, quand on arrache un à un ce qu'on nomme vulgairement des *pétales*, on enlève en réalité les fleurs les unes après les autres.

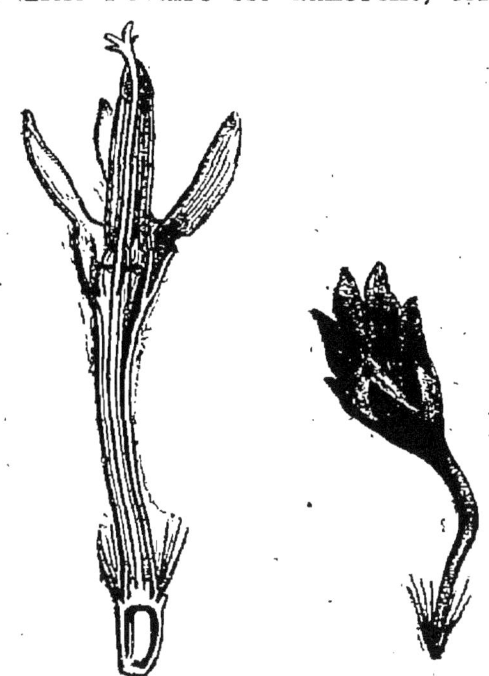

Fig. 132. — Fleurs isolées d'un capitule de Bluet.

Nous pouvons, d'après ce qui précède, résumer dans le tableau suivant les principales familles de Gamopétales.

Fleurs à ovaire adhérent.	Fleurs en capitule.	Marguerite.	*Composées.*
	Fleurs non en capitule.	Raiponce.	*Campanulacées.*
		Aspérule.	*Rubiacées.*
Fleurs irrégulières à ovaire libre . . .		Gueule-de-Loup.	*Scrofularinées.*
		Lamier.	*Labiées.*
Fleurs régulières à ovaire libre.	Étamines placées entre les dents de la corolle.	Liseron.	*Convolvulacées.*
		Myosotis.	*Borraginées.*
		Pomme de terre.	*Solanées.*
	Étamines placées au milieu des dents de la corolle.	Primevère.	*Primulacées.*

PRINCIPAUX TYPES DE GAMOPÉTALES.

Bluet, Marguerite, Pissenlit.

Types de la famille des *Composées.*

Nous prendrons comme exemple le Bluet, qui est très commun dans les champs de Blé, la grande Marguerite, qui croît dans les prairies, et le Pissenlit, que l'on peut cueillir dans les champs incultes au bord des chemins.

Examinons les fleurs du Bluet : elles forment de petites têtes arrondies, constituées par un grand nombre de fleurs; on désigne chacune d'elles sous le nom de *capitule* (fig. 133). Arrachons l'une des fleurs de la périphérie : elle constitue un tube étroit dont la partie extérieure est dilatée en entonnoir, son bord est divisé en cinq dents. A la base de ce tube, qui représente la corolle, on aperçoit un grand nombre de poils représentant le calice (fig. 134). Il n'y a à l'intérieur de cette corolle aucun organe destiné à produire le fruit, ni étamines, ni pistil : de semblables fleurs sont des fleurs *stériles*. Au centre du capitule, les fleurs ont aussi la forme de tube, mais elles sont plus régulières qu'à la périphérie, et on trouve à l'intérieur de chacune d'elles cinq étamines, dont les anthères sont soudées entre elles (fig. 135). Au milieu du tube formé par les anthères, on aperçoit le style très long terminé par deux stigmates. L'ovaire est situé au-dessous de la corolle, il est adhérent et ne contient qu'un seul ovule dans la loge unique qui le compose.

Fig. 133.— Capitule de fleurs de Bluet; c'est un capitule flosculeux

Quand les fleurs se flétrissent, elles laissent des fruits secs

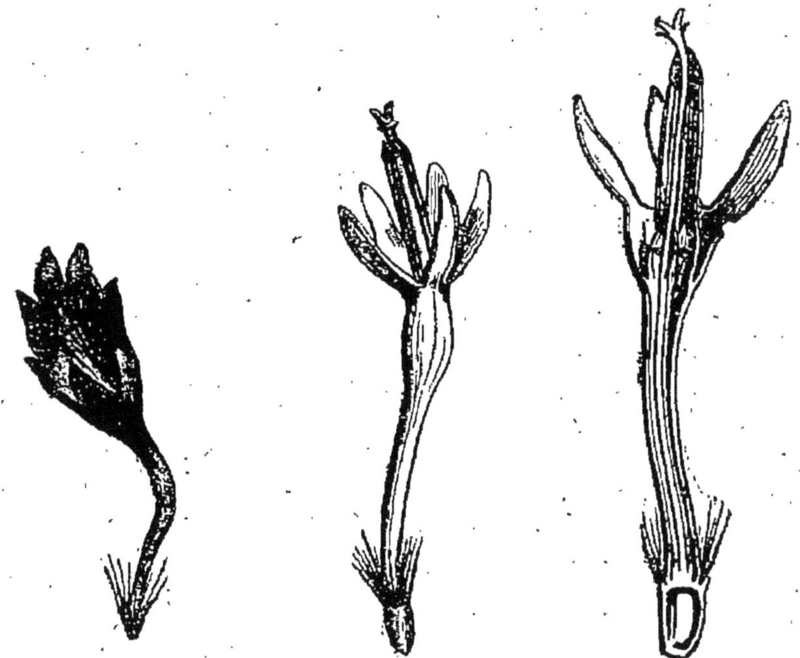

Fig. 134. — Fleur de Bluet située au pourtour du capitule; c'est une fleur stérile.

Fig. 135. — Fleur de Bluet entière et coupée en long. Elle appartient au centre du capitule ; c'est une fleur fertile

qui sont surmontés par des aigrettes de poils constituant le calice ; ces aigrettes favorisent la dissémination du fruit.

Ainsi, ce qu'on appelle vulgairement une fleur de Bluet est constitué par l'agglomération d'un grand nombre de fleurs ayant la forme de tubes. Les fleurs de la périphérie ne produisent jamais de fruits, celles du centre contiennent les étamines et le pistil. Le réceptacle sur lequel toutes ces fleurs sont attachées, est entouré d'un certain nombre de lames brunes appelées *bractées*, et l'enveloppe qu'elles forment s'appelle *involucre* (fig. 136).

Fig. 136. — Capitule de Pissenlit encore fermé, on aperçoit les bractées qui forment l'involucre.

C'est l'ensemble formé par les fleurs et par l'involucre

qu'on appelle *capitule ;* les fleurs qui offrent cette disposition en capitules s'appellent des fleurs *composées :* le Bluet est donc un exemple de fleurs composées.

La réunion d'un grand nombre de fleurs sur un réceptacle commun a fait donner le nom de *Composées* aux plantes dont les fleurs sont disposées comme celles du Bluet. Mais

Fig. 137. — Fleur d'Artichaut, type de fleur tubuleuse ou fleuron.

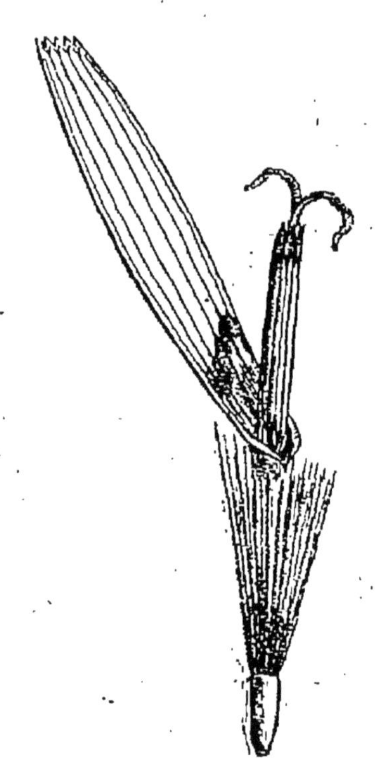

Fig. 138. — Fleur de Pissenlit, type de fleur ligulée ou demi-fleuron.

quand on compare ces plantes entre elles, on constate quelques différences. Dans le Bluet, toutes les fleurs sont tubuleuses : on les appelle des *fleurons*, et le capitule tout entier, ne contenant que des fleurons, est *flosculeux*. L'Artichaut a des capitules semblables à ceux du Bluet, c'est-à-dire formés de fleurs régulières ou fleurons (fig. 137)

Examinons le Pissenlit. C'est une herbe très commune dans les champs, au bord des chemins. Il se présente sous l'aspect d'une rosette de feuilles découpées appliquées sur la tige; au milieu de la rosette on aperçoit les pédoncules floraux qui s'élèvent. Les capitules du Pissenlit possèdent un plus grand nombre de fleurs que ceux du Bluet, et toutes les fleurs sont semblables entre elles (fig. 139); mais si nous arrachons l'une d'elles, nous reconnaissons que la corolle forme un tube très court, qui s'ouvre en une sorte de cornet et se termine par une lame assez longue, pourvue à son sommet de cinq dents (fig. 138). A la base, la corolle est en-

Fig. 139. — Capitule de Pissenlit épanoui; c'est un capitule demi-flosculeux.

Fig. 140. — Groupe de fruits de la Laitue.

tourée d'une couronne de poils très longs représentant le calice. Chaque fleur contient d'ailleurs les étamines et le pistil, disposés comme dans le Bluet.

On appelle corolles *ligulées* ou *demi-fleurons* les corolles d'une fleur de Pissenlit; comme toutes les fleurs qui composent le capitule d'un Pissenlit sont ligulées, on appelle ces capitules *demi-flosculeux*. La Chicorée, les Laitues ont des capitules demi-flosculeux, et leurs fleurs sont ligulées. Quand les fleurs se flétrissent, elles sont remplacées par les fruits (fig. 140); ceux-ci, réunis en grand nombre sur le réceptacle de la fleur, sont formés par l'ovaire, qui est surmonté d'une aigrette de poils représentant le calice. L'agglomération des fruits forme ces petites boules légères, blanches, que le moindre vent détruit en disséminant les fruits de toutes parts.

Une troisième forme de capitules nous est offerte par les Marguerites ou les Soleils. Dans la grande Marguerite (fig. 141), les fleurs qui occupent le pourtour ont les co-

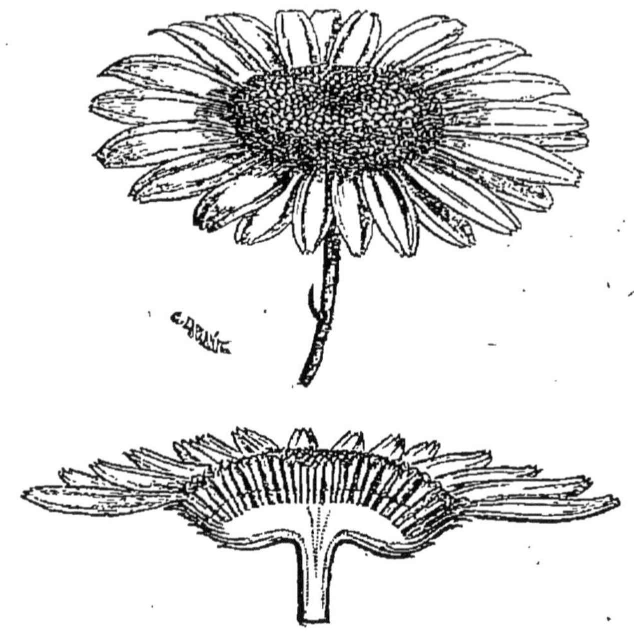

Fig. 141. — Capitule de Marguerite, entier et coupé en long; c'est un capitule radié.

rolles ligulées blanches (fig. 142): on les appelle souvent, à tort, des *pétales*. Ces fleurs sont stériles, mais au centre du capitule la partie jaune est formée par un grand nombre de corolles régulières en forme de tubes ou de fleurons (fig. 142). La conformation intérieure des fleurs de la Marguerite est la même que celle des fleurs du Pissenlit et du Bluet. Il y a donc dans le capitule d'une Marguerite des fleurons et des demi- fleurons. On appelle capitules *radiés* ceux qui présentent le mélange des deux sortes de fleurs.

On voit par la description qui précède que le Bluet, le Pissenlit, la Marguerite se ressemblent par la conformation de la fleur et par la manière dont ces fleurs sont groupées en capitules.

Ces plantes sont réunies d'après cela en un seul groupe, qui constitue la famille des *Composées*.

Le nom de *Composées* a été donné à ces plantes parce que les fleurs sont disposées en capitules. On les caractérise ainsi :

Plantes à fleurs groupées en grand nombre sur un réceptacle commun et formant des *capitules*. Cinq étamines, dont les anthères sont soudées entre elles. Ovaire souvent adhérent, fruit pourvu d'une aigrette.

Les plantes qui composent la famille des Composées sont extrêmement nombreuses.

On peut les distinguer en trois divisions, correspondant

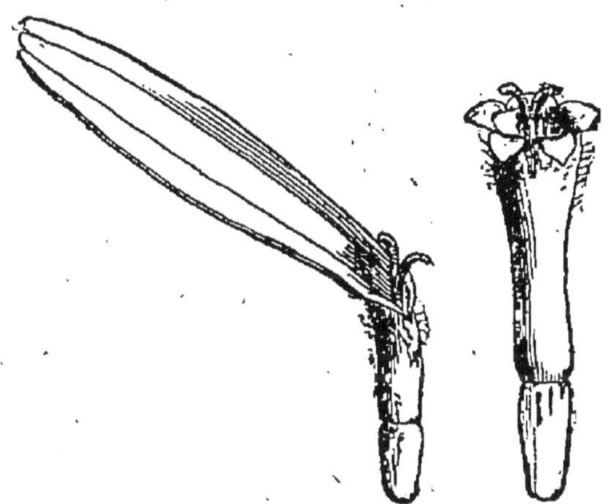

Fig. 142. — Deux fleurs d'un capitule de Marguerite : une fleur ligulée appartenant au bord du capitule ; une fleur tubuleuse appartenant au centre.

chacune aux trois plantes que nous avons choisies comme types. La première division contient les Composées dont les capitules sont formées par des fleurons seuls. Le Bluet est le type de ces plantes, parmi lesquelles nous citerons les Chardons, les Centaurées. L'Artichaut (fig. 143), cultivé pour ses capitules que l'on mange un peu avant l'épanouissement des fleurs, appartient à ce groupe. La partie comestible est constituée par le réceptacle du capitule ; les feuilles que l'on détache une à une forment les bractées de l'involucre, et le foin qui occupe le milieu de l'Artichaut est formé par les jeunes fleurs encore en bouton.

La deuxième division comprend des Composées dont les

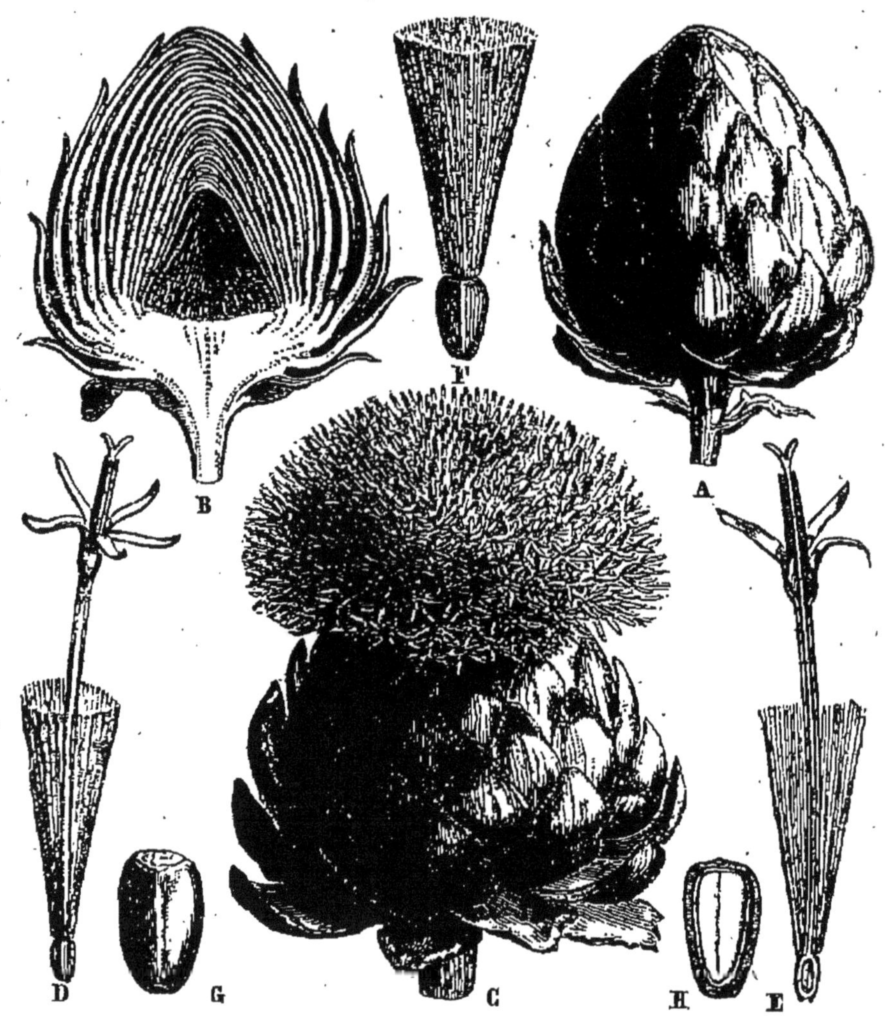

ig. 145. — Artichaut : A, B, capitule non encore épanoui, entier et coupé en long. Les feuilles d'Artichaut représentent les bractées du capitule. C, capitule épanoui. D, E, fleur entière et coupée en long ; F, fruit garni d'une aigrette de poils.

capitules sont radiés, c'est-à-dire formés de fleurons et de demi-fleurons. Le type est formé par la Grande Marguerite. On y rencontre des plantes ornementales, telles que les Dahlias, Asters, Coréopsis, Chrysanthèmes, Soleils, etc. ; des plantes médicinales, comme l'Arnica, la Camomille; des plantes alimentaires, comme le Topinambour, dont les tiges souterraines se renflent en tubercules comestibles.

La troisième division des Composées est caractérisée par l'existence de capitules entièrement formés par des fleurs ligulées. Le type est formé par le Pissenlit. Ces plantes contiennent un suc laiteux, âcre et irritant, que l'on aperçoit en arrachant les feuilles, les tiges ou les racines.

Elles renferment beaucoup de plantes alimentaires; telles

Fig. 144. — Rameau fleuri de Chicorée sauvage.

sont la Laitue, la Chicorée (fig. 144), le Pissenlit, que l'on mange en salade. Les feuilles de Laitue, de Chicorée ne sont pas comestibles quand la plante croît librement, à cause du suc laiteux, âcre, qu'elles renferment; mais si on étiole ces plantes en les cultivant à l'abri de la lumière, elles deviennent comestibles. D'autres espèces de cette famille sont alimentaires par leurs racines; tels sont les Salsifis, les Scorsonères.

Garance, Aspérule.

Types de la famille des *Rubiacées*.

La Garance est cultivée dans le Midi pour la matière colorante qu'on retire de ses racines. C'est une plante herbacée, dont les tiges sont carrées et portent des feuilles verticillées au nombre de six. En réalité il n'existe à chaque nœud que deux feuilles, comme le démontre l'existence de deux bourgeons axillaires; les quatre autres lames vertes sont constituées par les stipules, aussi développés que les feuilles.

Les fleurs de la Garance sont très petites (fig. 145). Si on

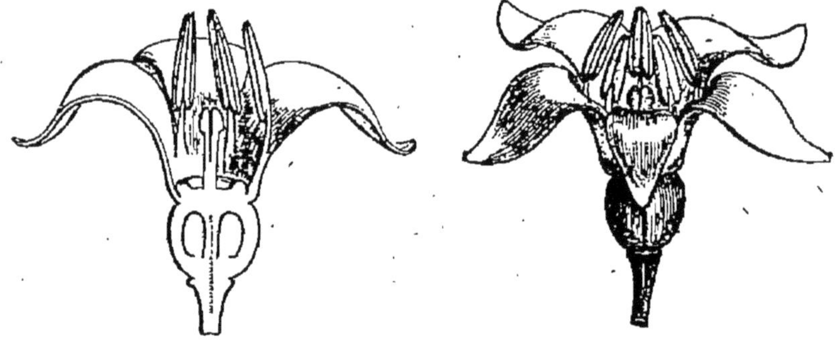

Fig. 145. — Fleur de la Garance, entière et coupée en long.

les examine à l'aide d'une loupe, on ne distingue pas de calice, car il est complètement soudé avec l'ovaire. La corolle, évasée, présente cinq dents recourbées; entre les dents de la corolle se trouvent cinq étamines. Le pistil présente un ovaire infère à deux loges qui est soudé avec le calice, et l'on n'aperçoit dans l'intérieur de la fleur que les deux stigmates.

A la maturité, il se développe un fruit formé par deux têtes globuleuses ou *coques* accolées l'une à l'autre et contenant chacune une graine. Il ne se développe parfois qu'une seule coque.

On peut remplacer la Garance par l'Aspérule odorante (fig. 146), qui est commune dans les bois. Elle diffère principalement de la Garance par sa corolle, qui a quatre divisions et ne présente que quatre étamines. Si nous comparons aux deux plantes qui viennent d'être citées les Caille-lait ou Gratterons, les Aspérules, nous trouverons qu'elles offrent une grande ressemblance avec l'Aspérule ou la Garance. Ces plantes forment ce qu'on appelle la famille des *Rubiacées* (du nom latin de la Garance, *Rubia*).

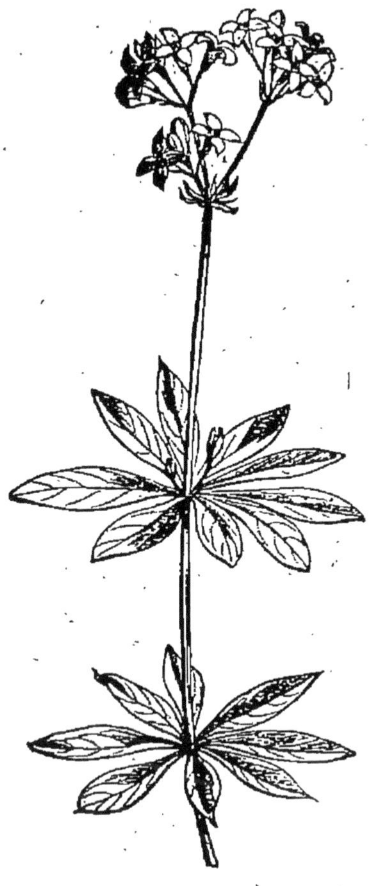

Fig. 146. — Rameau fleuri d'Aspérule odorante.

On les caractérise ainsi :

Plantes à tiges carrées, à feuilles opposées, avec stipules simulant souvent des feuilles verticillées. Ovaire adhérent à deux loges portant deux stigmates. Fruit globuleux.

Les Rubiacées de nos pays sont toutes des herbes; tels sont les Caille-lait ou Gratterons, à fleurs blanches ou jaunes, à tige couverte de poils rudes; on les trouve communément dans les haies; les Aspérules, dont une espèce, appelée petit Muguet des bois, a ses feuilles odorantes après la dessiccation et sert à parfumer le linge.

Elles ont peu d'utilité, sauf la Garance, autrefois très cultivée dans le midi de la France pour la matière colorante rouge extraite de ses racines. L'importance de sa culture a diminué, depuis qu'on sait fabriquer la matière colorante qu'elle fournit au moyen de substances tirées du goudron de houille.

Les Rubiacées des pays chauds sont des arbres dont les stipules restent minces, de sorte que les feuilles sont opposées. C'est à cette famille qu'appartiennent : le Caféier, originaire de l'Afrique équatoriale, dont la graine torréfiée renferme des substances aromatiques et sert à la préparation du café ; les Quinquinas, originaires de l'Amérique méridionale, sont des arbres dont l'écorce renferme un principe appelé *quinine*, qui est employé pour guérir la fièvre : la culture des Quinquinas est une source de richesse pour les pays où elle est pratiquée.

Gueule-de-Loup ou Muflier.

Type de la famille des *Scrofularinées*.

La Gueule-de-Loup ou Muflier a la corolle irrégulière, partagée en deux lèvres, mais la lèvre inférieure s'avance dans le tube de la corolle, qu'elle ferme complètement (fig. 147). Ce tube est allongé et présente à la partie inférieure voisine du calice un renflement constituant la bosse de la corolle. En fendant celle-ci, on aperçoit quatre étamines fixées sur ses parois, et disposées côte à côte. Quand on arrache la corolle, on enlève en même temps les étamines. Chaque anthère est partagée en deux loges placées bout à bout : deux sont grandes, deux plus petites (fig. 148). Au fond du tube de la corolle se trouve le pistil ; il présente à la base un ovaire renfermant seulement deux loges. Chaque loge contient un grand nombre d'ovules. L'ovaire est terminé par un long style, qui au niveau des anthères se termine par un stigmate renflé.

A la maturité (fig. 149), l'ovaire se transforme en une capsule qui s'ouvre par des trous placés au sommet. C'est par ces trous que s'échappent les graines, nombreuses et très petites.

La Gueule-de-Loup est fréquemment cultivée dans les jardins et on la rencontre parfois, échappée de ceux-ci, sur les vieux murs. On pourrait la remplacer par la Linaire des champs.

Telle est la conformation de la fleur et du fruit du Muflier.

Les Linaires, les Scrofulaires, les Digitales ressemblent

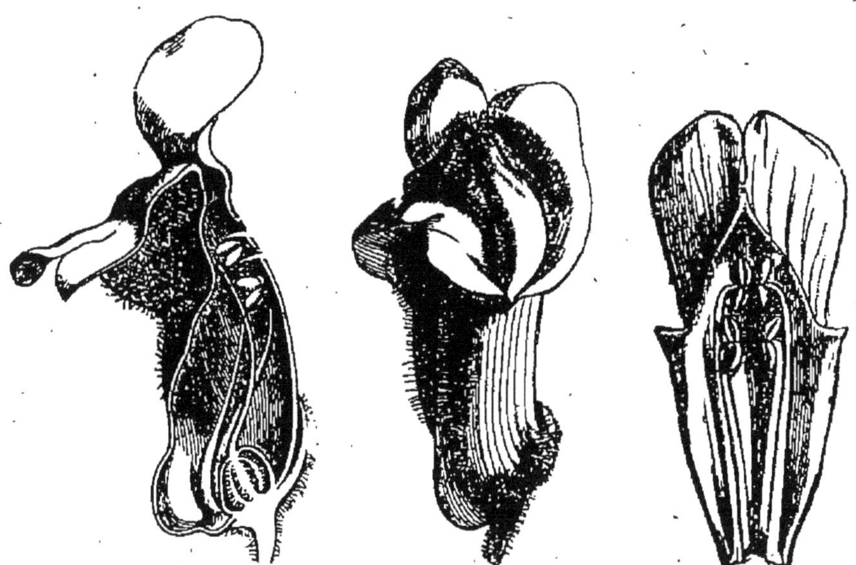

Fig. 146. — Fleur de Muflier entière et coupée en long.

Fig. 147. — Corolle de Muflier étalée pour montrer les quatre étamines.

au Muflier, avec quelques différences dans la conformation de la corolle.

Ainsi les Linaires ont une corolle développée en éperon à

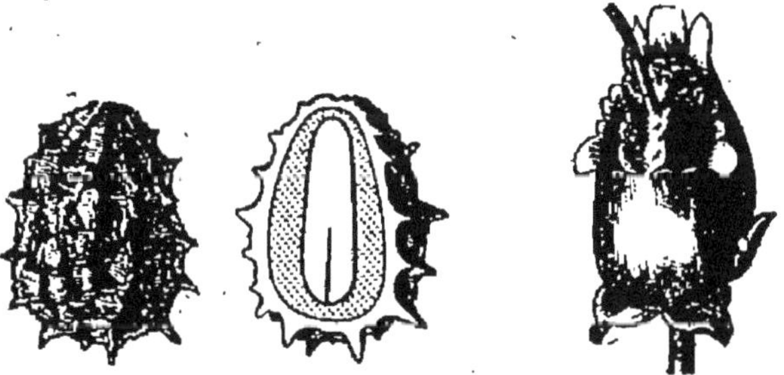

Fig. 148. — Fruit et graine de Muflier.

la base, c'est-à-dire formant un tube; les Digitales ont la corolle ouverte ; d'autre part, les Malènes ont cinq étamines et les Véroniques n'en possèdent que deux. Mais s'il existe quelques différences dans la forme de la corolle ou le nombre des étamines, le pistil a toujours la même constitution.

Aussi a-t-on réuni en une seule famille, sous le nom de *Scrofularinées*, les plantes que nous venons de décrire. On peut les caractériser de la manière suivante :

Plantes herbacées à corolle irrégulière à cinq divisions; ordinairement quatre étamines; ovaire à deux loges contenant un grand nombre d'ovules.

Les Scrofularinées sont peu utiles. Elles renferment des plantes vénéneuses, comme la Digitale, et des plantes médicinales, comme les Verbascum ou Bouillons-blancs, les Véroniques. Les feuilles de la Véronique sont parfois employées en infusion comme le Thé.

Lamier blanc.

Type de la famille des *Labiées*.

Prenons comme exemple le Lamier blanc, qu'on rencontre communément au bord des chemins et des bois. C'est une plante herbacée, dont la tige carrée porte des feuilles ressemblant beaucoup à celles de l'Ortie. Les fleurs blanches sont disposées en couronne à l'endroit où s'attachent les feuilles (fig. 150). Examinons l'une des fleurs (fig. 151). Elle offre un calice en forme de tube, présentant cinq dents. La corolle est irrégulière : elle forme un tube dont les bords sont partagés en deux lobes principaux qu'on appelle *lèvres ;* la lèvre supérieure est à deux divisions, la lèvre inférieure en a trois. Si nous fendons la corolle dans sa longueur, nous apercevons quatre étamines qui sont rangées sous la lèvre supérieure ; ces étamines sont inégales : il en existe deux grandes et deux petites. Quand on arrache la corolle, on laisse le pistil au fond du calice. Ce pistil est formé par un ovaire à quatre loges contenant chacune un ovule, et au milieu de l'enfoncement laissé par les quatre parties de l'ovaire s'attache le style long, qui se termine au niveau des anthères par deux stigmates (fig. 152).

A la maturité, le fruit est constitué par quatre graines en-

Fig. 150. — Branche fleurie du Lamier blanc, appelé *Ortie blanche*.

veloppées par les loges de l'ovaire et constituant des achaines (fig. 152 *bis*).

Si, au lieu de prendre le Lamier comme exemple, nous

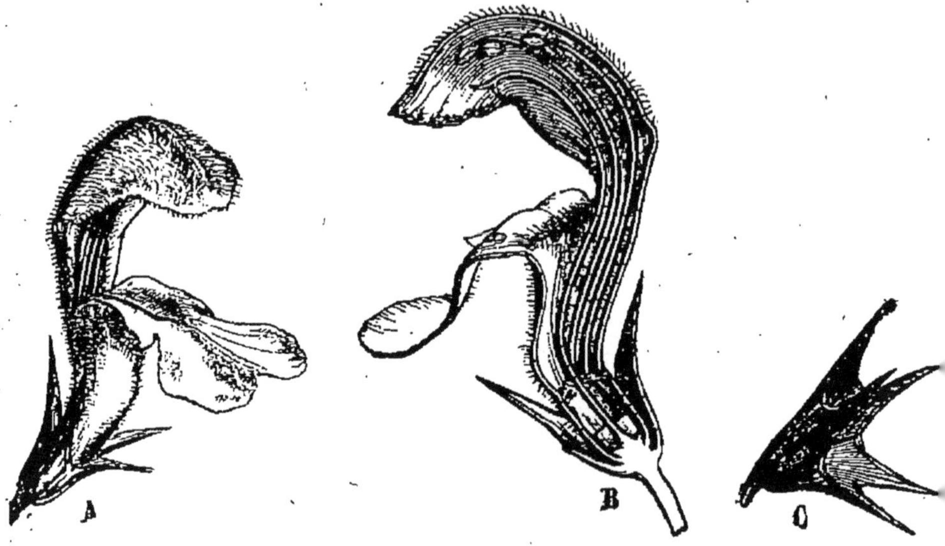

Fig. 151. — Fleur du Lamier entière A et coupée en long B. Calice isolé C.

prenions la Sauge, la Mélisse, le Serpolet, nous n'aurions rien à changer à la description précédente.

Toutes ces plantes forment par leur réunion la famille des

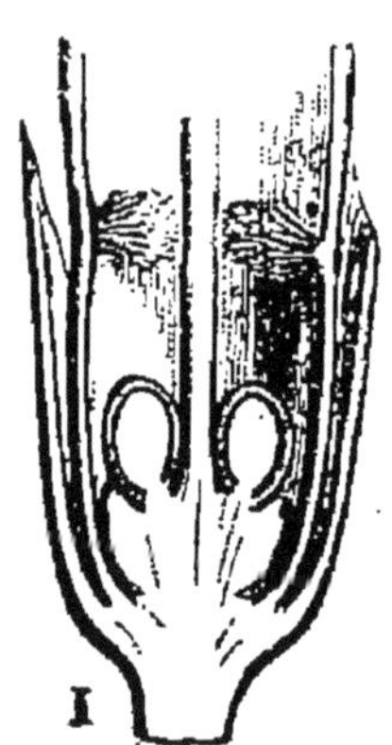

Fig. 152. — Pistil du Lamier coupé en long.

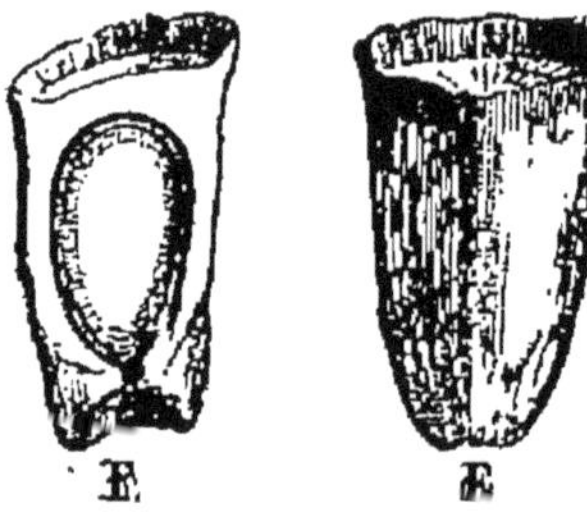

Fig. 152 *bis*. — Graine entière et coupée en long; c'est un achaine.

Labiées, ainsi nommée à cause de la division de la corolle en deux lèvres.

Leurs caractères sont :

Plantes à tige carrée, à feuilles opposées ; à corolle irrégulière, bilabiée ; ordinairement quatre étamines, deux grandes et deux petites; ovaire à quatre loges renfermant chacune un ovule.

Les Labiées sont des plantes en général odorantes ; elles doivent leur utilité à la substance qui leur donne le parfum. Elles sont très répandues dans nos pays. Parmi les espèces les plus importantes il faut citer les Sauges, les Lavandes, le Romarin, la Mélisse, les Menthes, le Thym, le Serpolet.

Pomme de terre.

Type de la famille des *Solanées*.

La Pomme de terre fleurit en été. Si l'on examine ses fleurs (fig. 153), on y distingue un calice à cinq divisions, entourant une corolle rotacée présentant un égal nombre de divisions. La corolle supporte les étamines au nombre de cinq; les anthères de ces étamines sont serrées les unes contre les autres, et forment un tube entourant le pistil ; chaque anthère s'ouvre par le sommet. Au centre du tube formé par la corolle se trouve le pistil en forme de bouteille dont l'ovaire forme la panse; il renferme, à l'intérieur de deux loges, un grand nombre d'ovules, à la maturité; cet ovaire se transforme en une baie qui contient de nombreuses graines (fig. 154). Dans l'intérieur des graines on trouve un embryon courbe.

La Pomme de terre est une plante vivace. Les tiges aériennes portent des feuilles simples entières; les tiges souterraines développent dans le courant de l'été des renflements dans lesquels la fécule s'amasse. Ces renflements, qui représentent les seules parties vivantes de la plante, constituent les tubercules.

A la fin de l'été, toute la plante se flétrit, sauf les graines et les tubercules. Ceux-ci peuvent passer l'hiver dans le sol, et au printemps suivant ils germent, en donnant une plante nouvelle. L'homme utilise pour son alimentation les tuber-

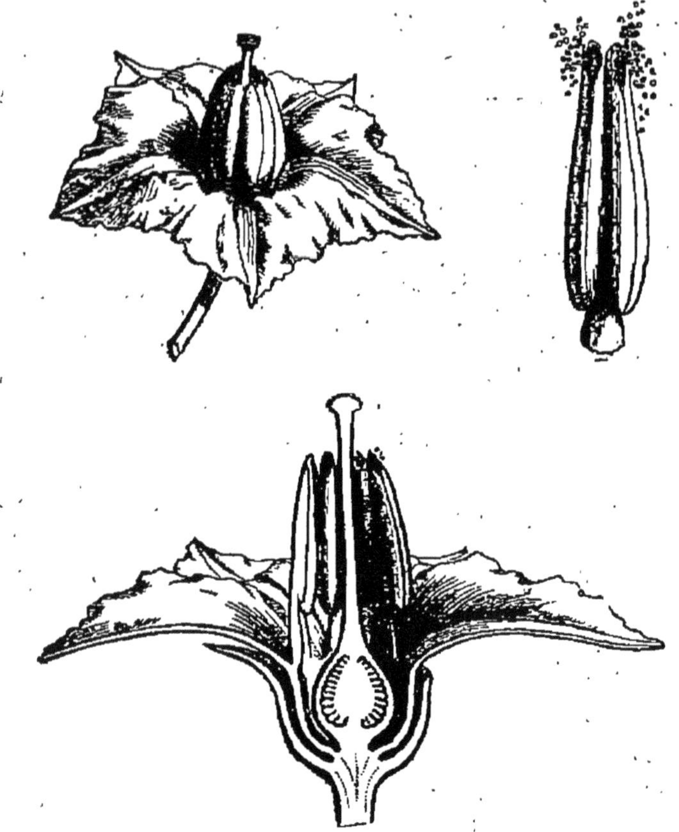

Fig. 153. — Fleur entière et coupée en long de la Pomme de terre. Étamine grossie laissant échapper le pollen.

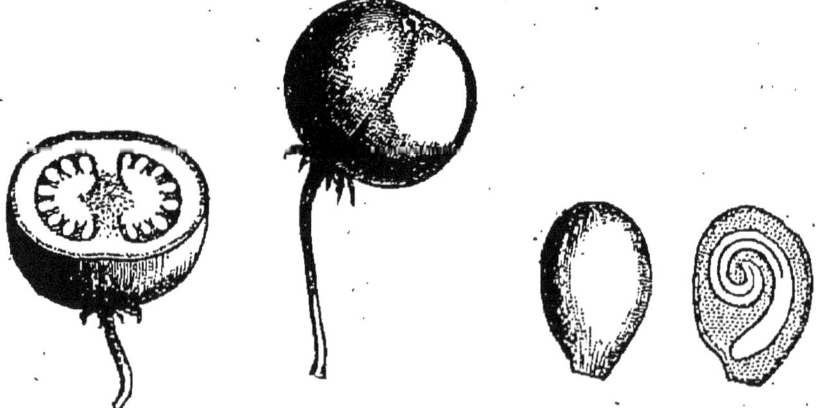

Fig. 154. — Fruit de la Pomme de terre, entier et coupé en travers. Graine coupée en long.

cules de la Pomme de terre, et, bien que d'une introduction récente, cette plante est devenue un aliment de première nécessité. Elle fut introduite en France vers la fin du siècle dernier par Parmentier. Il eut à vaincre beaucoup de ré-

Fig. 155. — Rameau de Belladone portant des fleurs et des fruits.

sistances pour l'introduction de cette plante comme aliment ; c'est qu'en effet les plantes voisines de la Pomme de terre sont presque toutes des poisons, très peu sont alimentaires.

En étudiant la Morelle, la Douce-Amère, la Tomate, nous verrions que ces plantes ont la fleur constituée comme celle de la Pomme de terre. Aussi a-t-on donné le nom de *Sola-*

nées aux plantes semblables à la Pomme de terre (du nom latin de cette dernière plante, *Solanum*).

Les caractères des Solanées sont les suivants :

Plantes à feuilles alternes, simples, sans stipules. Fleurs régulières dont les pièces sont disposées par cinq. Pistil dont l'ovaire présente deux loges qui contiennent un grand nombre d'ovules. Fruit constituant une baie ou une capsule.

Les autres Solanées alimentaires sont la Tomate, dont on mange les baies, et l'Aubergine, dont les fruits sont très estimés dans le Midi.

Les Solanées vénéneuses sont très nombreuses. Citons : la Belladone (fig. 155), dont les fleurs sont disposées en clochettes brunes, et dont les fruits sont semblables à des ce-

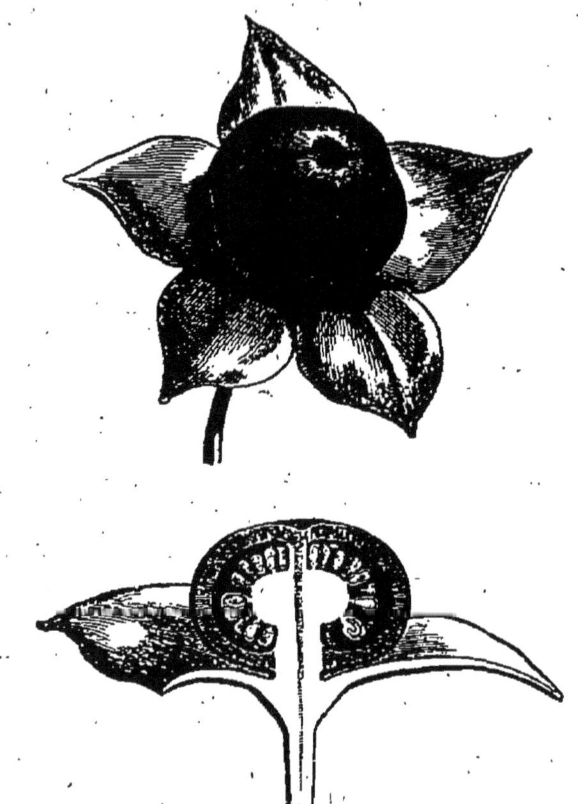

Fig. 156. — Fruit de la Belladone entier et coupé en long ; c'est une baie.

rises noires (fig. 156) : elle fournit un poison appelé *atropine;* la Jusquiame; le Tabac (*Nicotiana*), dont les feuilles et la tige contiennent un poison violent, la *nicotine*; malgré cela, le tabac est cultivé, parce qu'on fabrique avec ses feuilles séchées les différentes espèces de Tabac. Les *Datura*

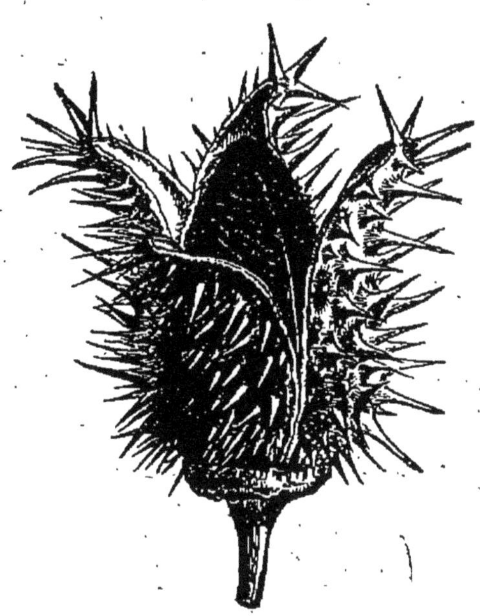

Fig. 157. — Fruit de la Pomme épineuse s'ouvrant; c'est une capsule.

ou *Pommes épineuses* (fig. 157) sont aussi des Solanées vénéneuses.

La plupart de ces plantes sont employées en médecine, à cause du principe vénéneux qu'elles renferment.

Il existe enfin des Solanées ornementales : les Pétunias, les Daturas, les Tabacs sont cultivés à ce point de vue.

Liseron.

Type de la famille des *Convolvulacées*.

Le Liseron des haies est une plante herbacée, dont la tige s'enroule autour des arbustes qui la soutiennent (fig. 158). C'est une plante *volubile*.

Examinons ses fleurs. Quand elles sont encore en boutons, on aperçoit, à l'intérieur de deux bractées, le calice à cinq sépales; la corolle non encore ouverte est contournée en forme de tire-bouchon. Lorsqu'elle s'épanouit, elle se présente sous la forme d'un entonnoir qui supporte les étamines au nombre de cinq. En arrachant la corolle, on enlève

Fig. 158. — Branche de Liseron portant des fleurs en boutons et des fleur épanouies.

en même temps les étamines, mais il reste au centre de la fleur le pistil, constitué par un ovaire globuleux terminé par un très long style et deux stigmates.

Quand l'ovaire mûrit, il se transforme en une capsule qui s'ouvre par une fente en deux moitiés ou valves (fig. 159); les graines contiennent un embryon et un albumen; l'embryon a des cotylédons très larges et très minces, qui sont plissés dans la graine.

Si nous comparons le Volubilis au Liseron des haies, nous

Fig. 159. — Fruit du Liseron s'ouvrant en deux valves. — Graine coupée en long, montrant l'embryon enveloppé par l'albumen.

trouverons entre ces deux plantes une grande analogie de structure.

Elles sont rangées dans la famille des *Convolvulacées* (du nom latin *Convolvulus* qu'on donne au Liseron).

Les caractères des plantes de cette famille sont les suivants :

Plantes herbacées à tige volubile; feuilles entières, alternes, sans stipules. Corolle en forme d'entonnoir; fruit formé par une capsule qui s'ouvre en plusieurs valves.

Les Convolvulacées sont surtout des plantes d'ornement. C'est au groupe des Liserons qu'appartiennent les Cuscutes, plantes parasites de la Luzerne, du Trèfle, du Lin, etc.

Primevère.

Type de la famille des *Primulacées*.

Un pied de Primevère (fig. 160) est constitué par une tige souterraine très courte, qui porte au niveau du sol une rosette de feuilles simples. Au milieu de la rosette se trouvent placées les fleurs, portées par des pédoncules plus ou moins longs. Chaque fleur présente un calice gamosépale à cinq dents formant un tube renflé en son milieu. A l'intérieur du

Fig. 160. — Pied fleuri de Primevère officinale.

tube formé par le calice se trouve la corolle gamopétale, à cinq dents aussi et affectant la forme d'un entonnoir.

En fendant la corolle suivant sa longueur (fig. 161), on aperçoit les étamines au nombre de cinq, qui sont attachées sur les parois de celle-ci; elles sont placées au milieu de chacune des dents de la corolle.

Au fond du tube de la corolle on voit le pistil, qui affecte la forme d'une bouteille. La panse de la bouteille constitue l'ovaire, qui contient dans une loge unique de nombreux ovules; ceux-ci sont fixés sur un support qui occupe le centre de la loge.

A la maturité, l'ovaire se transforme en une capsule qui s'ouvre au sommet par un orifice étoilé (fig. 162). Cette cap-

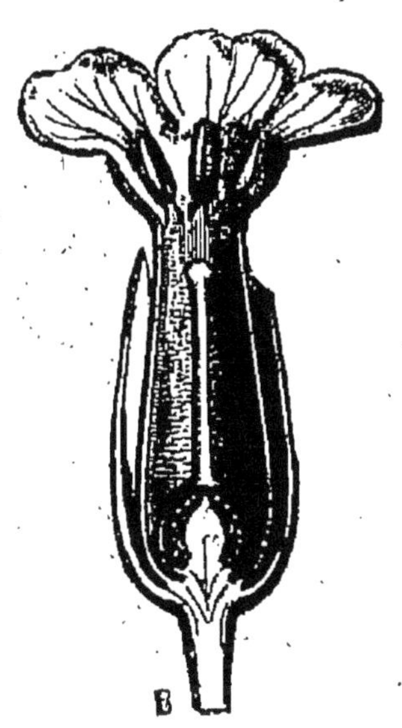

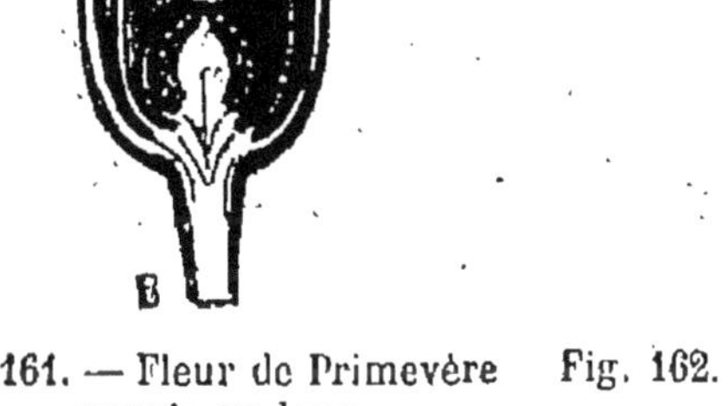

Fig. 161. — Fleur de Primevère coupée en long.

Fig. 162. — Fruit de la Primevère ouvert.

sule offre à l'intérieur une colonne centrale sur laquelle sont fixées les graines. La capsule est entourée par le calice.

Le Mouron rouge (fig. 163), si abondant au milieu des champs, possède une fleur semblable à celle de la Primevère; il n'en diffère que par son fruit, qui s'ouvre comme une boîte munie de son couvercle (fig. 164).

Ces deux plantes sont les types de la famille des *Primulacées*, dont voici les caractères :

Plantes herbacées à feuilles opposées ou en rosette. Étamines opposées aux divisions de la corolle. Ovaire à une loge contenant un grand nombre d'ovules fixés sur une colonne centrale. Fruit constitué par une capsule.

Les Primulacées sont cultivées surtout comme plantes d'ornement (Cyclamens, Primevères) ; elles n'offrent aucune utilité au point de vue alimentaire ou médical.

On peut rapprocher des Primulacées la famille des *Oléacées*, qui contient plusieurs arbres ou arbustes importants au point de vue ornemental ou industriel.

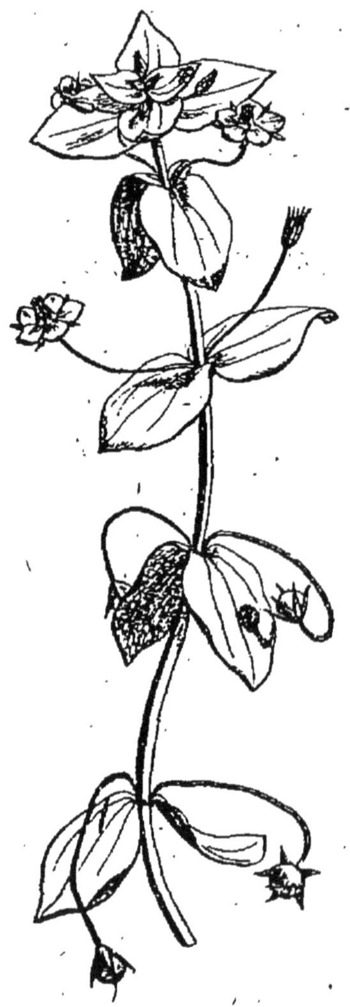

Fig. 163. — Rameau fleuri de Mouron rouge; il porte des fleurs et des fruits.

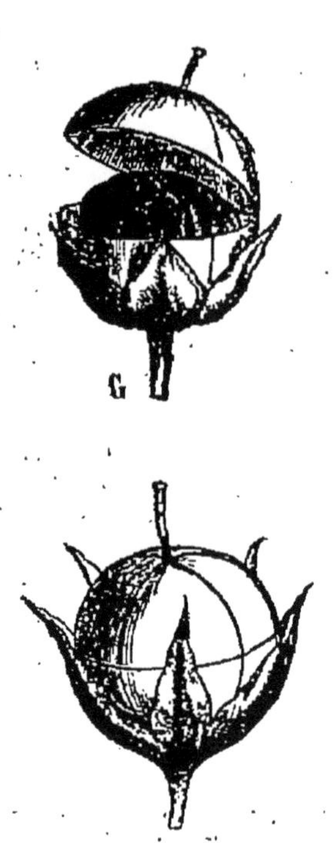

Fig. 164. — Fruit du Mouron rouge; il s'ouvre transversalement.

Tels sont : le Lilas (*Syringa*), le Frêne (*Fraxinus*), ainsi que l'Olivier (*Olea*) et le Troène (*Ligustrum*).

L'Olivier (*Olea europæa*) est cultivé dans la région méditerranéenne et en Algérie pour ses fruits, qui fournissent l'huile d'olive.

CHAPITRE III

DICOTYLÉDONES DIALYPÉTALES

Plantes à pétales distincts.
Exemples : *Renoncule*, *Fraisier*, *Ronce*.

Examinons la fleur d'une Renoncule (fig. 165). Elle offre cinq sépales, qui tombent souvent de bonne heure, puis

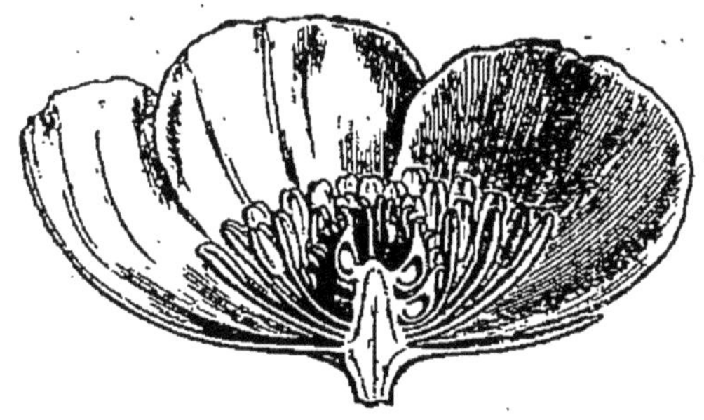

Fig. 165. — Fleur de Renoncule coupée en long. Les pièces du calice, de la corolle et les étamines sont fixées sur un support commun appelé *réceptacle*.

une corolle à cinq pétales. Les étamines sont nombreuses et entourent le pistil globuleux formé par un grand nombre de carpelles distincts, pourvus chacun d'un ovaire contenant un seul ovule, d'un style et d'un stigmate.

Comparons à cette fleur celle d'une Ronce (fig. 166); nous trouvons d'abord la plus grande analogie. Celle-ci contient, en effet, un calice à cinq sépales, une corolle à cinq pétales alternant avec les pièces du calice; puis, au centre, un grand nombre d'étamines entourant les pistils. Si nous comparons le mode d'insertion des étamines, nous verrons que dans la Renoncule les étamines sont attachées sur le réceptacle même de la fleur, au-dessus de l'endroit où s'insèrent les sépales, tandis que dans la Ronce les étamines sont insérées, ainsi que les pétales, non plus sur l'axe de la fleur, mais sur le calice.

Les fleurs de la Renoncule ont les étamines insérées sur le réceptacle : ces dernières sont hypogynes; tandis que la

Fig. 166. — Fleur de Ronce coupée en long; la corolle et les étamines sont fixées sur le calice.

Ronce a des étamines attachées ainsi que la corolle sur le calice : les étamines sont périgynes.

On appelle *Dialypétales hypogynes* les plantes qui ont, comme la Renoncule, l'Œillet, la Giroflée, etc., les étamines fixées sur le support commun des différentes parties de la fleur. Telles sont encore la Giroflée, la Violette, l'Hellébore.

On appelle *Dialypétales périgynes* celles qui ont les étamines fixées ainsi que la corolle sur le calice; la Carotte, le Fraisier sont des Dialypétales périgynes.

Examinons les principales familles de ces deux groupes.

DIALYPÉTALES PÉRIGYNES.

Plantes à fleurs dont les pétales sont ordinairement libres, et dont les étamines sont fixées avec les pétales sur le calice; étamines périgynes.

Exemples : *Ronce, Lierre.*

Nous avons cité la Ronce comme exemple pour distinguer ces plantes des Dialypétales hypogynes.

On distingue les Dialypétales périgynes d'après la situation relative des étamines et du pistil.

Dans la Ronce les étamines sont disposées tout autour

du pistil et les graines sont dépourvues d'albumen. Il en est ainsi dans le Pois. D'autres plantes, au contraire, telles que la Carotte (fig. 167), le Lierre, ont les étamines placées au-dessus du pistil, parce que l'ovaire est presque tou-

Fig. 167. — Fleur de la Carotte ; l'ovaire est soudé au calice et les étamines sont fixées au-dessus de lui.

jours soudé au calice ; de plus leur graine est pourvue d'albumen.

D'après ce qui précède, les familles les plus importantes du groupe des Dialypétales périgynes seraient ainsi groupées :

Étamines fixées au-dessus de l'ovaire, graines avec albumen.	Ronce.	*Rosacées.*
	Haricot.	*Papilionacées.*
Étamines fixées autour de l'ovaire, graines sans albumen.	Saxifrage.	*Saxifragées.*
	Groseillier.	*Grossulariées.*
	Lierre.	*Araliacées.*
	Carotte.	*Ombellifères.*

Fraisier.

Type de la famille des *Rosacées*.

On trouve des fleurs de Fraisier au printemps et pendant la plus grande partie de l'été.

Chaque fleur se compose d'un calice à cinq sépales étalés

Fig. 168. — Fleur de Fraisier, exemple de corolle rotacée.

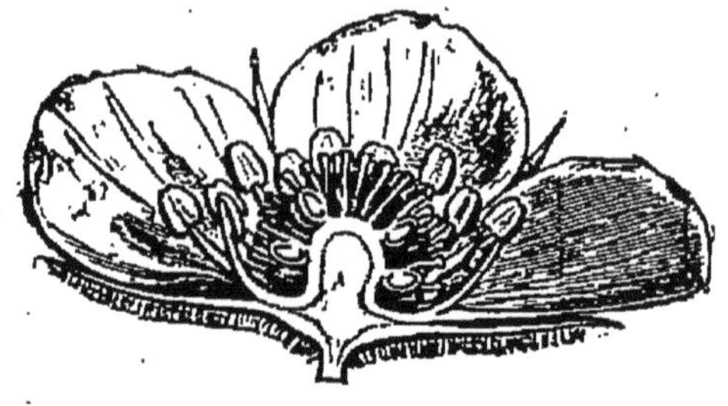

Fig. 169. — Fleur de Fraisier coupée en long; le réceptacle de la fleur est renflé et couvert de carpelles dont chacun présente un ovaire, un style et un stigmate.

(fig. 168), puis d'une corolle à cinq pétales blancs alternant

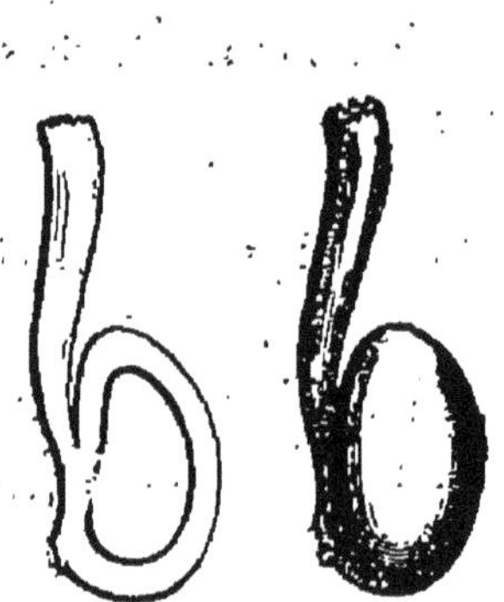

Fig. 170. — Carpelles isolés et grossis du Fraisier, l'un entier, l'autre coupé en long pour montrer qu'il ne contient qu'un ovule.

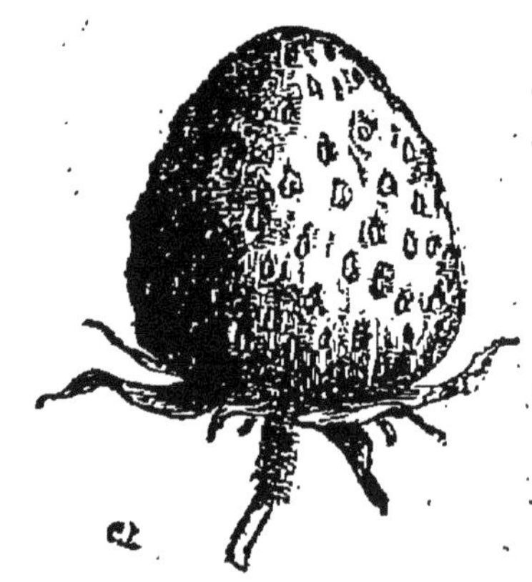

Fig. 171. — Fraise. Elle est formée par le réceptacle de la fleur qui est devenu charnu; les fruits forment les petits grains fixés en grand nombre sur la surface.

avec les premiers et très étalés, de sorte que la fleur ressemble à une roue: c'est pourquoi on appelle cette corolle *rotacée*. Les étamines, très nombreuses, occupent le centre de la fleur (fig. 169) et entourent le pistil; celui-ci forme une masse renflée en boule, couverte d'un grand nombre de carpelles contenant chacun un seul ovule (fig. 170).

A la maturité, ces ovaires se transforment en fruits secs, appelés achaines, restant très petits. Mais, en même temps que les fruits mûrissent, leur support commun se renfle et devient charnu (fig. 171). C'est dans de petites fossettes dont sa surface est creusée que sont nichés les fruits. Ce qu'on appelle Fraise est donc constitué par le ré-

Fig. 172. — Branche fleurie de Ronce.

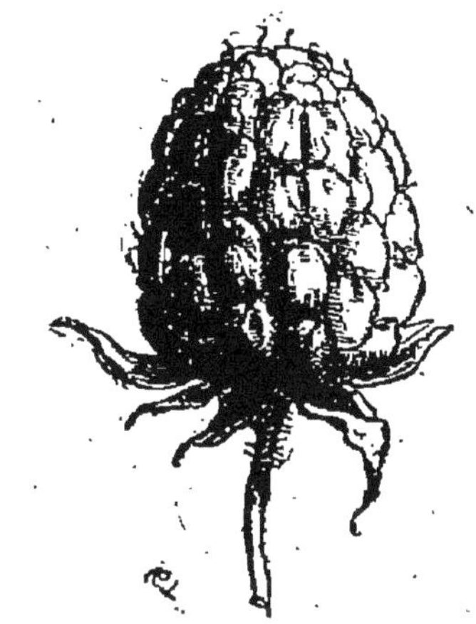

Fig. 173. — Framboise; ce fruit es formé par les carpelles devenus charnus et formant de petites drupes.

ceptacle de la fleur devenu charnu ; ce n'est pas un fruit véritable.

Le Fraisier est une plante herbacée dont les feuilles composées sont formées par trois folioles. Leur tige émet de nombreux rameaux rampants, appelés *coulants*, qui développent à chaque nœud de nombreuses racines adventives, de manière que de nouveaux pieds de Fraisier se forment en ces points.

Les fleurs de la Ronce (fig. 172), du Cerisier, du Pommier,

présentent la même constitution que celle du Fraisier, excepté le pistil qui est différent. Ces plantes font partie de la famille des *Rosacées*, dont on peut donner les caractères généraux suivants :

Plantes à fleurs régulières, à étamines nombreuses, à ovaire libre. Feuilles simples ou composées, dentées, pourvues de stipules.

Les différences dans la conformation du pistil sont assez

Fig. 174. — Branche fleurie de Rosier pimprenelle.

importantes pour être utilisées dans la distinction des principaux groupes de Rosacées.

La Ronce, le Fraisier ont de nombreux carpelles fixés sur le réceptacle de la fleur, qui est renflé. La seule différence consiste en ce que dans le Fraisier les fruits sont secs et le réceptacle devient charnu, tandis que dans la Ronce (fig. 172), dont le fruit constitue la *Mûre des haies*, le réceptacle reste sec, et ce sont les fruits qui deviennent charnus et se trans-

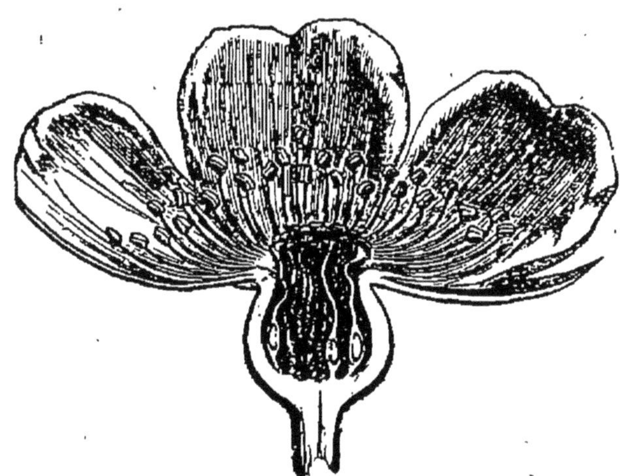

Fig. 175. — Fleur du Rosier sauvage (Églantier) et coupée en long. Le réceptacle est creusé en coupe. Les étamines sont fixées sur les bords de la coupe, et les carpelles très nombreux sont attachés au fond de celle-ci. Les stigmates sortent par l'orifice de la coupe.

forment en petites drupes. Le Framboisier a les mêmes fruits que la Ronce (fig. 173).

Le Fraisier, la Ronce forment un premier groupe ou tribu

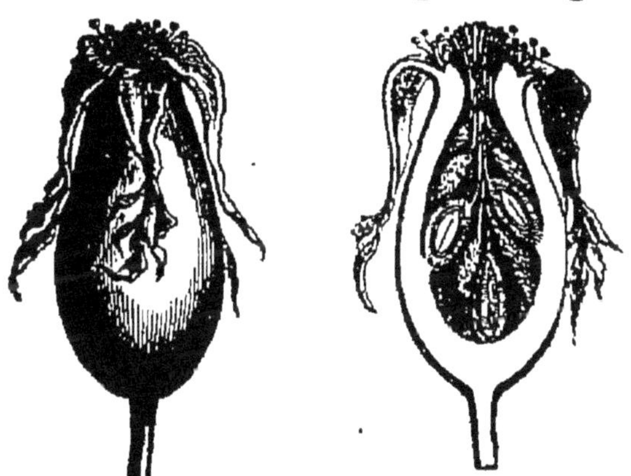

Fig. 176. — Fruit de l'Églantier, entier et coupé en long ; c'est le réceptacle qui devient charnu et entoure les fruits restant secs.

de Rosacées, à réceptacle renflé au centre de la fleur, couvert d'un grand nombre de carpelles : c'est la tribu des *Dryadées*.

La Reine-des-Prés (*Spiræa*) appartient à une tribu voisine de la précédente ; la fleur n'a que cinq carpelles.

Dans la fleur d'une Rose (fig. 174), il existe aussi un grand nombre de carpelles séparés, mais ils sont placés au fond du réceptacle de la fleur, qui est creusé en forme de coupe; ce réceptacle constitue la poche qu'on aperçoit sous la fleur (fig. 175). A la maturité ce réceptacle devient charnu, rouge, et enveloppe les fruits, qui restent secs. C'est le fruit de l'Églantier (fig. 176).

Les Rosacées qui ont un réceptacle creusé en coupe, contenant un grand nombre de carpelles, forment la tribu des *Rosées*.

Enfin la fleur de l'Amandier (*Amygdalus*) (fig. 177, 178) ou du Cerisier (*Prunus*) a un réceptacle creusé en coupe comme dans le Rosier, mais il n'existe qu'un seul carpelle au centre. Quand l'ovaire se transforme en fruit, lui seul acquiert un grand développement, tandis que le réceptacle de la fleur se dessèche. Les parois de l'ovaire deviennent ordinairement charnues à

Fig. 177. — Rameau fleuri d'Amandier.

Fig. 178. — Fleur d'Amandier coupée en long; il y a un seul carpelle au fond du réceptacle de la fleur.

l'extérieur, dures, osseuses à l'intérieur; le fruit constitue une drupe (fig. 179). C'est à ce type qu'appartiennent le Pêcher, le Cerisier, l'Amandier. Ces plantes forment la tribu des *Amygdalées*.

On rapproche des Rosacées des plantes telles que le Pommier, le Poirier (fig. 180), appartenant à la famille des *Pomacées*. La fleur du Pommier est semblable à celle des Rosacées, elle n'en diffère que par le pistil. Si l'on coupe en long une fleur de Pommier, on retrouve dans le calice, la corolle et les étamines les mêmes dispositions que dans la fleur du Rosier (fig. 181), mais le pistil contient cinq carpelles soudés, et il est lui-même complètement soudé par l'ovaire au ré-

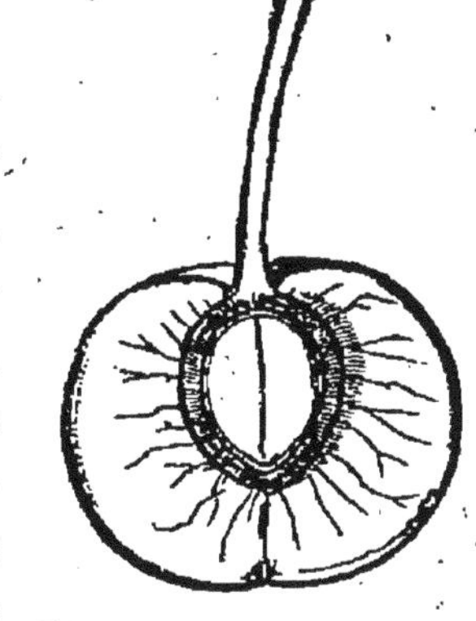

Fig. 179. — Fruit de la Cerise ; c'est une drupe.

Fig. 180. — Rameau fleuri de Poirier.

ceptacle de la fleur; cet ovaire est ordinairement à cinq loges, renfermant chacune deux ovules.

Quand la fleur se change en fruit, le réceptacle contribue à former le fruit en même temps que l'ovaire (fig. 182). Le fruit devient charnu dans toute son étendue; toutefois les parois internes des loges que contient l'ovaire, deviennent cartilagineuses. Quant aux graines, elles forment dans une Pomme ce qu'on appelle les pépins.

Fig. 181. — Fleur de Pommier coupée en long; l'ovaire, formé par cinq carpelles, est soudé au réceptacle de la fleur.

Le Poirier, le Pommier, le Sorbier, l'Aubépine appartiennent à ce groupe.

La famille des Rosacées contient des plantes importantes au point de vue alimentaire, car elle comprend tous les arbres fruitiers appartenant aux deux types Prunier et Poirier.

La partie comestible est constituée par les parois de l'ovaire dans la Cerise, la Prune, la Framboise; par la graine dans l'Amandier; par le réceptacle charnu dans la Fraise; par le réceptacle et l'ovaire devenus charnus dans la Pomme.

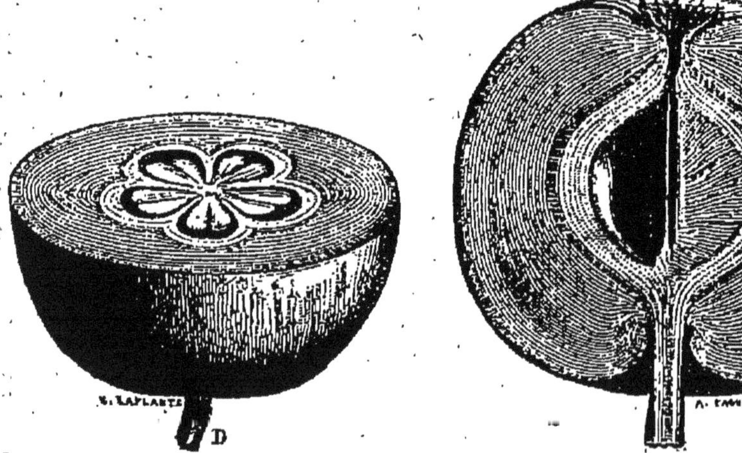

Fig. 182. — Pomme coupée en long et en travers; elle contient les graines appelées *pépins*.

Les graines d'un grand nombre d'arbres fruitiers contiennent un poison violent, qui exhale l'odeur d'amandes amères : c'est l'*acide cyanhydrique* ou *acide prussique.* C'est en fabriquant la liqueur appelée eau de noyau qu'on peut s'empoisonner quand on emploie les graines en trop grande quantité.

Les Rosacées arborescentes fournissent des bois très estimés dans la menuiserie et l'ébénisterie. Le Cormier, le Poirier, le Pommier sont les plus estimés ; leur grain est très fin, ils se laissent tourner et raboter en tous sens.

Enfin la famille des Rosacées fournit un grand nombre de plantes d'ornement. Les Roses, les Spirées en sont des exemples. Les Roses cultivées sont des fleurs doubles, c'est-à-dire des fleurs dans lesquelles toutes les étamines ont été transformées en pétales. Ces fleurs ne produisent jamais de graines, et quand on veut multiplier les Rosiers à fleurs doubles, on en fait des boutures ou des greffes.

Pois.

Type de la famille des *Papilionacées.*

La fleur du Pois est formée par un calice à cinq sépales soudés, reconnaissables aux cinq dents qui terminent le tube du calice ; ce calice est un peu irrégulier (fig. 183).

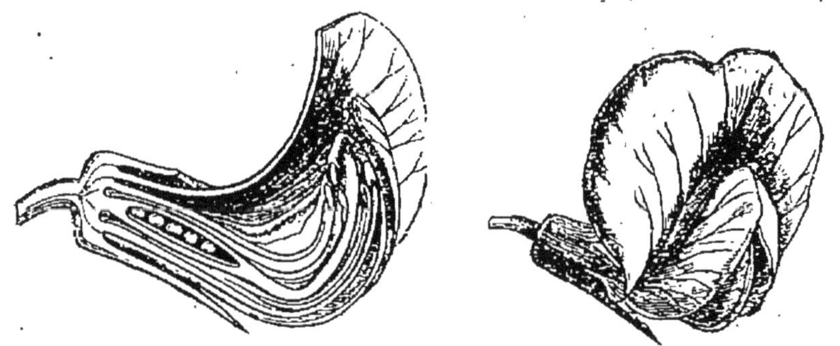

Fig. 183. — Fleur du Pois entière et coupée en long.

La corolle, grande, est très irrégulière. En arrachant les pétales un à un, on trouve, à la partie supérieure de la fleur, un pétale grand, étalé, appelé *étendard* (*e*) (fig. 184), puis, en dedans de lui, deux pétales latéraux qu'on appelle les *ailes* (*a*). Les ailes cachent les deux derniers pétales, qui sont ordinairement réunis de manière à former une gouttière appelée *carène* et dans laquelle sont enveloppés les étamines et le pistil.

Quand les pétales sont enlevés, on aperçoit les étamines

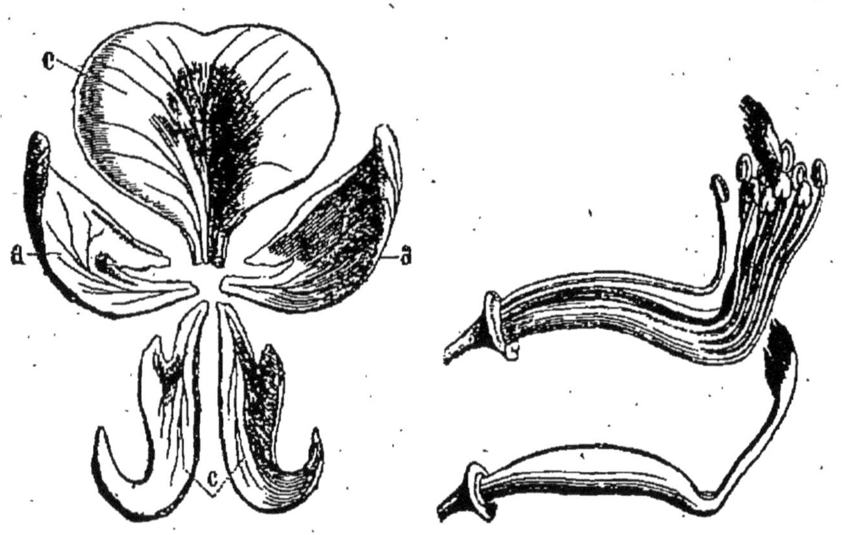

Fig. 184. — Pétales isolés de la fleur de Pois : *e*, étendard ; *a*, ailes ; *c*, carène:

Fig. 185. — Pistil et étamines du Pois.

et le pistil, dont la forme est moulée sur celle de la carène (fig. 185). Il y a dix étamines : parmi elles, neuf sont réunies entre elles par leurs filets et forment une seconde gouttière enveloppant le pistil ; la dixième étamine, isolée, occupe la partie supérieure.

Le pistil est formé par un ovaire en forme de sac allongé, terminé par un style coudé et un stigmate couvert de poils.

Par la disposition même de la fleur, le transport du pollen s'effectue naturellement au moment où les anthères s'ouvrent, puisque le stigmate est entouré par elles. Le pistil se transforme en fruit (fig. 186) ; ce fruit est une gousse dont les deux moitiés ou valves se séparent et mettent en liberté des graines.

Dans les graines, l'embryon forme toute l'amande, il n'existe pas d'albumen (fig. 187).

Le Pois est une plante annuelle, dont la tige très grêle est incapable de se tenir verticale. Cette tige porte des feuilles composées, munies à leur base de deux larges stipules (fig. 45). Les folioles supérieures sont transformées en vrilles au moyen desquelles la tige peut s'élever.

Le Haricot, le Trèfle, la Vesce ont la fleur et le fruit tout à fait semblables à ceux du Pois. Ces plantes ont été réunies dans la famille des *Papilionacées* (nom donné à cause de la ressemblance qu'on a voulu voir entre un papillon et la fleur du Pois).

Les caractères de cette famille sont les suivants :

Plantes à feuilles presque toujours composées. Corolle formée par cinq pétales, irrégulière (corolle papilionacée); dix étamines à filets soudés; pistil constitué par un ovaire à une seule loge; fruit constituant une gousse; graines sans albumen.

La famille des Papilionacées est importante par le nombre de ses espèces et par les usages nombreux auxquels elles servent.

Papilionacées alimentaires et fourragères. — Les graines de Haricot, de Pois, de Lentille, de Fève, sont employées dans l'alimentation de l'homme. Les gousses encore vertes sont souvent employées comme aliments

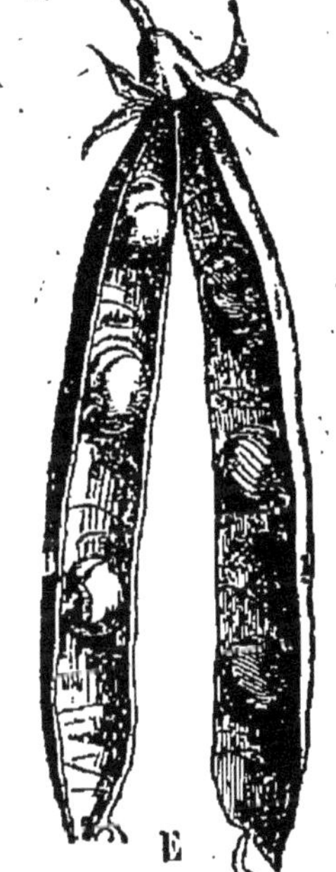

Fig. 186. — Fruit du Pois ou gousse; il s'ouvre en deux moitiés ou valves.

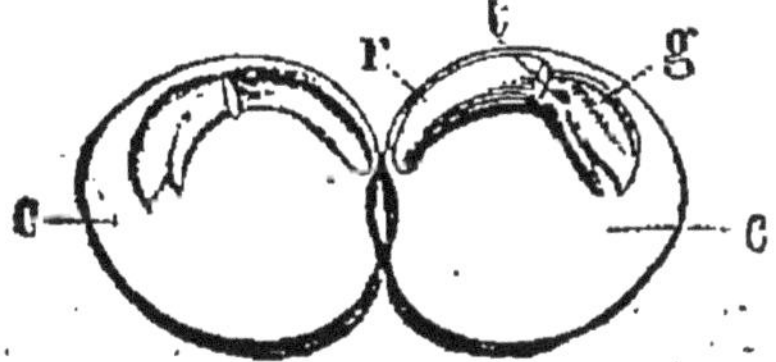

Fig. 187. — Graine du Pois, dont toute l'amande est occupée par l'embryon.

Beaucoup de Papilionacées sont cultivées comme aliments des animaux. Tels sont les fruits des Gesses, des Vesces, et les Papilionacées fourragères, telles que le Trèfle (fig. 188), la Luzerne (fig. 189), le Sainfoin, qui forment les prairies artificielles.

Fig. 188. — Trèfle. Rameau fleuri.

Papilionacées industrielles. — Un grand nombre de Papilionacées sont industrielles.

Ainsi l'Indigo est une matière colorante bleue fournie par les Indigotiers; pour l'obtenir, on laisse macérer ces plantes pendant quelque temps dans une eau ammoniacale.

D'autres matières colorantes sont fournies par le bois de

certaines Papilionacées ou plantes voisines; tels sont le bois de Campêche, le bois du Brésil.

Enfin le bois de Rose, le Palissandre, très employés en

Fig. 189. — Luzerne (*Medicago sativa*): A, rameau fleuri portant des fleurs et des fruits; B, fleur entière; C, pistil et étamines; D, pistil isolé; E, F, G, fruits formés par les gousses enroulées.

ébénisterie, sont fournis par des Papilionacées arborescentes.

On rapproche des Papilionacées un certain nombre d'arbustes ou d'arbres exotiques, tels que les Cæsalpiniées, auxquelles appartiennent les bois tinctoriaux, et les Mimosées, auxquelles appartiennent la Sensitive ainsi que les véritables Acacias. La Sensitive, cultivée dans les serres, est caractérisée parce qu'elle replie ses folioles au moindre contact.

Carotte.

Type de la famille des *Ombellifères*.

La Carotte est une plante commune dans les champs et les jardins. C'est en été qu'elle fleurit et c'est à cette époque qu'il convient de l'étudier.

Les fleurs sont très petites et groupées en grand nombre à

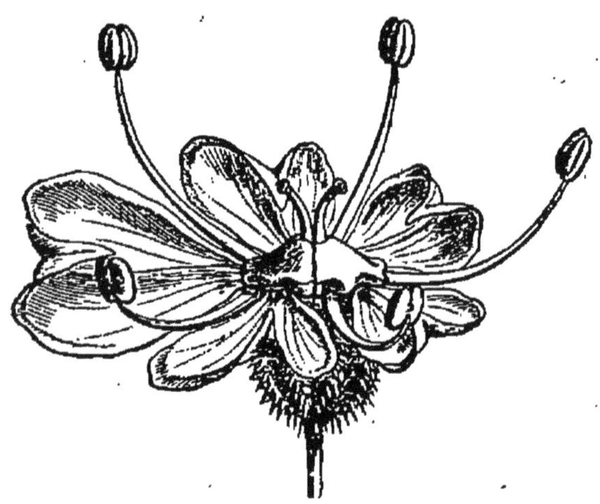

Fig. 190. — Fleur de Carotte grossie. Les pétales les plus longs sont situés à l'intérieur de l'ombelle. L'ovaire est infère.

l'extrémité des branches principales; elles sont disposées en ombelle composée (fig. 191). De l'extrémité de la branche qui supporte les fleurs, s'échappent un certain nombre de pédoncules qui divergent comme les baleines d'un parapluie. Chacun de ces pédoncules est terminé à son tour par un bouquet de pédoncules plus petits, formant une *ombellule :* ce sont ceux-ci qui se terminent par les fleurs. A la naissance de l'ombelle et des ombellules, il existe des bractées très découpées qui constituent l'*involucre*. Ces bractées enveloppent complètement l'ombelle avant l'épanouissement des fleurs.

Quand les fleurs sont épanouies, on reconnaît que celles qui occupent le centre de l'ombelle sont régulières, tandis

191. — Carotte, branche fleurie montrant les fleurs disposées en ombelle composée.

que celles de la périphérie ont les pétales plus longs du côté extérieur.

Examinons l'une de ces fleurs (fig. 190). Elle se compose d'un calice très petit réduit à cinq dents et d'une corolle à cinq pétales étalés. Elle porte cinq étamines, et présente un pistil dont l'ovaire est infère, car le calice, la corolle et les étamines sont insérés sur son sommet. L'ovaire est à deux loges contenant chacune un ovule, et il se termine par deux styles.

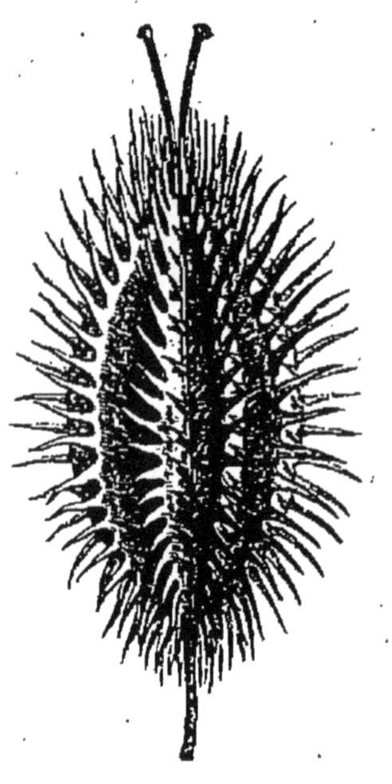

Fig. 192. — Fruit de la Carotte très grossi.

Fig. 193. — Fruit de la Grande Ciguë très grossi.

Cet ovaire se transforme en un fruit formé de deux achaines soudés. Il est couvert de lames saillantes, terminées par des épines et disposées régulièrement sur sa surface (fig. 192).

La Carotte présente des feuilles très découpées, dont le pétiole est toujours engainant; sa tige est sillonnée et creuse. La racine est pivotante et devient charnue, parce qu'il s'y dépose des matières alimentaires que la plante utilisera au moment de sa floraison.

Les plantes qui ont la même structure que la Carotte sont rangées dans la famille des *Ombellifères*. Ce nom lui a été donné à cause de la forme particulière de l'inflorescence.

Les caractères des Ombellifères sont :

Plantes aromatiques à fleurs disposées en ombelle, à ovaire adhérent, à feuilles alternes, sans stipules, souvent engainantes; graines à albumen.

Les Ombellifères sont importantes au point de vue alimentaire ou médical.

Elles contiennent des substances aromatiques dans leur tige, leurs feuilles et leurs fruits. Ces substances sont renfermées dans de petits canaux, qu'on aperçoit très bien dans le fruit en coupant celui-ci en travers.

Les Ombellifères les plus employées pour leur arome sont l'Anis, le Fenouil, la Coriandre, le Carvi, consommés surtout à l'état de fruits, l'Angélique, dont les tiges sont utilisées par les confiseurs après avoir subi la cuisson qui les débarrasse des substances âcres.

D'autres Ombellifères contiennent des substances vénéneuses qui les rendent dangereuses; nous citerons notamment la Grande Ciguë ou Ciguë officinale (*Conium maculatum*) (fig. 193), assez commune au bord des chemins, dans les décombres, et la Petite Ciguë (*Æthusa Cynapium*), qu'on peut confondre avec le Persil. Ces plantes contiennent des poisons violents.

Enfin certaines Ombellifères sont dépourvues de principes âcres ou vénéneux, et on les emploie dans l'alimentation : la Carotte, le Panais, le Céleri, le Cerfeuil en sont des exemples. On mange les racines de la Carotte, la tige du Céleri-Rave et de l'Angélique, les feuilles du Persil et du Cerfeuil.

DIALYPÉTALES HYPOGYNES.

Dialypétales à corolle et étamines fixées sur un réceptacle commun; étamines hypogynes; ovaire libre.

Il est facile de grouper les principales familles de Dialypétales hypogynes en examinant la constitution de l'ovaire.

Coupons en travers l'ovaire de l'Hellébore, nous verrons qu'il est formé par plusieurs loges, et que les ovules sont fixés à la partie interne de chaque loge.

Examinons de la même façon l'ovaire de l'Œillet : nous ne trouvons qu'une seule cavité, et les ovules sont attachés sur une colonne occupant le centre de la loge. Enfin l'ovaire de la Giroflée, ou de la Violette, coupé en travers, nous montre aussi une seule loge, mais les ovules sont attachés aux parois latérales.

Nous pouvons, d'après ces différences, grouper les familles importantes des Dialypétales hypogynes de la façon suivante :

Ovaire à une loge ; ovules fixés aux parois de la loge.		Violette.	*Violariées.*
		Coquelicot.	*Papavéracées.*
		Giroflée.	*Crucifères,*
Ovaire à une loge ; ovules fixés au centre la loge.		Œillet.	*Caryophyllées.*
Ovaire à plusieurs loges.	Graines sans albumen. . .	Géranium.	*Géraniées.*
		Érable.	*Acérinées.*
		Tilleul.	*Tiliacées.*
		Mauve.	*Malvacées.*
	Graines avec albumen. . .	Vigne.	*Ampélidées.*
		Lin.	*Linées.*
		Renoncule.	*Renonculacées.*

PRINCIPALES FAMILLES DE DIALYPÉTALES HYPOGINES.

Violette.

Type de la famille des *Violariées.*

La Violette est une plante herbacée à tige souterraine ou rampante, très courte. Elle porte des feuilles entières pourvues de stipules et les fleurs solitaires sont irrégulièrement distribuées.

Examinons une fleur de Violette odorante (fig. 194). Elle présente un calice à cinq sépales distincts, attachés par le milieu : la corolle irrégulière est à cinq pétales et le pétale inférieur forme un éperon en arrière de la fleur. Quand la corolle est enlevée (fig. 195), on aperçoit les étamines au nombre de cinq ; ces étamines, étroitement appliquées entre elles, cachent complètement le pistil, dont on n'aperçoit que le stigmate ; deux de ces étamines envoient un prolongement dans l'éperon de la corolle. Après avoir enlevé les étamines on voit le pistil, qui est constitué à la base par un ovaire globuleux. Cet ovaire est a une seule loge et les ovules sont fixés aux parois suivant trois rangées longitudinales ; il est terminé par un style et un stigmate.

Quand la fleur se flétrit, le fruit apparaît sous la forme d'une capsule globuleuse qui se sépare en trois valves en se

Fig. 194. — Fleur de Violette coupée en long.

Fig. 195. — Fleur de Violette dépouilllée des enveloppes.

Fig. 196. — Fruit de la Violette ouverte.

fendant au milieu de l'intervalle laissé entre les rangées de graines. Ces valves portent les graines fixées en leur milieu (fig. 196).

Les Violettes des bois, les Pensées ont la même conformation que la Violette odorante. Aussi sont-elles rangées dans la famille des *Violariées*, dont on peut résumer ainsi les caractères :

Herbes à feuilles entières stipulées, alternes, à corolle irrégulière, un des pétales formant un éperon. Ovaire à une loge, avec ovales fixés aux parois. Capsule s'ouvrant en trois valves.

Les Violariées sont des plantes d'ornement, telles que les Pensées, ou des plantes utilisées par leur parfum.

Coquelicot.

Type de la famille des *Papavéracées*.

Le Coquelicot est une plante commune dans les champs de Blé (fig. 197). Il a des fleurs solitaires, où l'on distingue un calice à deux sépales qui tombent au moment où la fleur s'épanouit, puis une corolle à quatre pétales très grands.

Fig. 197. — Fleurs de Coquelicot, l'une épanouie ayant perdu ses sépales, l'autre en bouton au moment où les sépales se détachent.

Au centre de la fleur (fig. 198) on trouve un grand nombre

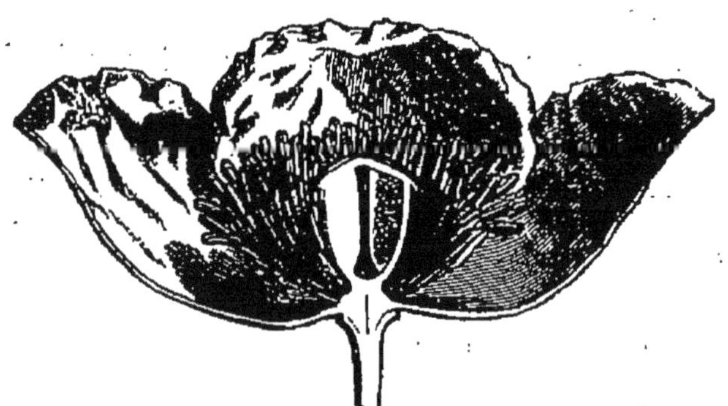

Fig. 198. — Fleur de Coquelicot coupée en long; les étamines, très nombreuses, entourent le pistil formé par un ovaire globuleux.

d'étamines, qui entourent le pistil; celui-ci est formé d'un ovaire globuleux, terminé par les stigmates qui constituent

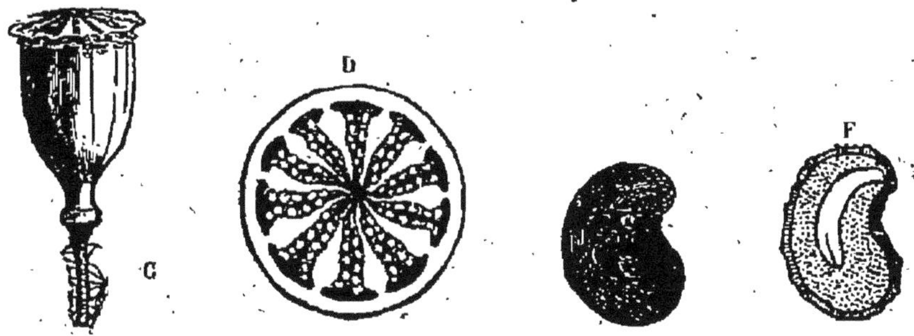

Fig. 199. — C, D, fruit du Coquelicot entier et coupé en travers; F, graine très grossie coupée en long.

un disque sur l'ovaire. Une coupe en travers de l'ovaire

Fig. 200. — Capsule mûre du Pavot. Elle s'ouvre par des trous placés sous le disque du stigmate.

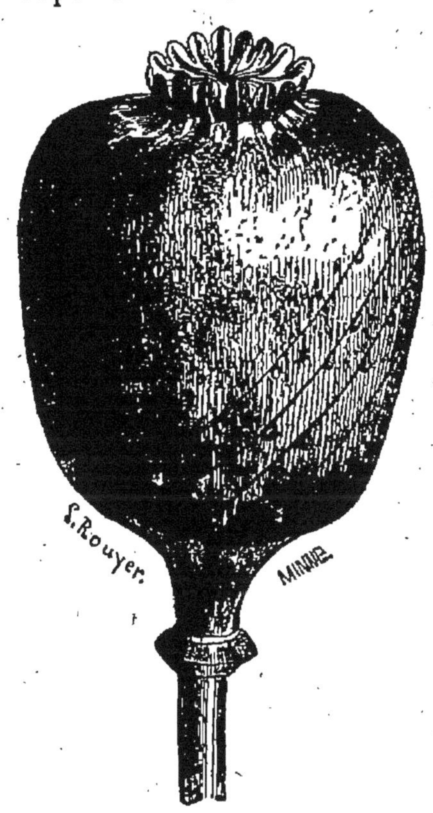

Fig. 201. — Capsule de Pavot somnifère qu'on a incisée pour en extraire l'opium.

montre qu'il contient un grand nombre d'ovules fixés sur des lames faisant saillie à l'intérieur de la loge (fig. 199.)

A la maturité l'ovaire est transformé en une capsule qui s'ouvre par une rangée de trous placés sous le disque du stigmate pour laisser échapper les graines (fig. 200) ; celles-ci, très petites, contiennent un embryon ent ré par l'albumen.

Les caractères de la fleur que nous venons de décrire sur un Coquelicot se retrouvent dans les Pavots somnifères, la Grande Éclaire, sauf pour le fruit, qui dans cette dernière plante ressemble au fruit du Colza ou de la Giroflée.

Toutes ces plantes font partie de la famille des *Papavéracées* (du nom latin *Papaver* donné au Coquelicot).

Voici les caractères de cette famille :

Plantes herbacées; calice à deux sépales caducs; corolle à quatre pétales chiffonnés dans le bouton; étamines nombreuses. Graines à albumen huileux.

Ces plantes sont utiles, parce que les graines de certaines d'entre elles sont oléagineuses. Ainsi l'huile d'œillette est extraite des graines du Pavot œillette.

Le suc laiteux de certains Pavots (*Papaver somniferum*) se solidifie à l'air et forme l'*opium*, qui contient plusieurs poisons, entre autres la morphine, employée pour calmer les douleurs. Pour obtenir l'opium, on fait des incisions sur la capsule : il s'écoule par les blessures un liquide blanc qui se solidifie et donne l'opium du commerce (fig. 201).

Giroflée.

Type de la famille des *Crucifères*.

La Giroflée, dont nous avons donné la description, peut être prise comme type des plantes de la famille des Crucifères, remarquable par son uniformité.

Le Chou, le Pastel, le Radis présentent la même conformation que la Giroflée en ce qui concerne la fleur et le fruit.

Ces plantes ont été réunies dans le même groupe sous le nom de *Crucifères*. Ce nom leur a été donné à cause de la corolle, dont les pétales sont disposés en croix.

Voici les caractères de cette famille :

Plantes herbacées, à fleurs en grappes ; calice à quatre sépales ; corolle à quatre pétales ; six étamines, quatre grandes et deux petites ; ovaire à deux stigmates. Fruit en silique. Graines sans albumen.

Les différences les plus importantes qu'on peut signaler entre les Crucifères concernent la conformation du fruit. Nous avons vu dans la Giroflée que le fruit est allongé, très étroit, et forme ce que l'on appelle une *silique :* c'est aussi la forme du fruit du Chou (fig. 202) ; dans d'autres plantes,

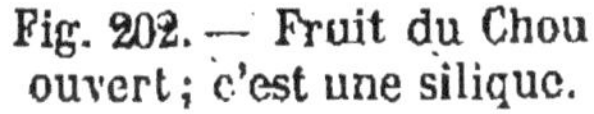

Fig. 202. — Fruit du Chou ouvert ; c'est une silique.

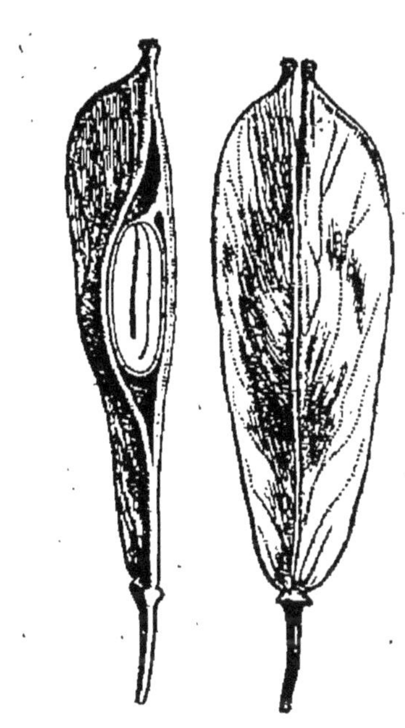

Fig. 203. — Fruit du Pastel entier et coupé ; c'est une silicule.

le Pastel (fig. 203), la Bourse à pasteur, le fruit est presque aussi large que long ; c'est une *silicule*.

Ces plantes contiennent des matières sulfurées qui leur donnent une saveur âcre et piquante. Beaucoup d'entre elles sont antiscorbutiques, par exemple le Raifort (*Cochlearia*), avec les racines duquel on fabrique le sirop antiscorbutique.

Les Crucifères ont généralement les feuilles simples, alternes, une racine pivotante, qui devient souvent charnue et constitue un réservoir de matières alimentaires.

La plupart sont alimentaires. Les Navets, les Radis sont caractérisés par la réserve d'aliments amassés dans leur racine ; dans les Choux, cette réserve est accumulée dans le bourgeon terminal (fig. 204), ou dans les bourgeons axillaires (Choux de Bruxelles (fig. 205), ou dans l'inflorescence (Choux-Fleurs).

Les graines, dans un certain nombre de Crucifères, sont riches en matières grasses et servent à l'extraction d'huiles alimentaires : telles sont les graines de Colza (fig. 206), de Navette et de la Cameline. Enfin le Pastel a été autrefois très employé pour la fabrication d'une matière colorante bleue.

Fig. 204. — Chou commun, dans lequel la réserve de nourriture occupe la région terminale de la tige.

Fig. 205. — Choux de Bruxelles ; la réserve de nourriture est placée dans les bourgeons axillaires.

On rapproche de la famille des Crucifères les Résédacées,

plantes herbacées dont les fleurs irrégulières ont un calice

Fig. 206. — Pied fleuri de Colza. Les grappes portent des fleurs et des fruits.

et une corolle dont les sépales ainsi que les pétales sont très divisés. Elles renferment le Réséda odorant, cultivé pour le parfum de ses fleurs, et la Gaude (*Reseda lutea*), qui est cultivée en Europe pour la matière colorante jaune que contiennent les feuilles et les enveloppes du fruit.

Œillet.

Type de la famille des *Caryophyllées.*

Examinons une fleur d'Œillet (fig. 207).

Fig. 207. — Rameau fleuri d'Œillet.

Nous trouvons à sa base un certain nombre de bractées

formant un calicule qui entoure le calice, dont les cinq sépales sont soudés et forment un tube. A l'intérieur du tube formé par le calice se trouvent les cinq pétales libres. Chacun d'eux est semblable à celui d'une fleur de Giro-

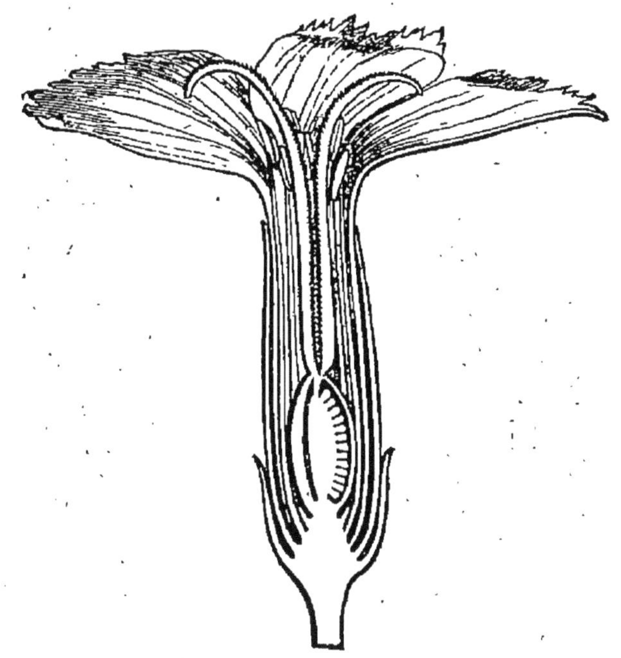

Fig. 208. — Œillet des fleuristes : fleur coupée en long.

flée, c'est-à-dire qu'il présente une partie rétrécie appelée *onglet*, emprisonnée dans le tube du calice, et une région élargie colorée appelée, *lame*. En arrachant le calice et la corolle, on aperçoit les étamines au nombre de dix, disposées sur deux rangs. Puis au centre se trouve le pistil constitué par un ovaire en forme de sac allongé et terminé par deux styles toujours libres (fig. 208).

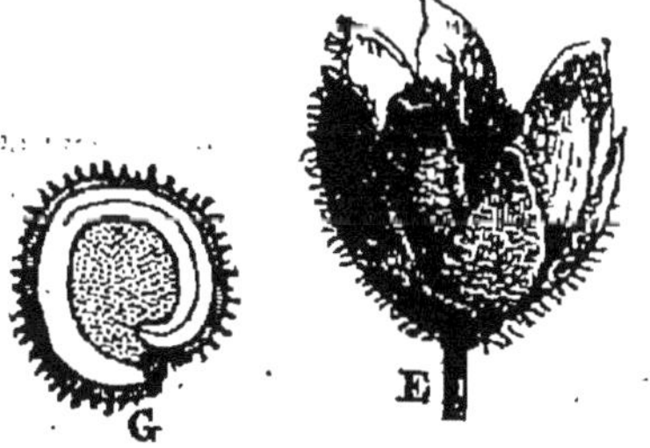

Fig. 209. — Fruit et graine du Mouron des oiseaux.

Quand le fruit est mûr, il constitue une capsule qui s'ouvre à son sommet et laisse apercevoir à l'intérieur une colonne centrale portant les grains. Celles-ci ont un embryon courbé enveloppant l'albumen (fig. 209).

La tige de l'Œillet porte des feuilles opposées et elle est enflée aux nœuds.

En comparant à l'Œillet, que nous venons de décrire, un

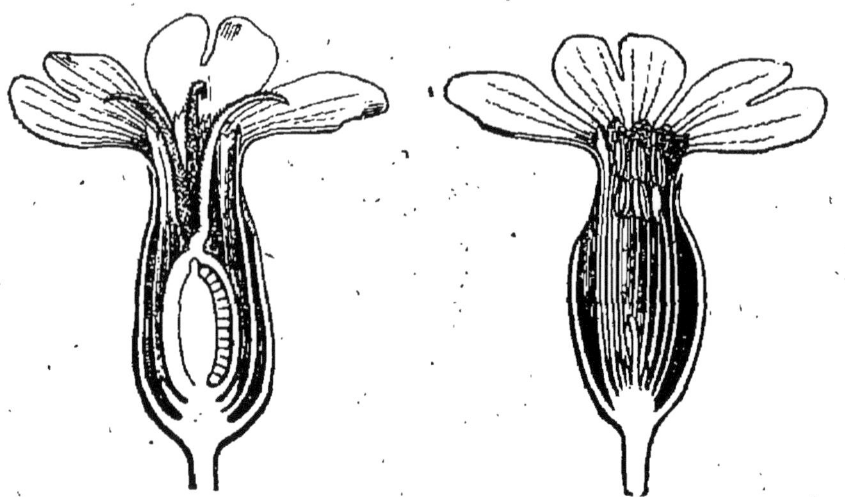

Fig. 210. — Fleurs mâle et femelle de Lychnis dioïque. C'est une Silénée.

Lychnis, une Stellaire, on trouve de grandes ressemblances entre ces plantes, sauf en ce qui concerne le calicule, qui

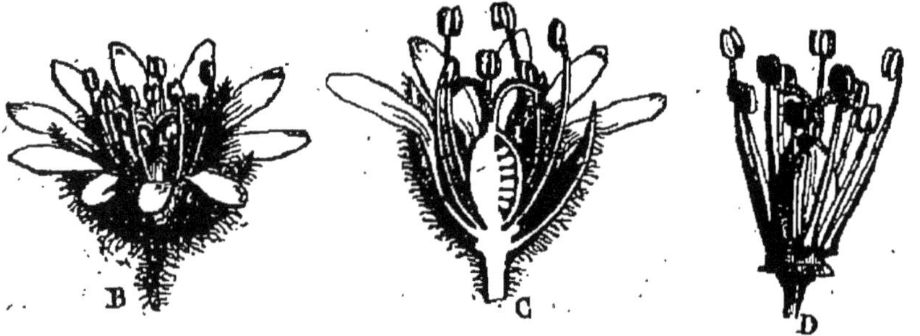

Fig. 211. — Mouron des oiseaux. Fleur entière et coupée en long ; le calice a ses sépales libres ; la corolle a des pétales courts. C'est une Alsinée.

manque dans le Lychnis et la Stellaire, ou dans la forme des pétales ; en raison de leur ressemblance, ces plantes ont été réunies dans la famille des *Caryophyllées*.

On peut donner ainsi les caractères de cette famille :

Plantes à tige renflée aux nœuds, à feuilles opposées ; à calice tubuleux, formé de cinq sépales ; corolle à cinq pétales ; dix étamines ; ovaire à une loge pourvu de deux à cinq styles libres ; les ovules sont fixés au centre de la fleur.

Les Caryophyllées sont surtout des plantes d'ornement. En s'appuyant sur les différences qui existent dans la conformation du calice et de la corolle, on y distingue deux groupes :

1° Les *Silénées*, caractérisées par un calice gamosépale et par les onglets des pétales très développés.

Fig. 212. — Rameau fleuri de Mouron des oiseaux.

Les Œillets, la Saponaire, les Lychnis (fig. 210) appartiennent à ce groupe.

2° Les *Alsinées*, caractérisées par un calice à sépales libres et par des pétales à onglet peu développé (fig. 211).

Ce groupe contient des fleurs communes dans les champs,

les Stellaires, les Céraistes, les Alsinées, dont une des espèces constitue le Mouron des oiseaux (fig. 212).

Vigne.

Type de la famille des *Vinifères*.

Les fleurs, qui apparaissent au mois de juin, sont disposées en grappes. Chacune d'elles se compose d'un calice à cinq sépales très courts, d'une corolle à cinq pétales qui sont accolés l'un contre l'autre dans le bouton. Quand la fleur s'ouvre, les pétales se détachent à leur base et sont soulevés comme une coiffe par les étamines qui s'allongent (fig. 213).

Fig. 213 — Fleur de Vigne en bouton et ouverte. La corolle tombe au moment où la fleur s'ouvre, car elle est soulevée comme un capuchon par les étamines.

Quand la corolle est tombée, les étamines, au nombre de cinq, s'étalent et laissent au centre le pistil, dont l'ovaire renferme deux loges avec deux ovules dans chacune. A la maturité, l'ovaire se transforme en un grain de raisin, ses parois deviennent pulpeuses, et emprisonnent les graines ou pépins. Le grain de raisin est une baie.

A côté de la Vigne cultivée pour ses fruits, on cultive la Vigne-Vierge dans les jardins pour former des berceaux ; elle est reconnaissable à ses feuilles composées palmées, à ses vrilles au moyen desquelles elle se fixe aux murs.

Ces plantes forment la famille des *Vinifères*, dont voici les caractères :

Arbustes grimpants à feuilles alternes ordinairement palmées. Corolle tombant souvent au moment de l'ouverture de la fleur. Fruit formant une baie.

Mauve.

Type de la famille des *Malvacées.*

La Mauve à feuilles rondes, très commune dans les champs, nous servira d'exemple.

A la base de chaque fleur, nous trouvons une enveloppe verte, formée par trois bractées soudées : on la nomme *calicule*. Au-dessus se trouve le calice, qui a cinq sépales soudés, puis la corolle aussi à cinq pétales, mais ces pétales sont soudés tout à fait à leur base, de sorte que, si l'on veut arracher l'un d'eux, on enlève à la fois toute la corolle (fig. 214).

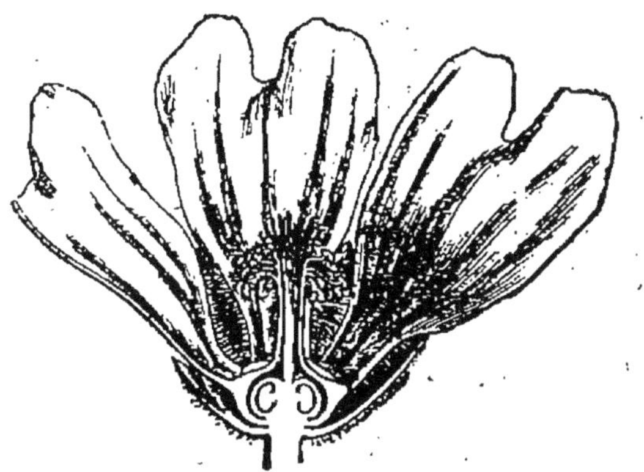

Fig. 214. — Fleur de Mauve coupée en long, montrant que les étamines sont soudées par les filets.

Fig. 215. — Fleur de Mauve dont on a enlevé le calice et la corolle pour montrer le tube formé par les étamines.

Les étamines sont trés nombreuses, et leurs filets sont soudés en un tube qui entoure le pistil et le cache complétement Chaque anthère présente une seule loge. En coupant la fleur en long, on aperçoit le pistil formé par un ovaire aplati en forme de couronne, qui présente en outre une dépression d'où part le style. L'ovaire offre un grand nombre de loges disposées en rayonnant comme les morceaux qu'on découpe dans une couronne.

Fig. 216. — Fruit de la Mauve.

Le style parcourt le tube formé par les étamines et se ter-

Fig. 217. — Tige fleurie de Guimauve.

mine par autant de stigmates qu'il y a de loges dans l'ovaire (fig. 215). Quand le fruit est mûr, il se présente sous la forme d'une couronne qui se sépare en autant de fragments qu'il y avait de loges (fig. 216). Dans chaque loge se trouve une graine à embryon courbé.

La Mauve est une plante à tige herbacée portant des feuilles alternes avec stipules. Ces feuilles ont la nervation palmée, les fleurs sont groupées sur des pédoncules placés à l'aisselle des feuilles.

La Guimauve, la Rose trémière sont semblables à la Mauve. Ces plantes diverses forment la famille des *Malvacées* (du nom latin *malva* donné à la Mauve).

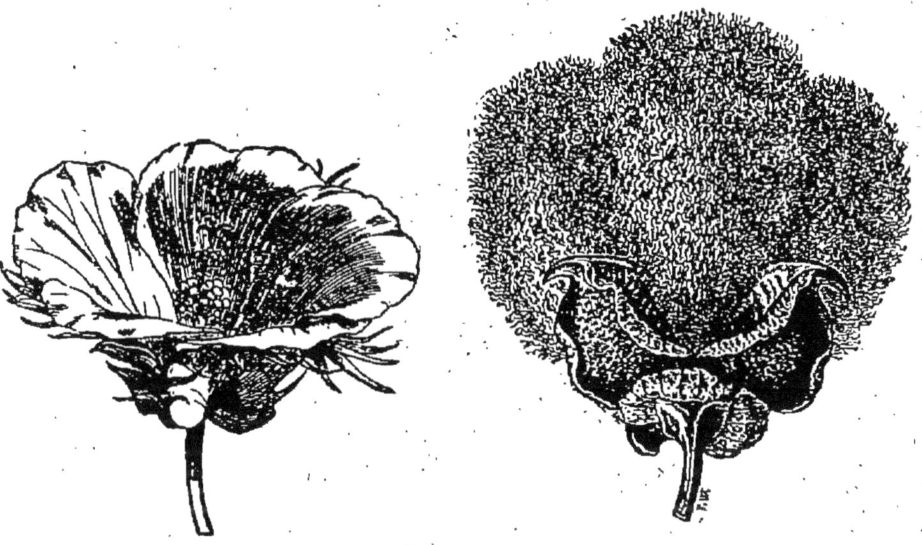

Fig. 218. — Fleur du Cotonnier. Fruit du Cotonnier s'ouvrant pour laisser échapper les graines ; le duvet qui les couvre forme le coton.

Voici les caractères des Malvacées :

Plantes herbacées ou arborescentes. Feuilles alternes à nervures palmées, avec stipules. Fleurs régulières, calice muni d'un calicule. Cinq pétales un peu soudés à la base. Étamines nombreuses à une seule loge soudées par leurs filets.

Outre les Mauves, on trouve dans nos pays la Guimauve (*Althæa officinalis*) (fig. 217). Ces plantes sont cultivées dans les jardins, car elles contiennent des substances mucilagineuses qui les font employer comme adoucissantes. Les fleurs de Mauve et les racines de la Guimauve sont utilisées dans ce but.

La Rose trémière (*Althæa rosea*), bien connue dans les jardins, est utilisée comme plante d'ornement.

Le genre *Gossypium* est important, parce qu'il renferme le Cotonnier. Son fruit est une capsule qui contient des graines couvertes de poils. Ce sont ces poils qui forment le coton (fig. 218).

On range au voisinage des Malvacées la famille des *Tiliacées*, qui contient les diverses espèces de Tilleuls (fig. 219).

Fig. 219. — Rameau fleuri de Tilleul. Les fleurs sont fixées sur des feuilles modifiées appelées bractées.

Ce sont des arbres très répandus dans les promenades.

Les fleurs paraissent au printemps et sont portées en grand nombre sur un pédoncule attaché au milieu d'une feuille d'un vert pâle constituant une bractée; leur fruit est semblable à celui des Malvacées, mais les étamines sont libres, ce qui les distingue des Mauves.

C'est à une autre famille, voisine des Malvacées, qu'appartient le *Cacaoyer*, cultivé en Amérique (Mexique, Antilles) pour ses graines, avec lesquelles on fait le chocolat. On obtient celui-ci en grillant les graines du Cacaoyer et en les mélangeant avec du sucre.

Géranium.

Type de la famille des *Géraniées*.

Examinons la fleur d'un Géranium (fig. 220). Nous y trouvons cinq sépales verts, à l'intérieur desquels sont placés cinq grands pétales alternant avec les sépales. Après avoir

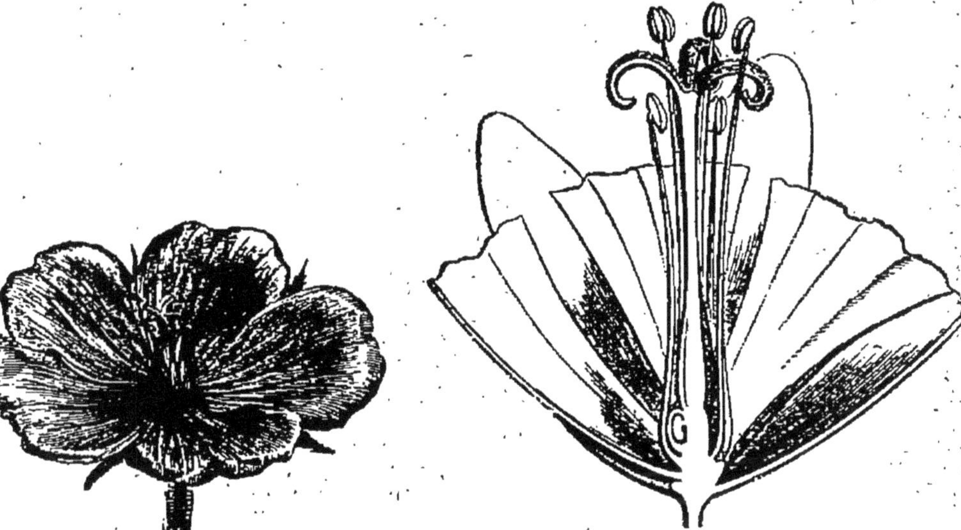

Fig. 220. — Fleur de Géranium entière et coupée en long. Elle contient cinq sépales, cinq pétales, dix étamines et cinq carpelles.

enlevé les sépales et les pétales, il reste au centre une double rangée de cinq étamines chacune, entourant le pistil formé par un ovaire à cinq loges; chaque loge contient deux ovules. Le style qui surmonte les cinq ovaires est terminé par cinq stigmates.

A la maturité, le fruit s'ouvre par la rupture des cloisons qui séparaient les loges, et celles-ci deviennent libres à la base en restant accolées par la partie supérieure du style (fig. 221).

On voit ainsi que la fleur du Géranium a toutes ses pièces disposées par groupes de cinq.

Les feuilles du Géranium sont arrondies ou pentagonales, lobées ou découpées, et exhalent une forte odeur, parfois désagréable, comme dans le Géranium Robert, ou agréable comme dans le Géranium Rosat.

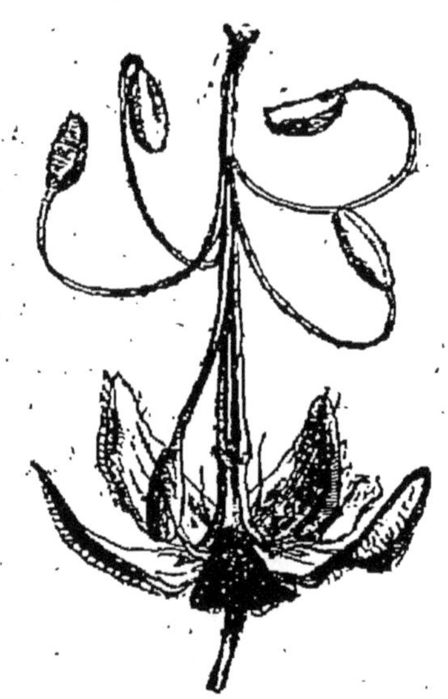

Fig. 221. — Fleur de Géranium s'ouvrant; les cinq carpelles se séparent à la base et restent accolés par les styles.

Le Géranium est le type d'une famille qu'on appelle *Géraniées*, dont les caractères sont les suivants :

Plantes à fleurs ordinairement régulières, à cinq sépales, cinq pétales, souvent dix étamines. Pistil formé de cinq carpelles ; fruit s'ouvrant à la maturité par la séparation des cinq carpelles.

Les Géraniées sont des plantes ornementales. On y distingue les Géraniums, dont les fleurs sont régulières, et les Pélargoniums à fleurs irrégulières.

On rapproche des *Géraniées* le groupe des *Linées*, contenant une des plantes industrielles les plus importantes, parce que les fibres de ses tiges donnent le lin avec lequel on fabrique la toile. Les fleurs du Lin sont semblables à celles du Géranium, mais leur fruit est une capsule qui s'ouvre à son sommet. On extrait des graines du Lin une huile industrielle, employée surtout dans la peinture, parce qu'elle sèche très vite.

Les Balsamines, les Capucines se rapprochent des Géraniums, et surtout des Pélargoniums ; ce sont aussi des plantes d'ornement.

Renoncules.

Type de la famille des *Renonculacées*.

Nous avons déjà examiné la fleur d'une Renoncule. Nous avons trouvé à l'intérieur d'un calice et d'une corolle à cinq pièces un grand nombre d'étamines hypogynes, entourant le pistil formé de nombreux ovaires distincts ; les étamines ont leur anthère dirigée vers l'extérieur et s'ouvrant du côté de la corolle.

La Renoncule est le type de la famille des *Renonculacées*,

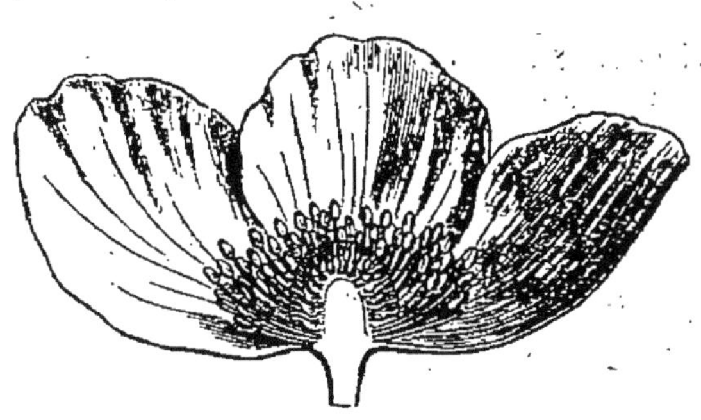

Fig. 222. — Fleur d'Anémone coupée en long : il n'y a pas de corolle ; le calice très développé est coloré et simule une corolle ; les carpelles sont nombreux.

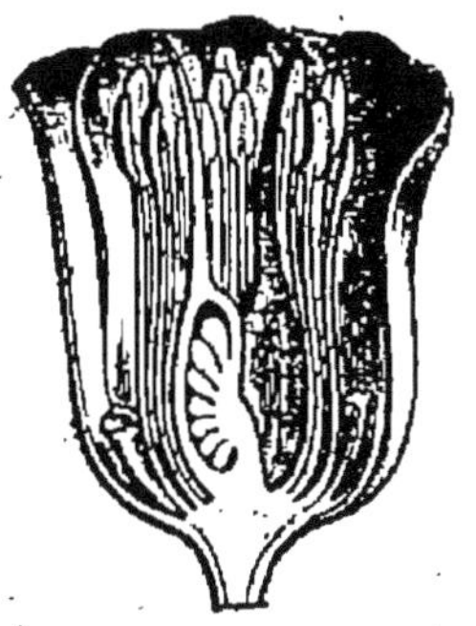

Fig. 223. — Fleur de l'Hellébore d'hiver ; les pétales sont transformés en cornets renfermant le nectar ; les carpelles sont peu nombreux.

Fig. 224. — Fleur de Pied-d'Alouette l'un des sépales est transformé en un éperon qui contient les éperons formés par deux pétales.

dont on peut résumer les caractères de la manière suivante :

Plantes ordinairement herbacées, à feuilles souvent alternes, sans stipules. Fleurs ayant des étamines nombreuses, hypogynes, à loges s'ouvrant vers l'extérieur. Carpelles ordinairement libres. Graines pourvues d'albumen.

Mais les Renonculacées ne sont pas toutes semblables au type que nous avons pris comme exemple, la fleur se modifie beaucoup, et au premier aspect on a parfois de la peine à reconnaître une Renonculacée.

Prenons une fleur d'Anémone (fig. 222), elle diffère de la Renoncule par l'absence de corolle ; le calice représente alors une seule enveloppe à cinq pièces et il est souvent coloré ; en outre, les feuilles qui sont voisines de la fleur sont disposées en involucre autour de celle-ci et simulent un calice.

Fig. 225.— Ancolie ; fleur dont tous les pétales sont transformés en cornets appelés *éperons*.

La fleur d'une Clématite ressemble à celle d'une Anémone, car elle manque de corolle, mais le calice est à quatre pétales.

L'Hellébore a un calice à cinq sépales, les pièces de la corolle sont transformées en cornets qui contiennent le nectar ; mais cette plante se distingue surtout par le pistil, où les carpelles sont peu nombreux et soudés (fig. 223). C'est au groupe dont le type est l'Hellébore que se rattachent les Renonculacées à fleurs irrégulières, telles que les Pieds-d'Alouette (fig. 224), les Ancolies (fig. 225) et l'Aconit. La Pivoine a un pistil formé par deux ou trois carpelles, qui à la maturité se transforment en fruits charnus.

Les Renonculacées sont des plantes cultivées surtout comme plantes d'ornement : Anémones, Clématites, Ancolies, Pivoines.

Leur corps contient des substances vénéneuses qui les rendent dangereuses, et expliquent l'emploi de quelques-unes d'entre elles en médecine, notamment l'Aconit.

CHAPITRE IV

DICOTYLÉDONES APÉTALES

Plantes à fleurs petites, dépourvues de périanthe, ou n'ayant ordinairement qu'une seule enveloppe florale.

Exemples : ***Chêne, Oseille, Ortie.***

Parmi ces plantes, les unes, comme le Chêne, le Chanvre, ont les étamines et les pistils séparés dans des fleurs différentes ; d'autres, comme l'Oseille, ont ordinairement les fleurs complètes ; les étamines et le pistil sont réunis dans la même enveloppe.

Fig. 226. — Chêne. Fleurs contenant des étamines ; elles sont disposées en chatons.

Parmi les premières, il en est, comme le Chêne, le Noisetier, dont les fleurs à étamines sont groupées en grand nombre et forment des épis appelés *chatons* (fig. 226). Les graines de ces plantes sont dépourvues d'albumen, l'embryon remplissant toute la graine. Le périanthe est toujours réduit à des bractées.

Au contraire dans l'Ortie, les fleurs à étamines et à pistil sont entourées d'un périanthe, et les graines sont pourvues d'un albumen (fig. 227).

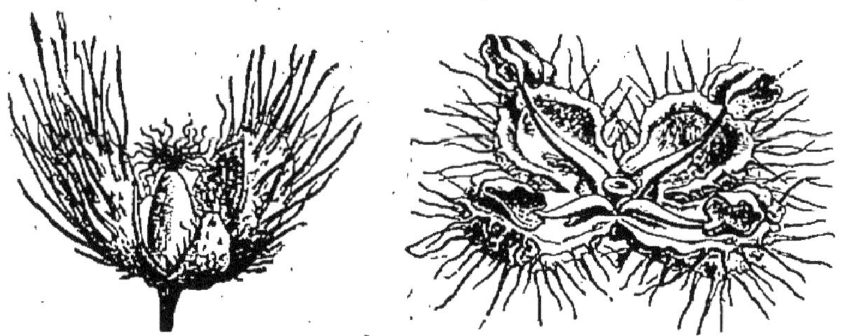

Fig. 227. — Ortie. Deux fleurs, l'une contenant le pistil, l'autre les étamines Elles sont pourvues d'un périanthe à quatre divisions.

On peut alors, d'après cela, grouper les familles les plus importantes de la série des Apétales de la manière suivante :

			Exemple	Famille
Fleurs à étamines et à pistils réunis. . .			Oseille.	*Polygonées.*
			Épinard.	*Chénopodées.*
Fleurs à étamines et fleurs à pistils séparés.	Avec périanthe, graines avec albumen.	Ovaire à une loge.	Ortie.	*Urticées.*
		Ovaire à trois loges.	Mercuriale.	*Euphorbiacées.*
	Pas de périanthe, graines sans albumen.		Chêne.	*Amentacées.*

Oseille.

Type de la famille des *Polygonées*.

Examinons les fleurs de l'Oseille commune. Elles sont petites, vertes, et très nombreuses, disposées en épis sur des rameaux grêles (fig. 228). Chaque fleur se compose d'un périanthe, formé de six écailles disposées trois par trois; ces écailles entourent les étamines, au nombre de six. Au centre se trouve l'ovaire, piriforme, portant à son sommet trois stigmates étoilés (fig. 229). Quand l'ovaire se transforme en fruit, il prend une forme pyramidale, et trois des pièces du périanthe s'ouvrent et développent des lames saillantes qui favorisent la dissémination de la graine qu'il contient. Ces lames sont généralement colorées en rouge à la maturité (fig. 230).

L'Oseille a des feuilles dépourvues de pétiole et dont la base élargie embrasse la tige.

Cette plante, ainsi que le Sarrasin, la Rhubarbe, appartient à la famille des *Polygonées* (du nom latin *polygonum* qu'on donne au Sarrasin).

Voici les caractères des Polygonées :

Plantes ayant un périanthe à quatre ou six pièces; fleurs contenant ordinairement à la fois les étamines et le pistil. Pistil formé d'un ovaire libre, à une seule loge terminée par deux ou trois stigmates. Fruit à trois angles.

On reconnaît le Sarrasin à son fruit non ailé et à son périanthe à cinq folioles (fig. 231). Le Sarrasin est souvent appelé Blé noir, quoiqu'il n'ait aucune ressemblance avec le Blé.

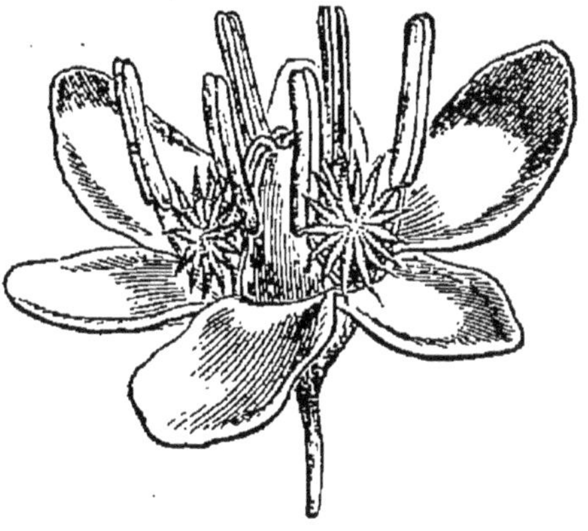

Fig. 229. — Fleur d'Oseille entière et coupée en long.

Les Polygonées fournissent des plantes alimentaires. Ainsi

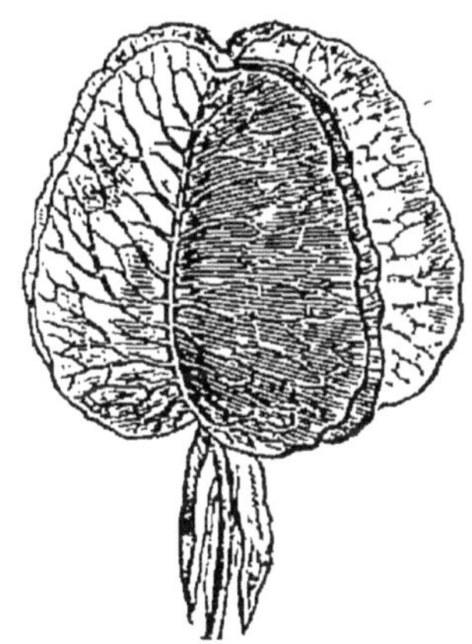

Fig. 230. — Fruit entier. Il est enveloppé à la maturité par trois pièces du périanthe très agrandies, les trois autres retombent.

les feuilles des Rumex (Oseille), des Patiences, les graines du Sarrasin, sont employées dans l'alimentation. Les rhi-

ig. 228.— Branche fleurie d'Oseille ; la partie supérieure porte des fleurs, la partie inférieure porte des fruits.

zomes de la Rhubarbe ou Patience sont employés en médecine.

Les feuilles de beaucoup de Rumex contiennent une grande

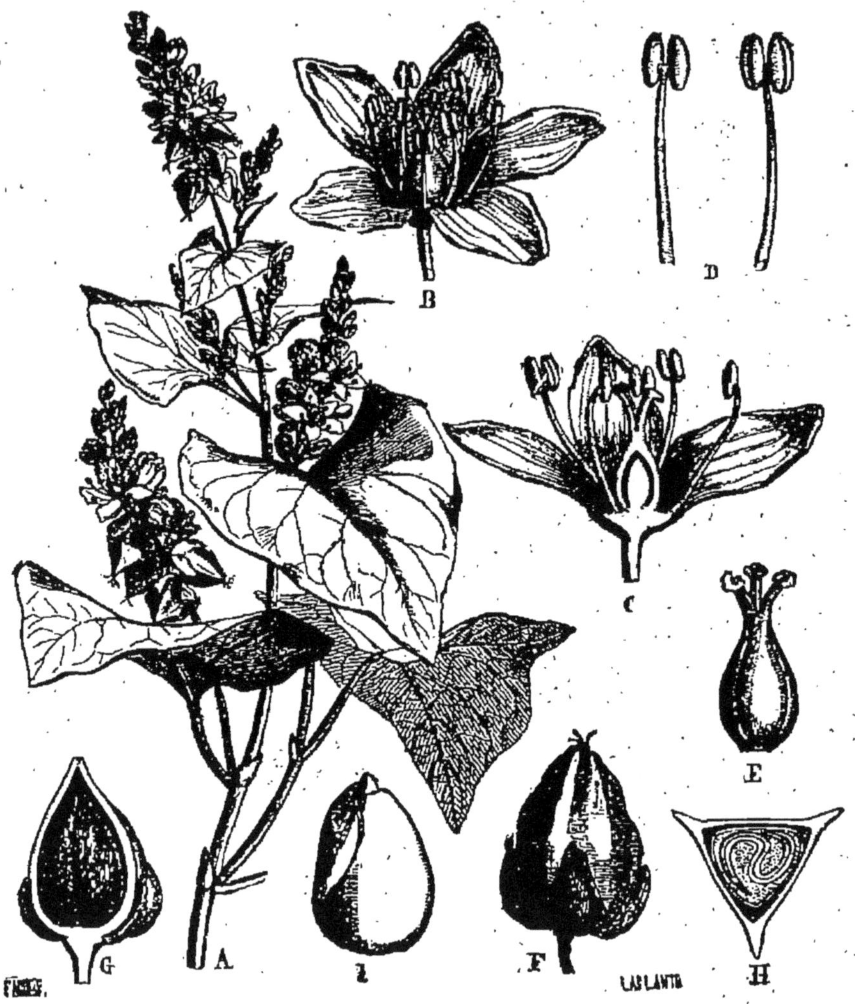

Fig. 231 — Sarrasin ou Blé noir : A, branche portant des fleurs et des fruits ; B et C, fleur entière et coupée en long ; E, pistil isolé ; F, fruit ; H, fruit coupé en travers montrant l'embryon enveloppé de l'albumen.

quantité d'acide oxalique combiné à la potasse et formant ce qu'on appelle l'oxalate de potasse ou sel d'oseille. Outre l'emploi de ses feuilles dans l'alimentation, l'Oseille peut servir à préparer le sel d'oseille, employé pour enlever les taches d'encre.

On rapproche de la famille précédente celle des *Chénopodées*, dont le type est la Betterave.

Les Chénopodées sont des herbes à feuilles dépourvues de stipules, à périanthe possédant cinq divisions, ayant

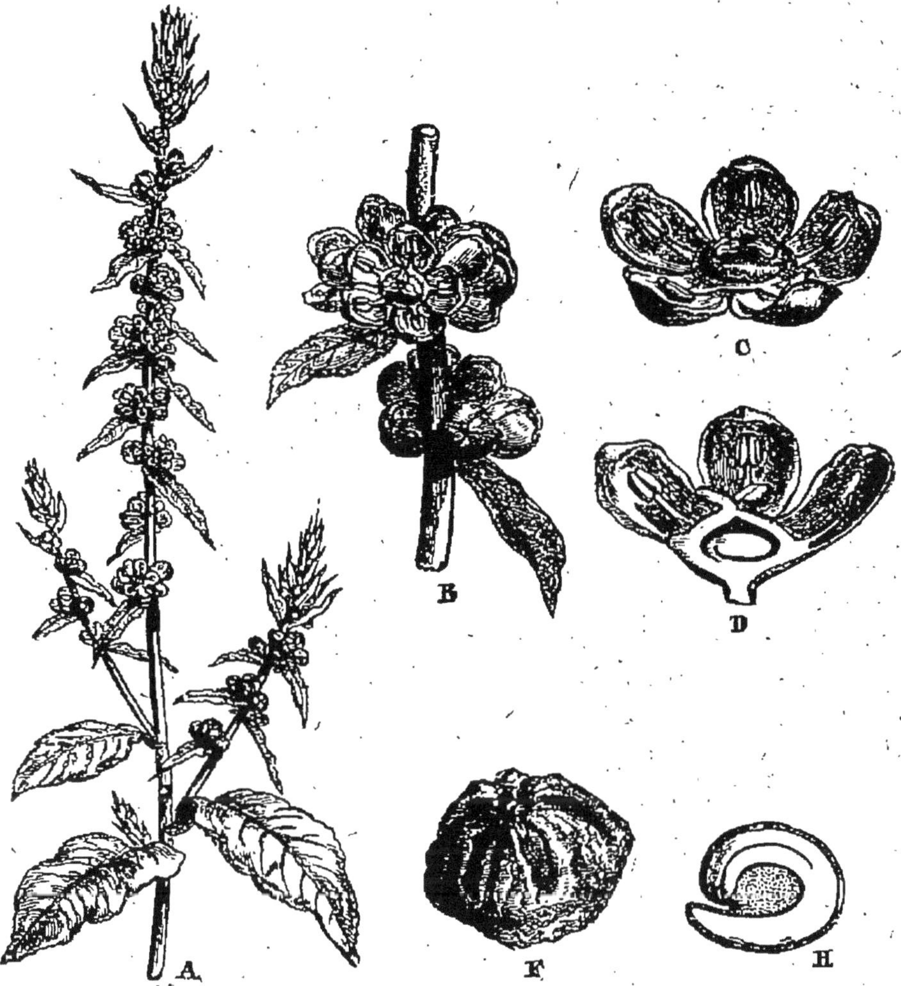

Fig. 232. — A, rameau fleuri de Betterave; B, groupe de fleurs; C, D, fleur entière et coupée en long; F, fruit; H, graine coupée; l'embryon enveloppe l'albumen.

cinq étamines. Le fruit n'est pas à trois angles, il est globuleux (fig. 232).

La *Betterave* est cultivée pour sa racine, dans laquelle s'accumulent sous forme de sucre les aliments, destinés à nourrir la plante pendant la seconde année de son développement.

C'est de la racine devenue charnue que l'on extrait le sucre ordinaire. On cultive la Betterave surtout dans le nord de la France.

A la famille des Chénopodées appartiennent les Épinards, dont les feuilles sont comestibles après la cuisson, et un certain nombre de plantes vivant habituellement dans les régions de salines, ou au bord de la mer, telles que les Salicornes, les Atriplex, etc. Les feuilles de Salicorne confites dans le vinaigre sont comestibles.

Ortie.

Type de la famille des *Urticées.*

Ces plantes, si communes au voisinage des habitations, sont des herbes qui peuvent atteindre 1 mètre et 1m,50 de hauteur. Elles ont des fleurs extrêmement petites, les unes ne contenant que des étamines, les autres ne renfermant que le pistil. Le périanthe est toujours formé de quatre

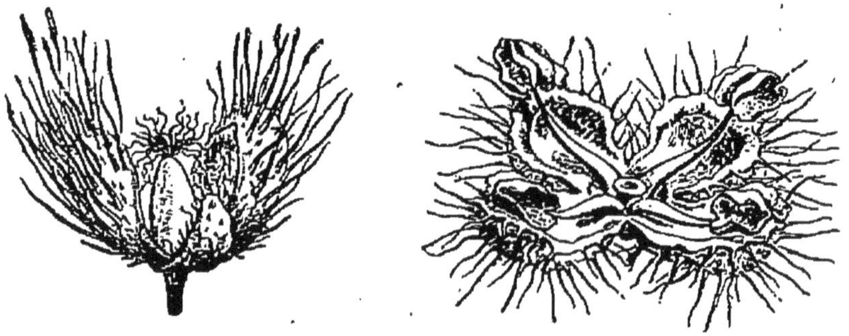

Fig. 233. — Fleur à pistil et fleur à étamines de l'Ortie.

écailles; dans les premières, il enveloppe quatre étamines, et contient dans les secondes un pistil dont l'ovaire renferme un seul ovule (fig. 233).

Les Orties sont en outre caractérisées par les poils dont leurs feuilles sont munies; ces poils contiennent un liquide irritant, et leur piqûre provoque l'apparition de boutons. Elles forment la famille des *Urticées* (du nom latin *Urtica* donné à l'Ortie) dont on peut résumer ainsi les caractères :

Plantes pourvues d'un périanthe, à fleurs dont les étamines et le pistil sont souvent séparés, non disposées en chatons; ovaire à une loge, à une seule graine pourvue d'un albumen.

C'est à cette famille qu'appartiennent la Pariétaire, commune dans nos pays sur les murs, et la Ramie ou Ortie de Chine (*Bœhmeria nivea*), introduite depuis une trentaine d'années dans le midi de la France. Elle était connue depuis un certain temps comme une importante plante textile, car ses fibres sont plus résistantes que celles du Chanvre et possèdent souvent la flexibilité de la soie.

C'est du groupe des Urticées que l'on rapproche le Chanvre et le Houblon, qui constituent la petite famille des Cannabinées.

Le Chanvre (*Cannabis sativa*) est cultivé dans beaucoup de contrées de la France. Dans un champ de chanvre on peut, au commencement d'août, distinguer les pieds portant les fleurs à étamines, et d'autres portant des fleurs à pistil. Les premières (fig. 234) sont composées d'un périanthe à cinq divi-

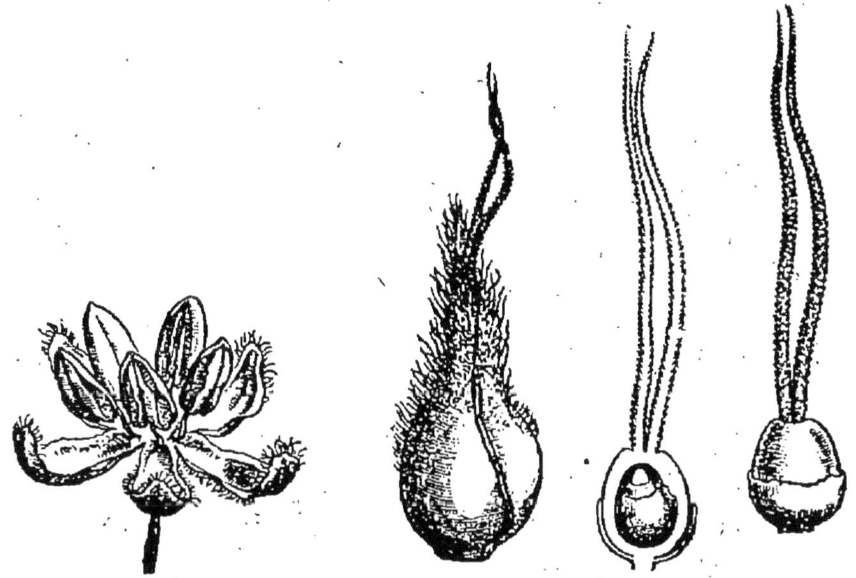

Fig. 234. — Fleur à étamines de Chanvre.

Fig. 235. — Fleurs à pistil de Chanvre : une fleur entière, et deux fleurs dépouillées des bractées.

sions entourant cinq étamines; les fleurs à pistil (fig. 235) sont enveloppées de bractées, et présentent un ovaire à une seule loge, renfermant un ovule, et terminé par deux stigmates.

Le Chanvre est cultivé pour sa graine, qui constitue le Chènevis, dont on retire une huile industrielle, et surtout pour sa tige, qui contient des fibres susceptibles d'être tissées.

Le Houblon, caractérisé par sa tige grimpante qui s'enroule autour des perches que l'on plante dans les Houblonnières, est cultivé pour les *cônes* que forment les fleurs à pistil, quand elles sont transformées en fruits. Ces cônes sont couverts d'une poussière jaune odorante avec laquelle on aromatise la *bière*.

Fig. 236. — Branche d'Orme fleurie

C'est encore aux Urticées que se rattache la famille des *Ulmacées*, qui comprend les Ormes, arbres de nos promenades à feuilles alternes distiques, dont les fleurs apparaissent avant les feuilles (fig. 236), et dont les fruits sont ailés.

Il existe plusieurs espèces d'Ormes : la plus importante est l'Orme champêtre, planté sur les routes, les promenades. Le bois de l'Orme, coloré en rouge, est très estimé à cause de sa dureté et de sa facile conservation ; on l'emploie pour les constructions qui doivent résister à l'humidité et dans le charronnage.

Enfin, la famille des *Morées* se rapproche des Urticées. Elle contient le Mûrier blanc, originaire de Chine, cultivé en Europe depuis le quinzième siècle, parce que ses feuilles servent de nourriture aux vers à soie. Le bois de Mûrier blanc, semblable à celui de l'Acacia, est très employé en ébénisterie. Le Figuier (*Ficus carica*), cultivé pour ses fruits, appartient aussi à cette famille.

Mercuriale.

Type de la famille des *Euphorbiacées*.

La Mercuriale est une mauvaise herbe, très commune dans les terrains incultes.

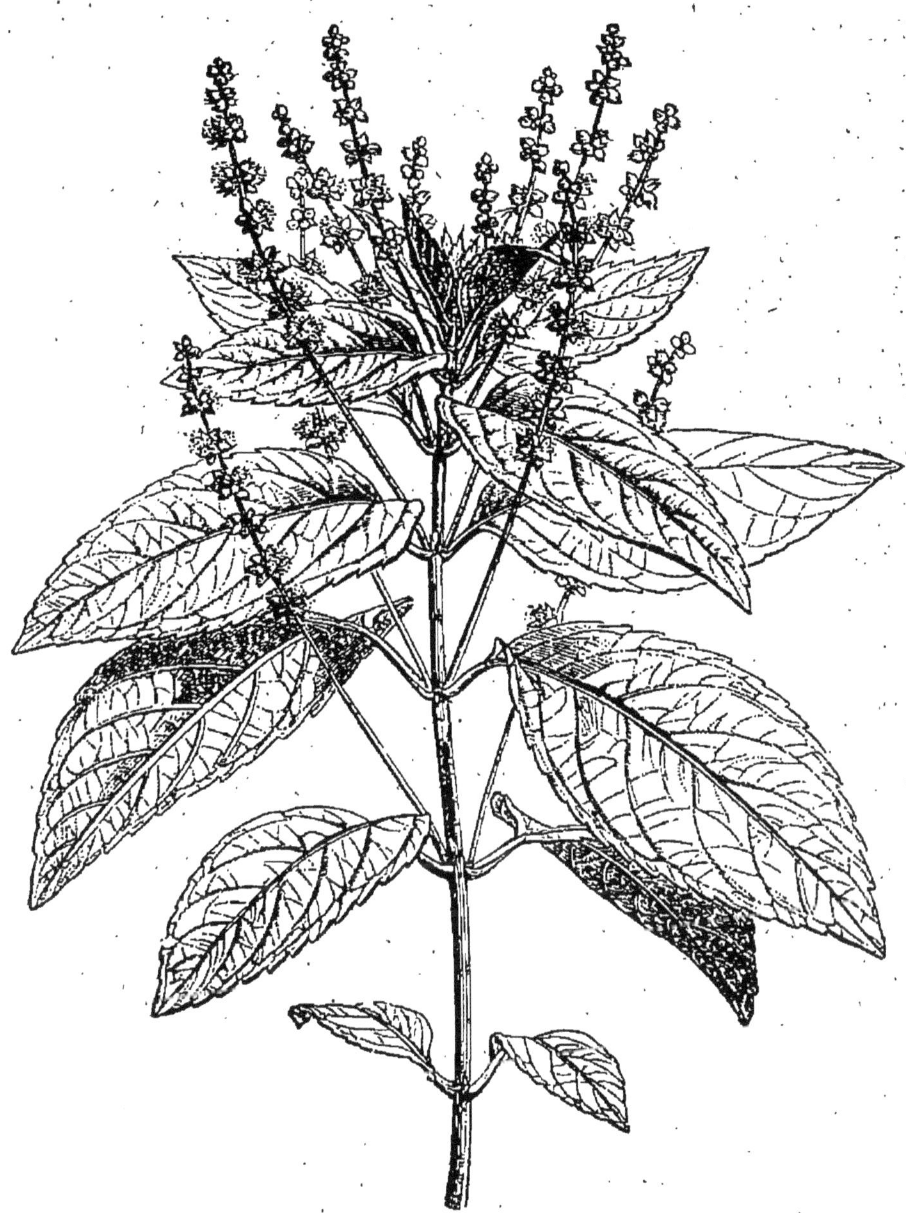

Fig. 237. — Mercuriale. Pied portant des fleurs à étamines.

Si nous examinons un pied (fig. 237), nous voyons partir

de l'aisselle des feuilles opposées, des rameaux grêles portant sur toute leur longueur des bouquets de fleurs à étamines. Chacune d'elles se compose de trois petites lames entourant un certain nombre d'étamines (fig. 238).

D'autres pieds portent les fleurs à pistils (fig. 239). Chacune d'elles se compose d'un ovaire à deux loges terminé par un stigmate bifurqué. A la maturité, le fruit se fend en

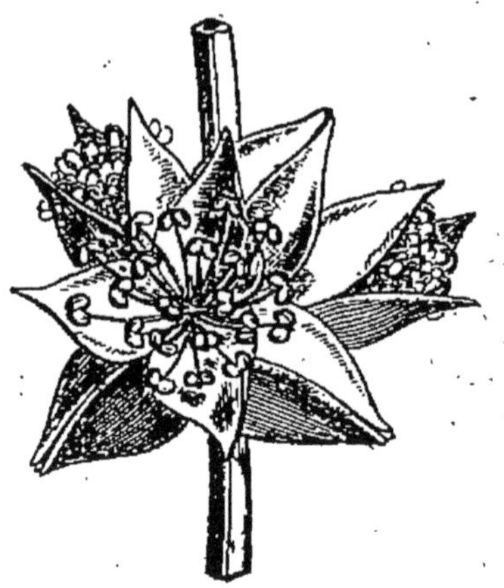

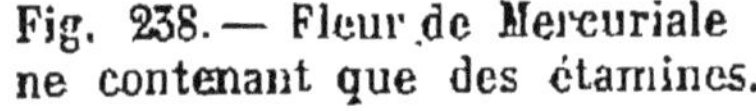

Fig. 238. — Fleur de Mercuriale ne contenant que des étamines.

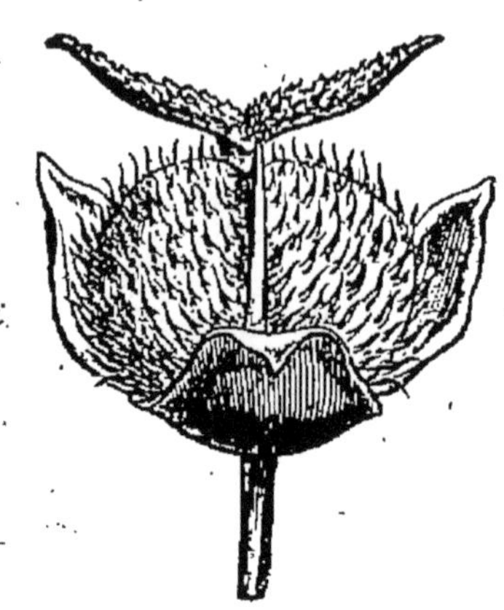

Fig. 239. — Fleur de Mercuriale contenant le pistil.

quatre parties et met en liberté les graines. Dans une coupe en long de celle-ci, on aperçoit l'embryon entouré d'un albumen.

Les Euphorbes, plantes à suc laiteux, se distinguent de la Mercuriale, parce que leur pistil est formé de trois loges et porte trois stigmates. Ces plantes forment la famille des *Euphorbiacées,* dont les caractères sont :

Plantes pourvues d'un périanthe, à fleurs non disposées en chatons : ovaire à deux ou trois loges; graines pourvues d'un albumen.

Les Euphorbes sont communes dans les champs; elles laissent échapper, quand on coupe une feuille, une tige ou une racine, un liquide blanc appelé *latex* ou *lait.* Ce liquide est très irritant, c'est un poison violent.

Le latex de certaines Euphorbes des pays chauds est assez irritant pour provoquer sur la peau des brûlures et des ulcères.

Le Ricin, cultivé comme plante d'ornement, appartient aussi à cette famille ; sa graine fournit l'*huile de Ricin*, employée comme purgatif.

Le latex solidifié de certaines Euphorbes, notamment de

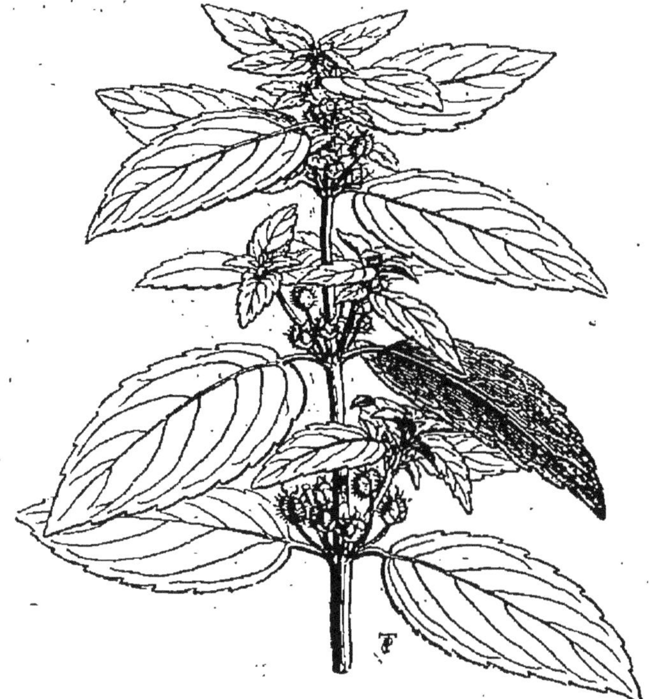

Fig. 240. — Mercuriale, pied portant des fleurs à pistil.

l'*Hevea guianensis*, fournit la plus grande partie du caoutchouc employé dans le commerce.

On consomme sous le nom de Tapioca la fécule retirée des racines de certaines Euphorbiacées du Brésil, après avoir enlevé le principe vénéneux qu'elles renferment.

Chêne.

Type du groupe des *Amentacées*.

Examinons un Chêne au printemps : nous verrons sur certaines branches, au milieu des bourgeons à moitié ouverts, des filaments très grêles portant sur leur longueur des fleurs à étamines (fig. 241).

Ces fleurs s'ouvrent graduellement à partir de la base du filament, et chacune d'elles se compose d'un certain nombre de petites écailles (six ou huit) contenant six à dix étamines à filet très grêle ; ces filaments constituent ce qu'on appelle des chatons. Ces fleurs sont placées le long des rameaux et

Fig. 241. — Rameau de Chêne portant des chatons de fleurs à étamines.

apparaissent les premières quand les bourgeons s'épanouissent.

Quelques jours plus tard on voit apparaître au sommet des rameaux et à l'aisselle des feuilles une deuxième sorte de fleurs ; ce sont les fleurs à pistil (fig. 242). Ces fleurs sont disposées en épis plus ou moins allongés, chacune d'elles est enveloppée d'un grand nombre d'écailles formant ce qu'on appelle la *cupule*. Au centre se trouve le pistil, constitué par un ovaire à trois loges contenant chacune deux ovules; cet ovaire est terminé par un style surmonté de trois stigmates (fig. 242).

Au bout de peu de temps, quand le pollen est déposé sur les

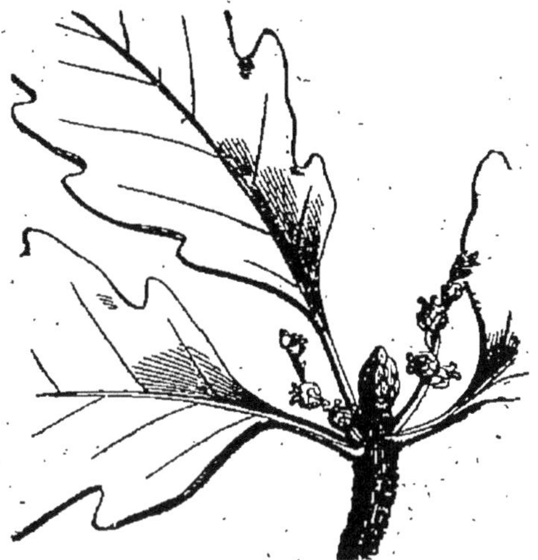

Fig. 242. — Rameau de Chêne pédonculé portant des épis de fleurs à pistil.

fleurs à pistil, les chatons se dessèchent et tombent, et le pistil se transforme en un fruit sec contenant une seule graine

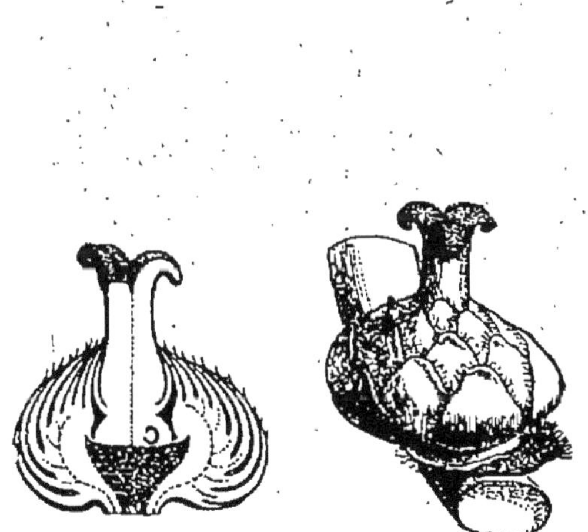

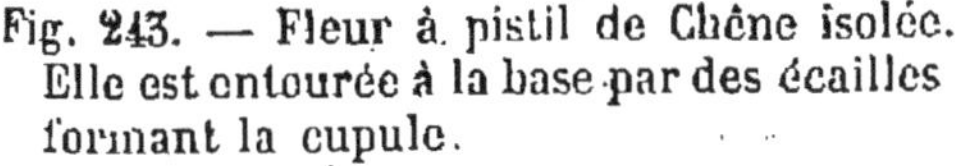

Fig. 243. — Fleur à pistil de Chêne isolée. Elle est entourée à la base par des écailles formant la cupule.

Fig. 244. — Fruit du chêne, entouré à la base par la cupule.

car tous les ovules avortent sauf un. Le fruit, entouré à la base par la cupule des fleurs, constitue le *Gland* (fig. 244).

La graine est exactement remplie par l'embryon, dont les deux cotylédons sont charnus.

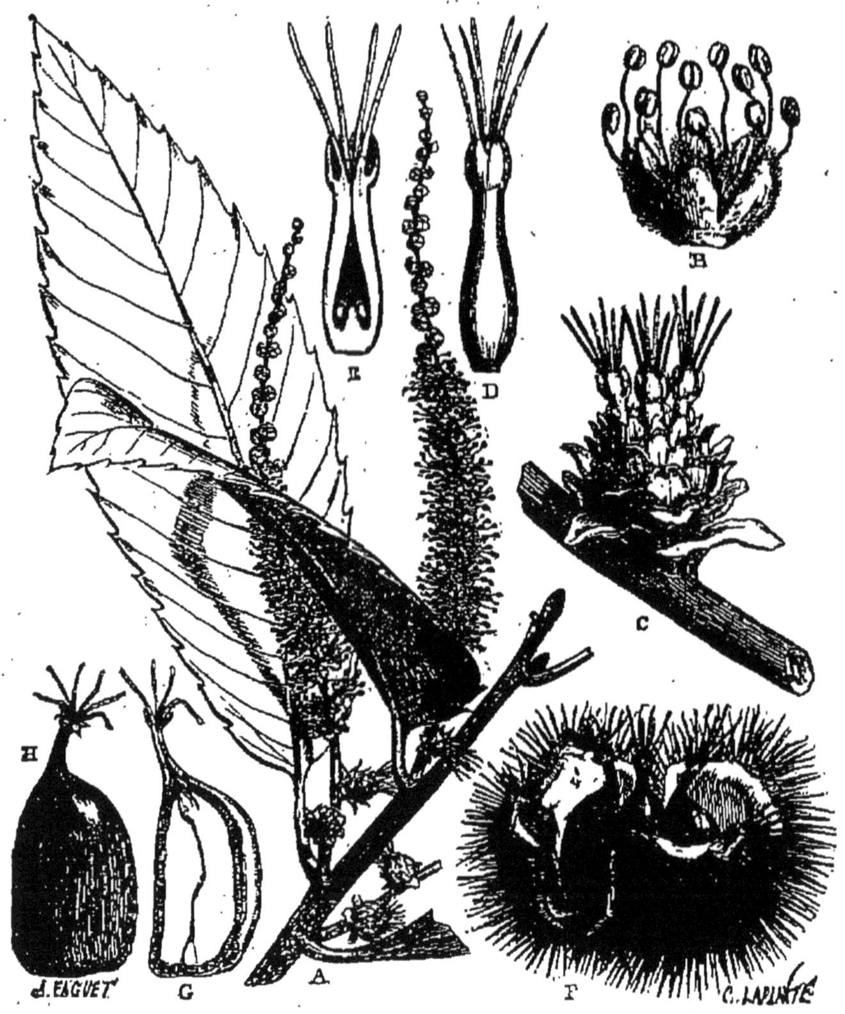

Fig. 245. — Châtaignier (*Castanea*) : A, rameau feuillé portant des épis de fleurs, les fleurs à étamines occupent presque toute la longueur de l'épi ; les fleurs à pistil sont peu nombreuses ; B, fleur à étamine isolée ; C, groupe de trois fleurs à pistil entourées de bractées formant la cupule ; D, E, fleur à pistil isolée ; F, fruits enveloppés par les bractées couvertes d'épines.

Les feuilles du Chêne sont alternes, lobées ou crénelées et pourvues de stipules ; le tronc peut acquérir une épaisseur considérable et une hauteur de 40 à 50 mètres.

Par ses fleurs à étamines disposées en chatons, le Chêne

est le type d'un groupe de plantes qu'on appelle *Amentacées* (du nom latin *amentum* donné au chaton).

Ce groupe est caractérisé de la manière suivante :

Apétales dont les fleurs à étamines sont disposées en chatons, toujours arborescents.

Les Amentacées renferment des plantes assez différentes pour qu'on puisse y distinguer plusieurs familles :

Cupulifères, type : Chêne ;
Juglandées, type : Noyer ;
Bétulinées, type : Bouleau ;
Salicinées, type : Saule.

Cupulifères, type : Chêne. — Cette famille possède les caractères suivants :

Feuilles alternes avec stipules. Fleurs à pistil, entourées

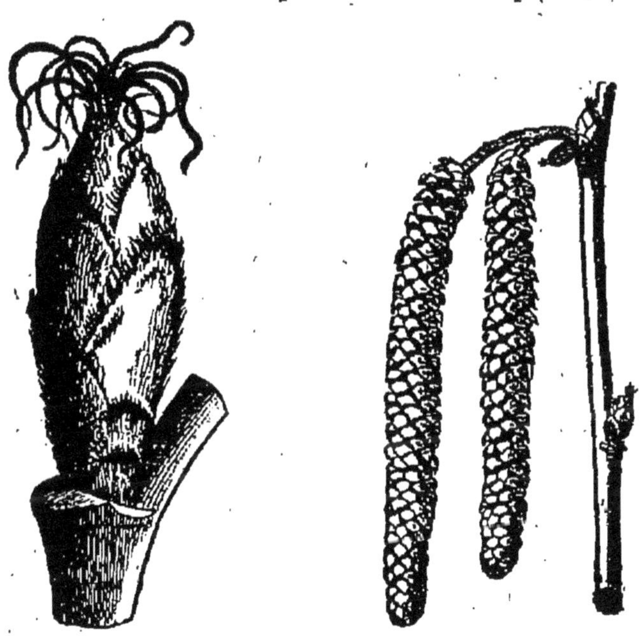

Fig. 246. — Noisetier. Chatons de fleurs à étamines à droite et fleurs contenant le pistil à gauche.

d'écailles formant la cupule, ovaire à trois loges, contenant chacune deux ovules. Une seule graine par avortement. Fruit entouré par la cupule.

Cette famille renferme, outre le Chêne, le Châtaignier, le Noisetier, le Charme, le Hêtre.

Le Châtaignier (*Castanea*) (fig. 245) à feuilles longues, lancéolées, portant des chatons de fleurs à étamines très longs, chaque fleur portant cinq à dix étamines entourées d'un périanthe à six divisions. Fleurs à pistil peu nombreuses, groupées par trois; chaque fleur est formée par un ovaire à six ou huit loges biovulées, mais ne développe qu'un fruit. Les bractées qui enveloppent chaque groupe se couvrent de piquants pendant que l'ovaire se transforme en un fruit constituant la *châtaigne*. Il y a ordinairement trois châtaignes, enveloppées dans la même cupule hérissée de piquants.

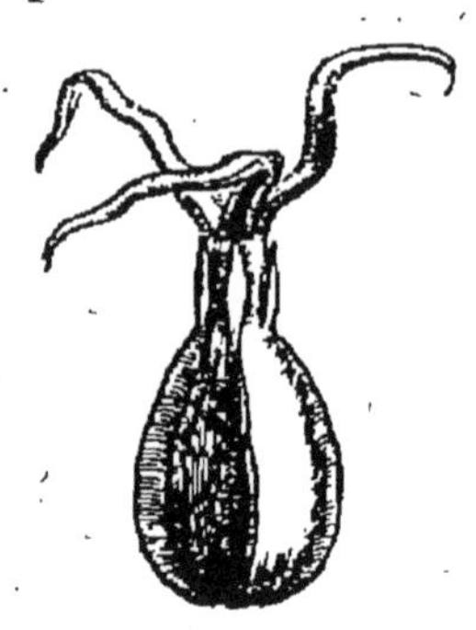

Fig. 247. — Hêtre, fleur à pistil.

Le Noisetier ou Coudrier (*Corylus avellana*), qui fleurit le premier au printemps, avant que ses feuilles soient développées. Les fleurs forment des chatons pendants (fig. 246); chacune d'elles est formée par une bractée portant plusieurs étamines. Les fleurs à étamines, isolées, forment de petits bourgeons dont les écailles laissent échapper un bouquet de stigmates rouges.

Fig. 248. — Hêtre, branche portant des fleurs à étamines.

C'est encore au groupe des Cupulifères qu'appartiennent le Hêtre (*Fagus sylvatica*) (fig. 247 et 248) et le Charme (*Carpinus Betulus*).

Les Cupulifères habitent les régions tempérées et froides. Le Hêtre et le Chêne montent à une altitude de 1100 mètres et résistent le mieux au froid.

Ils fournissent les matériaux de construction les plus estimés, tels que le Chêne, le Hêtre, ou le bois de chauffage, Chêne, Charme. Le Châtaignier, qui repousse bien de souche, est exploité en taillis surtout pour la fabrication des échalas et des cercles de tonneaux. Beaucoup sont utiles pour leurs graines alimentaires, soit par la fécule qu'elles contiennent (Châtaignier), ou par l'huile qu'on en extrait (Hêtre, Noisetier).

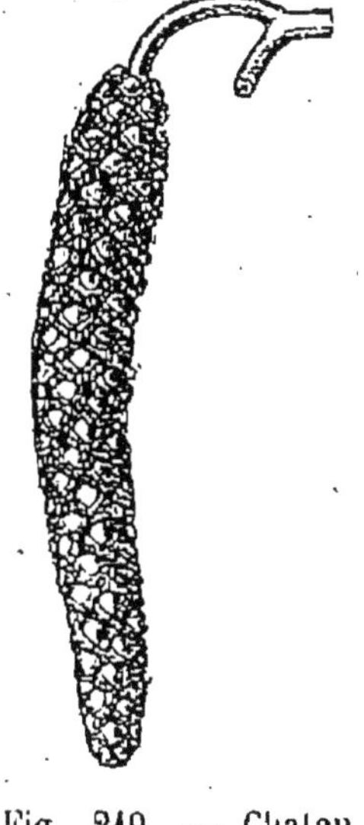

Fig. 249. — Chaton d'Aune contenant des étamines.

Juglandées, type : Noyer. — Arbres à feuilles composées, luisantes, aromatiques; fleurs en chatons à étamines nombreuses, fleurs à pistil disposées en épis de trois à quatre fleurs. Ovaire à une seule loge surmonté de deux stigmates.

Le Noyer (*Juglans regia*) est l'espèce la plus importante. Cet arbre est cultivé en Europe pour son bois très recherché en ébénisterie, et pour son fruit constituant la *noix*. La noix est un fruit dont la paroi est formée d'une couche externe charnue appelée *brou de noix*, et d'une couche interne dure formant la coquille. A l'intérieur se trouve la graine, dont l'amande est entièrement formée par l'embryon; c'est dans les cotylédons que se trouve accumulée la nourriture nécessaire à son développement sous la forme de matières grasses et de matières azotées. On extrait de la noix une huile comestible très estimée.

Bétulinées, type : Bouleau. — Arbres à feuilles simples, dentées, stipulées, fleurs à étamines (fig. 249) et à pistil en chatons, réunies sur le même pied. Fleurs à quatre étamines, fleurs à pistil sans périanthe, les unes et les autres groupées par deux ou trois (fig. 250).

L'ovaire est à deux loges, contenant un seul ovule; il se transforme en un fruit ailé.

Cette famille comprend des arbres tels que le Bouleau et

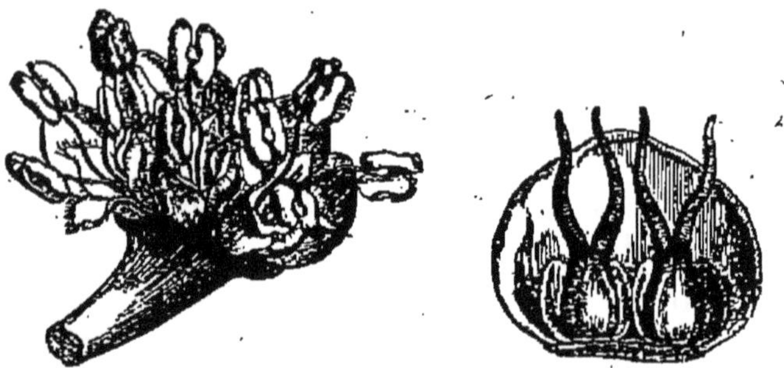

Fig. 250. — Fleurs à étamines et à pistil de l'Aune.

l'Aune, qui habitent les régions tempérées; le Bouleau se plaît dans les pays froids.

Le bois de Bouleau n'est pas utilisé dans les construc-

Fig. 251. — Fleurs à étamines et fleurs à pistil de Saule disposées en chatons.

tions, parce qu'il pourrit rapidement; on l'emploie en menuiserie, au charronnage.

L'écorce du Bouleau est remarquable par son imperméabilité et par l'odeur caractéristique qu'elle communique au cuir de Russie.

L'Aune durcit beaucoup sous l'eau, et son bois est employé pour fabriquer les charpentes exposées à l'humidité.

Salicinées, type : Saule. — Ce sont des arbres à feuilles alternes, simples, sans stipules.

Ces arbres se distinguent des autres Amentacées parce qu'ils sont dioïques; les fleurs à étamines et à pistil sont sur des pieds différents.

Ils ont des fleurs disposées en chatons. Les chatons contenant les étamines sont jaunes; les chatons contenant les pistils sont verts (fig. 251). Les fleurs des premiers présentent une écaille supportant deux ou plusieurs étamines : deux dans le Saule, plusieurs dans le Peuplier (fig. 252).

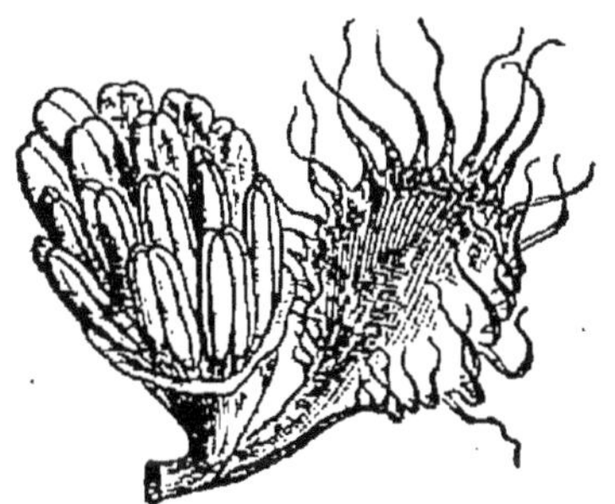

Fig. 252. — Fleur à étamines du Peuplier.

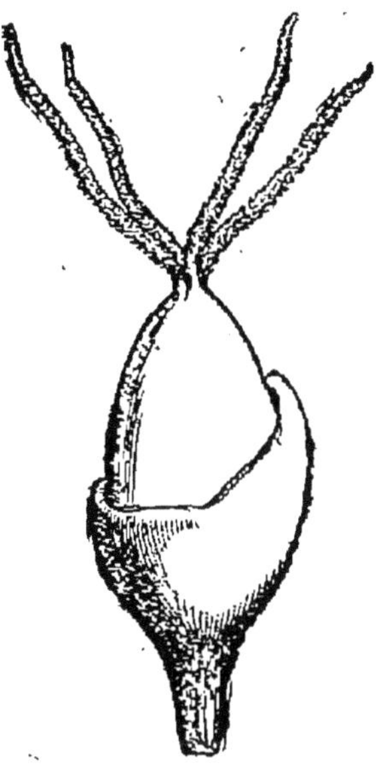

Fig. 253. — Fleur à pistil du Peuplier.

Les fleurs à pistil sont constituées par un ovaire à une seule loge terminé par deux stigmates (fig. 253). Les ovules sont fixés sur deux rangées contre les parois de l'ovaire.

A la maturité le fruit s'ouvre en deux valves comme une urne et laisse échapper de nombreuses graines enveloppées de poils.

Les genres de cette famille sont le Saule et le Peuplier. Ces arbres croissent dans les lieux humides des régions tempérées et froides. Les Saules (fig. 254) sont plantés au bord des cours d'eau et servent, à cause de la rapidité de leur croissance, à fixer les alluvions que ceux-ci déposent. Les Peupliers exigent beaucoup de lumière et d'espace; on les plante au bord des routes. Ces divers arbres fournissent un

Fig. 254. — Saules coupés en têtards.

bois très léger, peu résistant, employé sous le nom de bois blanc. C'est le Saule blanc qui constitue les *Oseraies;* ses branches flexibles fournissent l'Osier employé dans la vannerie. Le Peuplier Tremble convient surtout pour la fabrication des allumettes chimiques.

CHAPITRE V

MONOCOTYLÉDONES

Plantes à graines pourvues d'un embryon à un seul cotylédon, à fleurs dont les pièces sont souvent disposées par trois ou par six, à feuilles dont les nervures sont ordinairement parallèles.

Les Monocotylédones de nos pays sont des plantes ordinairement herbacées. Leur graine développe en germant une petite plante, qui perd de très bonne heure sa racine primaire. Cette racine est remplacée par des racines adventives nées sur la tige, à sa base ou sur toute son étendue ; généralement la tige ne s'accroît pas en épaisseur, les vaisseaux qu'elle contient sont disséminés au sein du tissu mou qui la compose. Les fleurs, ordinairement complètes, ne présentent qu'une seule enveloppe appelée *périanthe*, formée de six pièces, comme on le voit dans la fleur du Lis ; les étamines sont au nombre de *six* ou de *trois* ; le pistil est constitué par un seul ovaire présentant trois loges, terminé par un style pourvu de trois stigmates.

Examinons le Lis, que nous prendrons comme type des Monocotylédones.

Quand on déterre un pied de Lis, on trouve à une certaine profondeur du sol un oignon jaune qui offre la même disposition que l'oignon de Jacinthe (fig. 255).

Il présente à sa base un ecouronne de racines, et sa plus grande partie est formée par de petites écailles jaunes épaisses renfermant la réserve de nourriture.

Quand on coupe ce bulbe en long, on voit que sa partie

centrale est occupée par la tige, très courte, de forme conique. C'est sur les côtés de la tige que sont attachées les écailles ; mais on remarque que celles-ci ne sont fixées que sur la moitié inférieure de la tige ; la partie supérieure

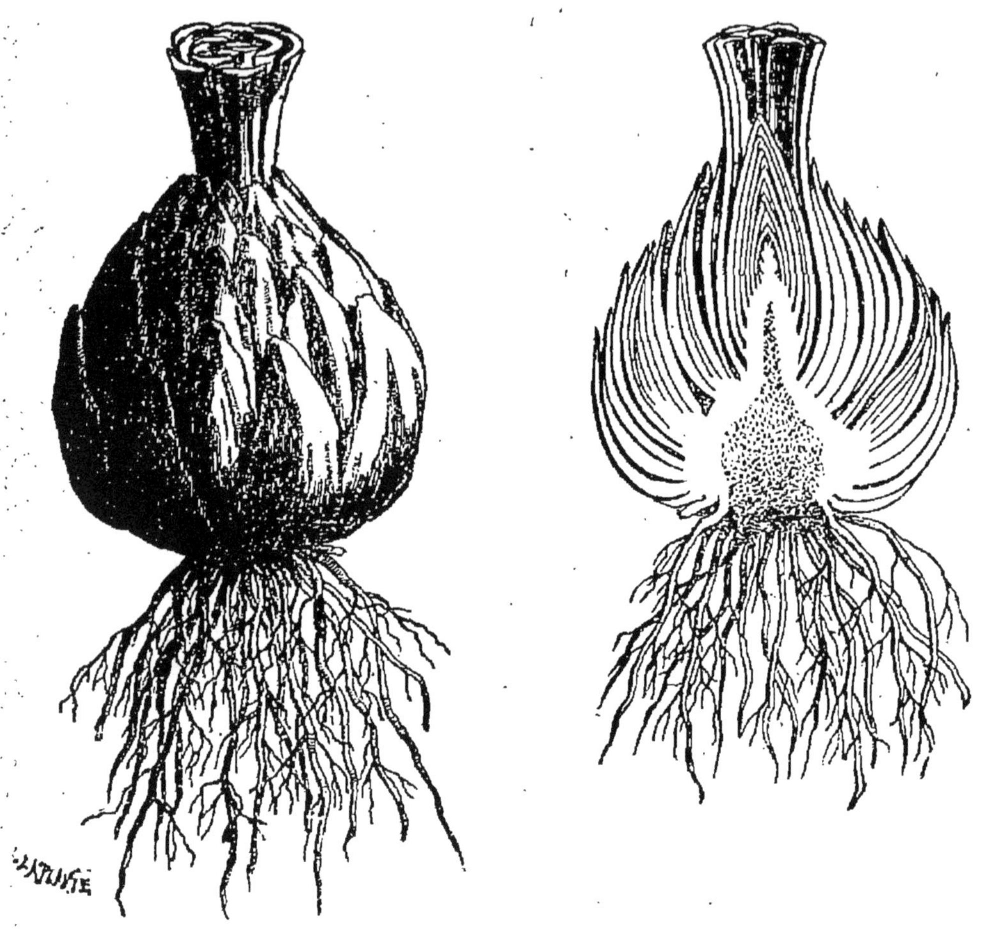

Fig. 255. — Bulbe du Lis entier et coupé en long.

est couverte par des feuilles très petites, et se termine par une grappe représentant les jeunes fleurs.

On voit ainsi que l'oignon du Lis est une plante entière, mais ses feuilles sont des organes de réserve. Cet oignon est la seule partie vivace de la plante, c'est celle qui persiste quand les fleurs ainsi que les feuilles ont disparu.

Suivons le développement de cet oignon. Au printemps,

nous verrons sortir du milieu des écailles supérieures le sommet de la tige qui était déjà formé dans l'oignon, et les feuilles qui le recouvraient s'épanouissent et s'allongent sous la forme de lanières vertes. La tige s'accroît très rapidement à son tour, et atteint environ 1 mètre de hauteur, puis les fleurs s'épanouissent, et comme elles sont terminales, la tige ou les rameaux cessent leur croissance dès que les fleurs du sommet sont ouvertes.

Examinons l'une de ces fleurs (fig. 256).

Elle est formée par six lames blanches, disposées sur

Fig. 256. — Fleur de Lis à périanthe coloré, à six étamines. Le pistil est formé par un ovaire à trois loges, il est terminé par un stigmate trilobé.

deux rangées de trois chacune et qui forment l'unique enveloppe de la fleur; on la nomme *périanthe*. On appelle *calice* la réunion des trois pièces extérieures du périanthe, et *corolle* la réunion des trois pièces intérieures.

Enlevons successivement les différentes pièces du périanthe, nous trouvons à l'intérieur six étamines égales.

Enfin, au centre même de la fleur se trouve le pistil,

constitué à sa base par l'ovaire globuleux. L'ovaire est surmonté d'un style très long, terminé à son tour par un stigmate renflé, divisé en trois parties ; si nous coupons l'ovaire en travers, nous distinguons trois cavités ou loges renfermant les ovules.

A cause de leurs grandes dimensions, les fleurs du Lis sont très convenables pour réaliser les expériences démontrant le rôle des étamines et du pistil dans la formation du fruit.

Quand le pollen est déposé sur le stigmate, la fleur se flétrit et l'ovaire seul persiste.

Le fruit qui provient de sa transformation est une capsule qui s'ouvre par trois fentes longitudinales.

Nous pouvons vérifier sur le Lis les caractères généraux des Monocotylédones : 1° la graine contient en effet un embryon pourvu d'un seul cotylédon ; 2° les feuilles ont les nervures parallèles ; 3° la fleur est formée de différentes pièces disposées au nombre de six ou de trois.

En partant du Lis considéré comme type, nous pouvons donner une idée des caractères des principales familles de Monocotylédones.

Monocotylédones à périanthe coloré régulier. — Les plantes dont la fleur est conformée comme celle du Lis constituent le groupe des *Liliacées.*

D'autres Monocotylédones ont les fleurs semblables à celles des Liliacées, mais l'ovaire est adhérent. On les appelle *Amaryllidées ;* le Narcisse Porion, l'Amaryllis (fig. 257) sont des exemples de ces plantes.

Enfin les Iris ont l'ovaire adhérent des Narcisses, mais ils ne présentent que trois étamines, au lieu de six ; ils appartiennent à la famille des *Iridées.*

Monocotylédones à périanthe coloré irrégulier. — L'Orchis est un exemple de ces plantes ; il a un périanthe irrégulier (fig. 258), dont une des pièces est très développée et forme ce qu'on appelle le *labelle.* Il existe une seule étamine soudée au pistil, dont l'ovaire est adhérent. Le pollen n'est pas ordinairement en poussière. Les plantes analogues à l'Orchis constituent la famille des *Orchidées.*

Monocotylédones à périanthe régulier non coloré. — Ces Monocotylédones ont la fleur très régulière, mais les pièces du périanthe sont très petites et colorées en vert. Les Luzules, herbes communes au printemps dans les bois, nous serviront d'exemple. Les fleurs sont petites, et si on les examine

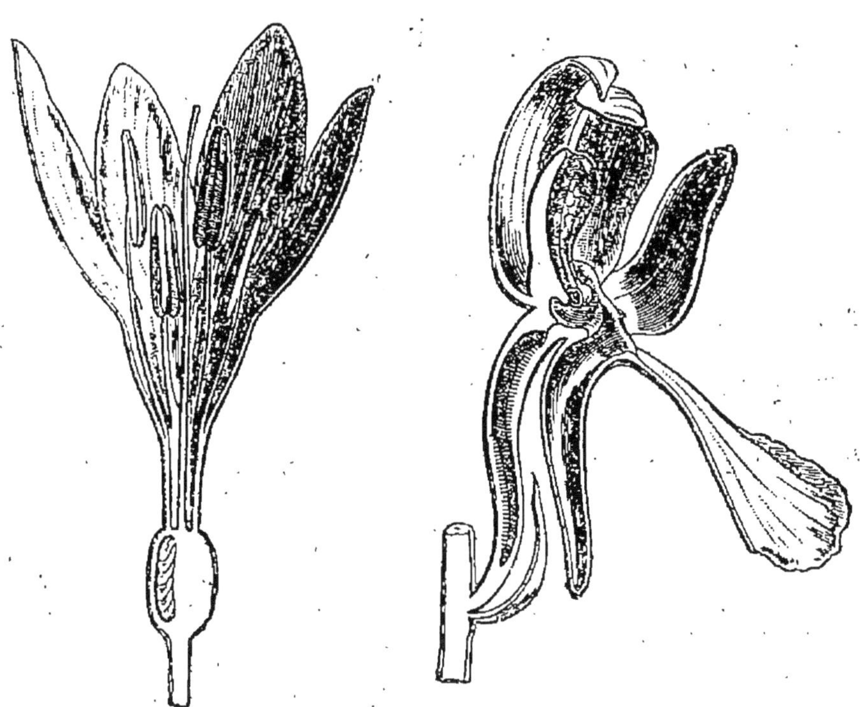

Fig. 257. — Fleur d'Amaryllis; elle ne diffère de celle du Lis que par l'ovaire, placé au-dessous de la corolle.

Fig. 258. — Fleur d'Orchis à périanthe irrégulier; l'une des pièces du périanthe présente un tube très développé appelé *éperon*; cette pièce est le labelle.

à la loupe, on reconnaît un périanthe formé par six écailles vertes, petites, très étalées (fig. 259). A l'intérieur se trouvent six étamines qui entourent un pistil à ovaire globuleux terminé par trois stigmates.

Les Luzules forment, avec les Joncs, la famille des *Joncées*.

Les *Palmiers* sont aussi des Monocotylédones, à fleurs irrégulières; mais ces fleurs sont souvent incomplètes, les unes renfermant seulement les étamines, les autres le pistil.

Le Palmier-éventail (*Sabal*) nous offre un exemple

Fig. 259. — Fleur de Luzule formée d'un périanthe à écailles petites, vertes elle contient six étamines et un pistil à trois carpelles soudés dans l'ovaire mais pourvus chacun d'un stigmate.

de ces plantes où les fleurs sont complètes (fig. 260

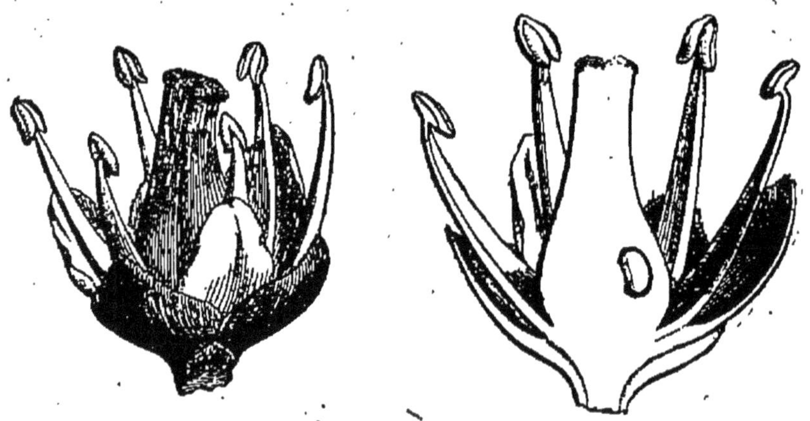

Fig. 260. — Fleur du Palmier-éventail, entière et coupée en long.

Monocotylédones à périanthe imparfait, à fleurs petites, nombreuses. — Le Blé, le Carex sont des exemples de ces plantes. Les fleurs du Blé sont disposées en épis. Si l'on en détache une, on aperçoit deux écailles opposées appelées *glumelles*. A l'intérieur des glumelles, on voit trois étamines à filets très longs, et au milieu le pistil, formé par un ovaire globuleux que terminent deux stigmates plumeux (fig. 261).

Fig. 261. — C, fleur entière de Blé ; D, fleur dépouillée des glumelles ; elle présente *trois* étamines, au milieu desquelles se trouve le pistil.

Le Carex a les fleurs aussi réduites que celles du Blé, mais elles sont à pistil et à étamines séparés.

Nous pouvons, d'après ce qui précède, résumer dans le tableau suivant les principales familles de Monocotylédones.

Fleurs ayant un périanthe coloré.	Fleurs régulières.	A ovaire libre.	Lis.	*Liliacées.*
		A ovaire adhérent.	Narcisse.	*Amaryllidées.*
			Iris.	*Iridées.*
	Fleurs irrégulières.		Orchis.	*Orchidées.*
Fleur à périanthe régulier non coloré. . .			Luzule.	*Joncées.*
			Palmier-éventail.	*Palmiers.*
Fleurs dépourvues de périanthe.	Pistil et étamines réunis .		Blé.	*Graminées.*
	Pistil et étamines séparés		Carex.	*Cypéracées.*

Lis ou Jacinthe

Types de la famille des *Liliacées.*

L'examen du Lis, de la Jacinthe que nous avons déjà fait, celui du Colchique, de l'Asperge, montrent que ces plantes ont une fleur pourvue d'un périanthe à six divisions, possédant six étamines et un ovaire à trois loges.

La présence de ces caractères communs a permis de

réunir les plantes qui précèdent dans la famille des *Liliacées*.

On peut résumer les caractères des Liliacées de la manière suivante :

Plantes à tige bulbeuse ou à rhizome. Fleurs pétaloïdes à six divisions, à six étamines, ayant un ovaire à trois loges. Graines renfermant un albumen.

Les Liliacées sont très nombreuses et l'on peut distinguer dans cette famille différents groupes.

Le Lis est un exemple du groupe des Liliacées vraies, à fruit sec et à un seul style. Ce groupe renferme des espèces d'ornement, telles que les Lis, les Tulipes, les Jacinthes, les Fritillaires, répandues dans tous les jardins.

Il contient aussi des Liliacées alimentaires, telles que les plantes du genre Allium, comprenant l'Ail (*Allium sativum*), l'Oignon (*A. cepa*), le Poireau (*A. porrum*), l'Échalotte (*A. ascalonicum*). Ces plantes sont comestibles par leur oignon, dont les écailles contiennent une quantité considérable de sucre mêlé à des substances aromatiques à saveur piquante. Elles ont les fleurs disposées en ombelle, et celle-ci est enveloppée d'une feuille métamorphosée qu'on appelle spathe. Les Liliacées médicinales sont représentées par les diverses espèces d'Aloès, dont les feuilles laissent échapper, quand on les coupe, un suc amer qui se résinifie et constitue l'*aloès* des pharmaciens.

Les Colchiques (fig. 262) se distinguent des Liliacées précédentes parce qu'ils possèdent trois styles. Ces plantes développent leurs fleurs roses ou lilas en automne dans les prairies, et les feuilles ainsi que les fruits n'apparaissent qu'au printemps suivant. Leur tige est un oignon assez semblable à celui de la Jacinthe ; il est vénéneux.

L'Asperge (fig. 263) se distingue du Colchique et du Lis par ses fruits charnus, constituant de petites baies rouges; en outre ses feuilles sont réduites à de petites écailles placées à la base des branches. On mange les jeunes pousses aériennes de cette plante au moment où elles se développent

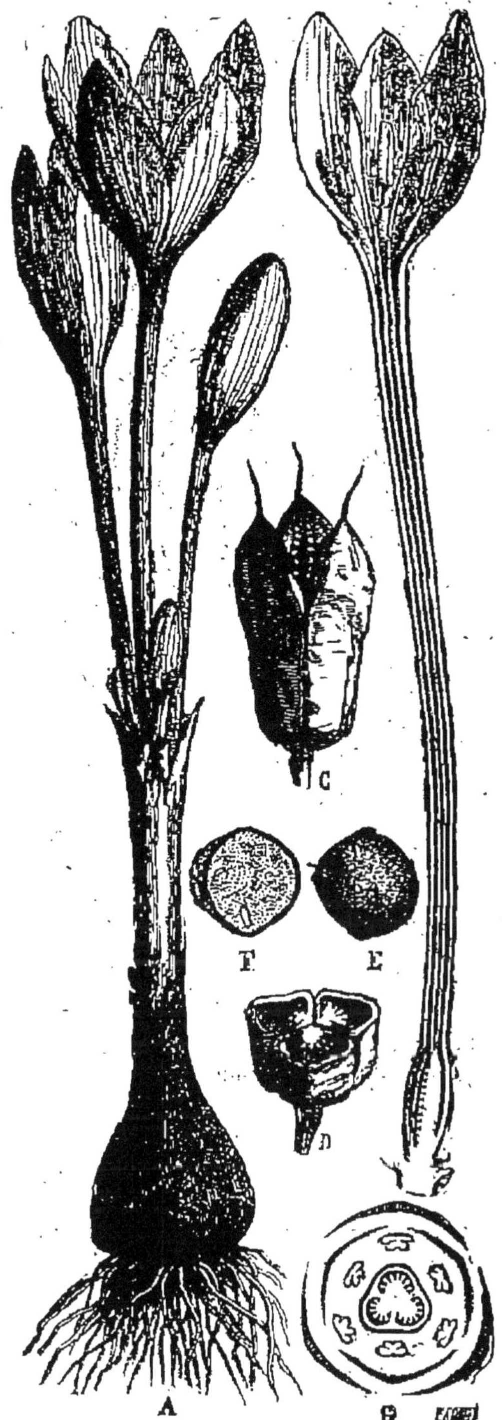

Fig. 262. — Colchique : A, B, plante entière fleurie, telle qu'on la trouve en automne, et fleur coupée en long ; on y aperçoit les trois styles ; D, fruit coupé en travers montrant les trois loges ; C, capsule représentée au moment où elle s'ouvre pour laisser échapper les graines.

sur le rhizome. La partie verte, tendre, couverte de petites écailles, forme l'extrémité de ces pousses.

Ce groupe contient des plantes d'ornement. Les unes

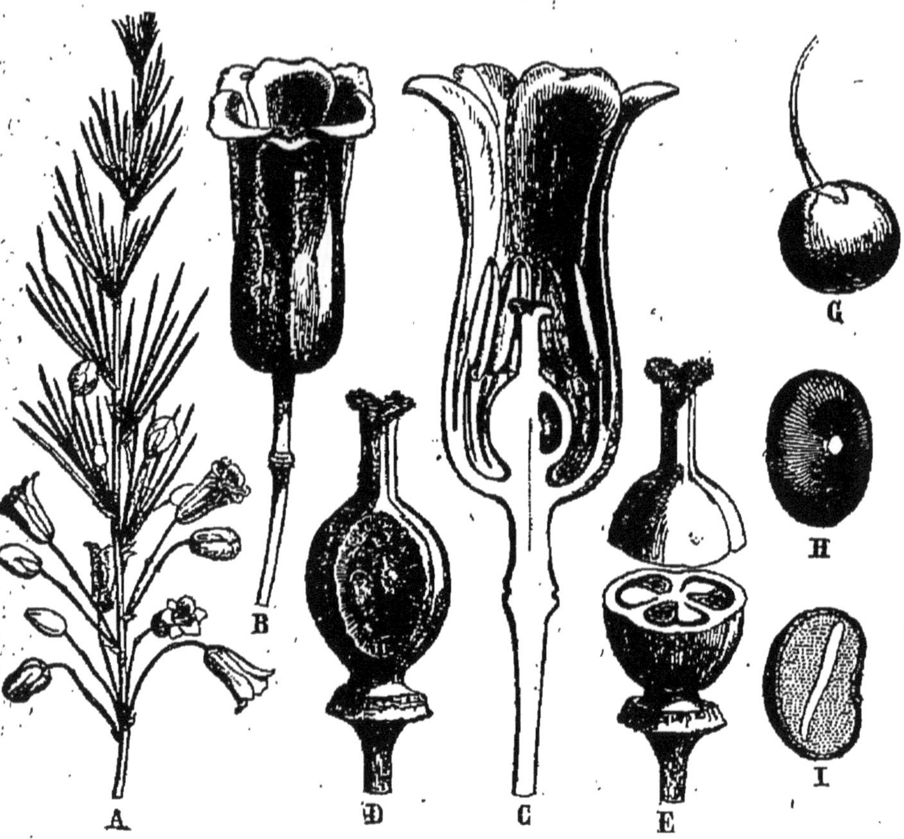

Fig. 263. — Asperge : A, rameau chargé de fleurs; B, C, fleur grossie : on aperçoit les étamines supportées par le périanthe et le pistil au centre ; E, ovaire coupé en travers; G, fruit constituant une baie; I, graine coupée.

appartiennent à nos contrées; ce sont le *Muguet*, le Sceau-de-Salomon; d'autres sont exotiques, telles que les Dragonniers (*Dracœna*, *Cordyline*), et constituent des arbres.

Iris.

Type de la famille des *Iridées*.

Le périanthe de la fleur d'Iris (fig. 264) a six divisions, parmi lesquelles il y en a trois qui sont dressées, et trois autres recourbées. En fendant le périanthe, on aperçoit seulement trois étamines formant la rangée externe, parce que les trois étamines intérieures sont remplacées par des lames colorées. Au centre de la fleur se trouve le pistil, dont l'ovaire est adhérent.

La tige d'Iris est un rhizome qui se trouve au niveau du

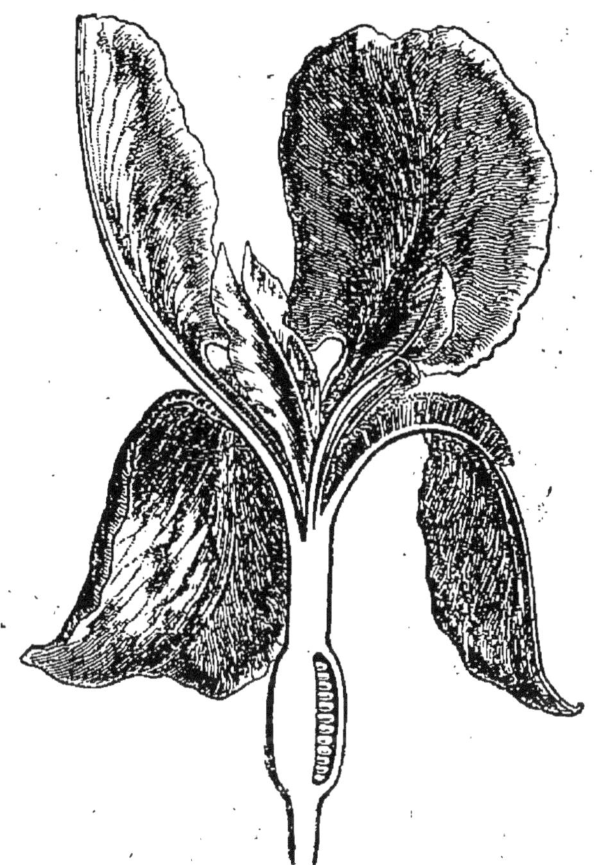

Fig. 264. — Fleur d'Iris coupée en long. Les pièces du périanthe sont au nombre de six, trois renversées, trois dressées. On voit à droite l'une des trois étamines, la lame qui la recouvre est formée par une étamine avortée. Enfin on aperçoit l'ovaire, qui est adhérent.

sol et dont les articles sont à moitié enterrés. Les bourgeons, tous aériens, portent des feuilles distiques affectant forme de glaives.

Si nous examinons un Glaïeul ou un Crocus (fig. 264), là nous trouverons un bulbe formé par la tige épaissie, mais

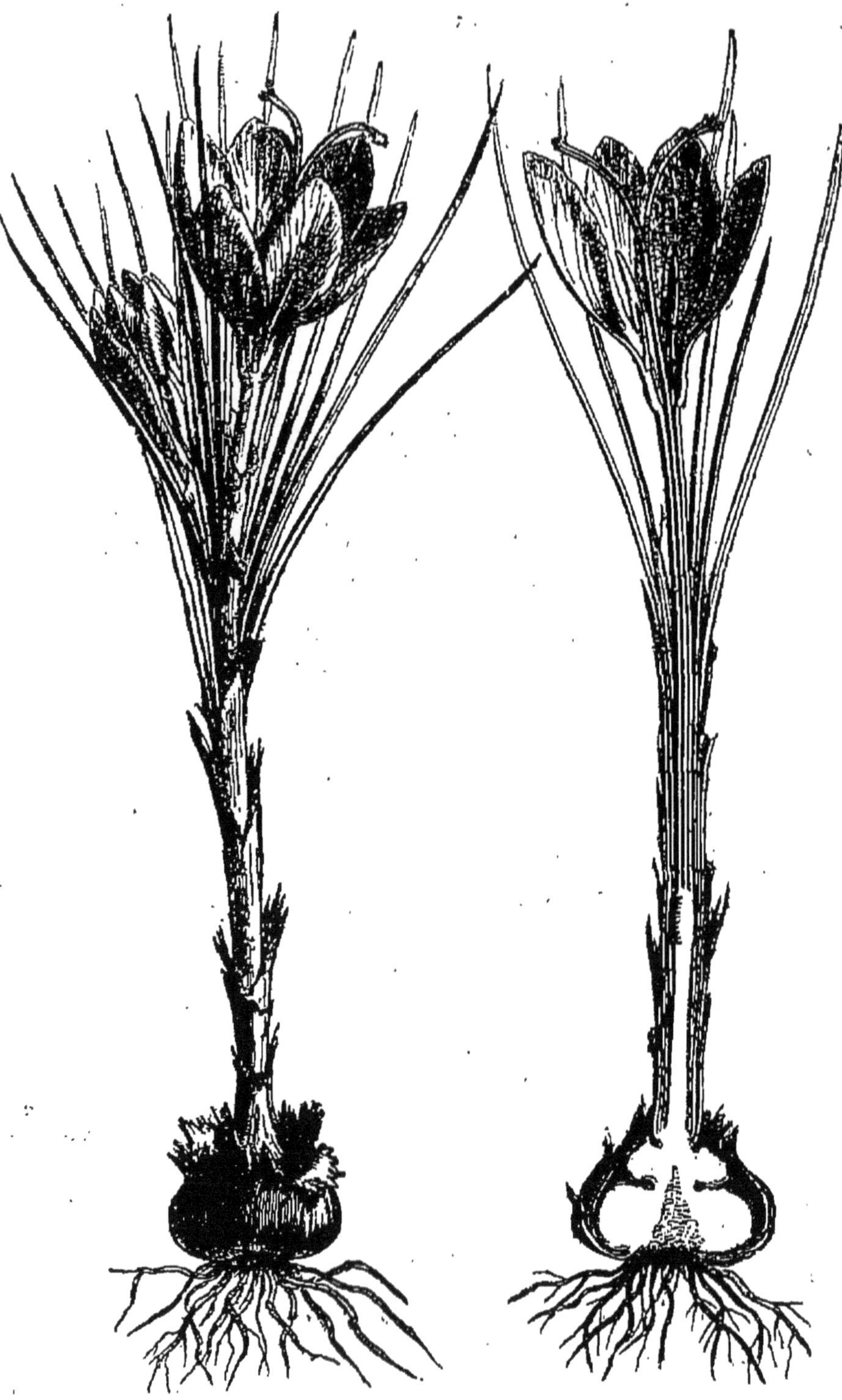

Fig. 265. — Crocus ou Safran. Plante entière et coupée en long. La base de la tige enfouie dans le sol est renflée et forme un bulbe. Les fleurs présentent trois étamines, un ovaire adhérent surmonté par trois styles.

les fleurs ont la même disposition, c'est-à-dire qu'elles offrent un ovaire adhérent et trois étamines seulement. Ces plantes forment la famille des *Iridées*, dont on peut résumer les caractères ainsi :

Plantes ayant un périanthe à six divisions, trois étamines, et un ovaire infère.

Les Iridées sont des plantes presque toutes ornementales, Iris, Glaïeul, Crocus.

Les Crocus ou Safrans (fig. 265) sont cultivés dans certaines régions de la France pour la couleur jaune qu'on extrait de leur fleur. Le rhizome de certains Iris, desséché et pulvérisé, donne la poudre d'Iris, qui possède l'odeur de violette.

Orchis.

Type de la famille des *Orchidées*.

Les Orchis sont communs dans les bois au printemps ; on les reconnaît à leurs grappes de fleurs roses ou pourpres qui partent d'une rosette de feuilles appliquée sur la terre (fig. 266). Arrachons l'une des fleurs. Elle présente un périanthe à six divisions ; trois de ces divisions sont rapprochées au sommet de la fleur, et forment une sorte de casque recouvrant l'anthère ; deux autres, étalées, sont situées sur les côtés, et enfin la sixième constitue une lame très large, en forme de tablier : on l'appelle *labelle ;* ce labelle est pourvu d'un prolongement creux nommé *éperon* (fig. 267).

Les étamines sont réduites à une seule, formée par l'anthère ; cette anthère possède deux loges ; elle est placée en avant du stigmate et soudée à une colonne formée par le style.

Le pistil est constitué par l'ovaire, qui est infère, le style supportant l'anthère, et le stigmate. Celui-ci est seul apparent dans la fleur au-dessous de l'anthère. L'ovaire forme tout le pédoncule de la fleur ; il est tordu sur lui-même, de sorte que la fleur de l'Orchis est toujours renversée.

Un dernier caractère de la fleur d'Orchis est fourni par

le pollen, qui n'est jamais en poussière : tous les grains sont

Fig. 266. — Orchis ; plante entière.

soudés par une gelée en une seule partie, et au moment où

l'anthère s'ouvre, il en sort deux petites massues unies à

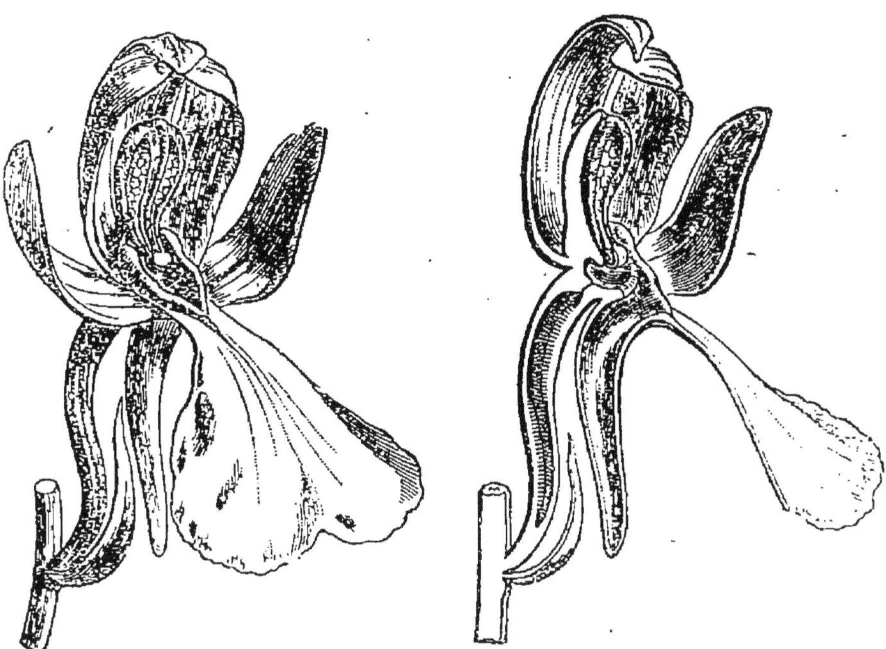

Fig. 267. — Fleur d'Orchis entière et coupée en long, l'ovaire est adhérent. Elle renferme une seule étamine, soudée au style ; le périanthe, composé de six pièces, est irrégulier : l'une des pièces nommée *labelle* s'étale au devant de la fleur, elle est creusée d'un tube formant l'éperon.

leur base et formant la totalité du pollen : on appelle ces massues des *pollinies* (fig. 268).

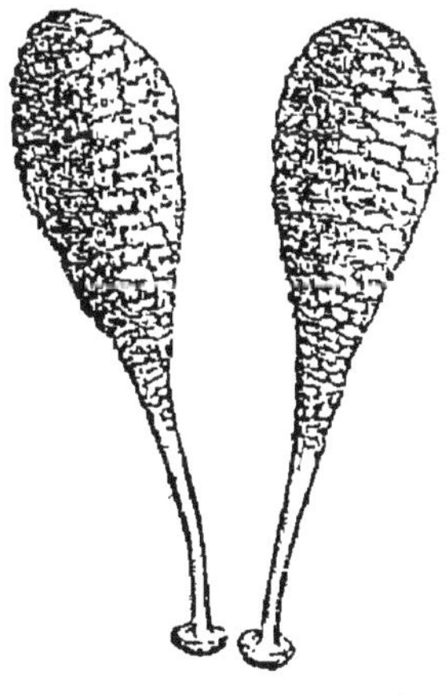

Pour que les graines se forment, il faut que le pollen soit transporté sur le stigmate. Ce transport du pollen ne peut, dans la plupart des Orchidées, s'effectuer qu'avec le secours des insectes. Les pollinies se collent sur la tête ou le thorax des insectes quand ceux-ci vont chercher le nectar contenu dans l'éperon du labelle, et le pollen est transporté ainsi de fleur en fleur.

Fig. 268. — Pollen d'une fleur d'Orchis, dont les grains sont soudés entre eux et forment une *pollinie*.

On voit que la fleur de l'Orchis est bien différente de celle des autres Monocotylédones.

Le mode de végétation de l'Orchis est intéressant à étudier. Quand on arrache un pied de cette plante, on trouve à la base de la tige, au milieu des racines adventives, deux masses renflées constituant les bulbes de l'Orchis (fig. 269); ils sont formés par des racines soudées. L'un des bulbes est ridé, mou, un peu brun; l'autre, plus gros, est très dur.

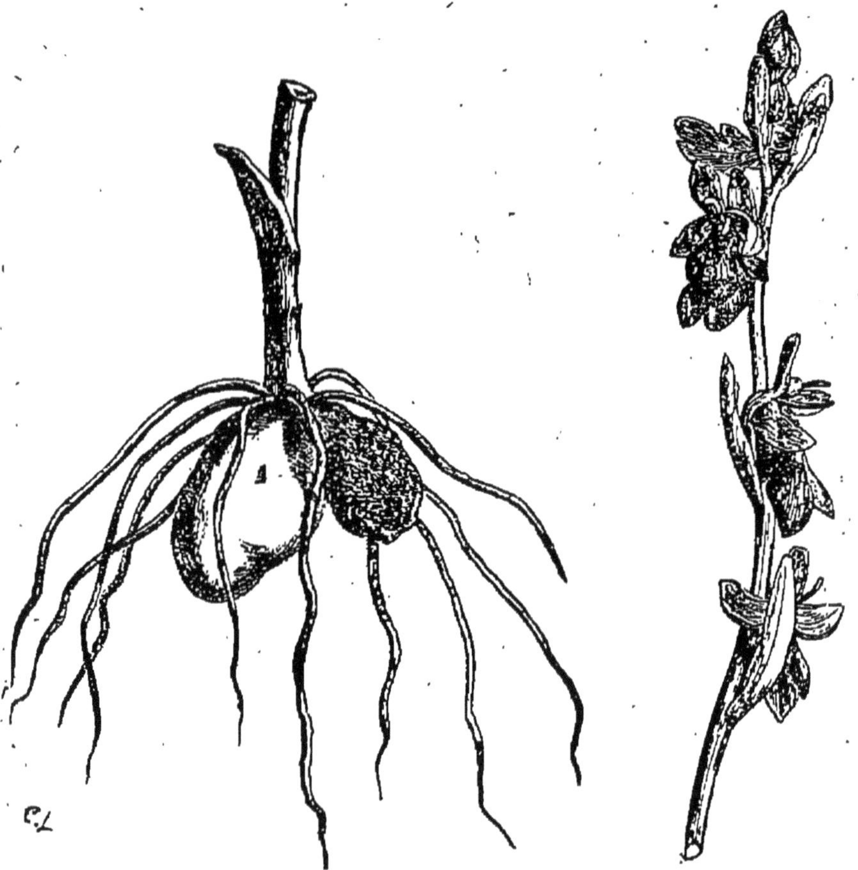

Fig. 269. — Base d'un pied d'Orchis. La tige porte des racines adventives, et deux bulbes formés par les racines soudées. L'un d'eux, brun, ridé, nourrit la plante l'année où on la cueille; l'autre, dur, jaunâtre, est destiné à nourrir celle de l'année suivante.

Fig. 270. — Grappe fleurie d'Ophrys mouche.

Le bulbe à moitié vide est celui qui donnait la nourriture à la plante au moment où on l'a cueillie; le second se remplit de fécule et il est destiné à nourrir la plante pendant l'année suivante. Chaque année, pendant que le bulbe plus âgé se vide, il s'en forme un nouveau, destiné à le remplacer.

L'Orchis est le type de la famille des *Orchidées*, dont on

peut donner les caractères suivants, au moins pour les Orchidées de nos pays.

Plantes herbacées à périanthe irrégulier, dont l'étamine, ordinairement unique, est soudée au pistil; à ovaire adhérent; à graines petites, dépourvues d'albumen.

Les Orchidées sont des plantes ornementales, très recherchées à cause de la singularité de leurs fleurs. Les espèces indigènes sont les Orchis, les Ophrys, dont quelques-unes, désignées sous le nom d'Ophrys mouche (fig. 270), d'Ophrys abeille, ressemblent aux insectes dont elles portent le nom.

Les plus curieuses appartiennent aux pays chauds et sont maintenant très répandues dans les serres.

Les bulbes des Orchidées contiennent de la fécule, employée dans l'alimentation sous le nom de *Salep*. La Vanille, utilisée pour ses fruits aromatiques, est une Orchidée.

Blé.

Type de la famille des *Graminées*.

Examinons un épi de Blé au moment de la floraison (fig. 271). Il est formé par un certain nombre de groupes de fleurs qui sont attachés alternativement sur deux faces opposées de l'axe de l'épi (fig. 272) au moyen d'un pédoncule très court. Chaque groupe de fleurs est un *épillet*. Arrachons l'un de ces épillets, nous trouvons à sa base deux lames vertes ou peu colorées, en forme de carène, qui constituent la *glume* : ce sont les bractées, situées à la base de l'épillet (fig. 273). A l'intérieur de l'espace laissé entre les deux parties de la glume se trouvent ordinairement trois ou quatre fleurs; la dernière est ordinairement stérile.

Chaque fleur présente à la base deux lames en forme de carène, semblables aux glumes : on les appelle *glumelles;* l'une d'elles, extérieure à l'axe de l'épillet, est ordinairement plus grande que l'autre et présente une nervure médiane, tandis que la seconde possède deux nervures. Dans certaines espèces

Fig. 271. — Blé : 3, plante entière ; épis isolés, l'un de Blé sans barbe, 1, l'autre de Blé barbu, 2.

de Blé, le Blé barbu, la plus grande des glumelles se continue par une longue arête (fig. 274, 271).

A l'intérieur des glumelles on trouve trois étamines dont les anthères sont fixées par leur milieu sur le filet, et présentent un mouvement de bascule. Au centre même de la fleur se trouve le pistil. Il est formé par un ovaire globuleux à une seule loge, terminé par deux stigmates couverts de poils (fig. 274, 275).

Fig. 272. — Fragment d'un épi de Blé dégarni de ses épillets. On voit que ceux-ci sont attachés alternativement sur les deux faces de l'axe de l'épi.

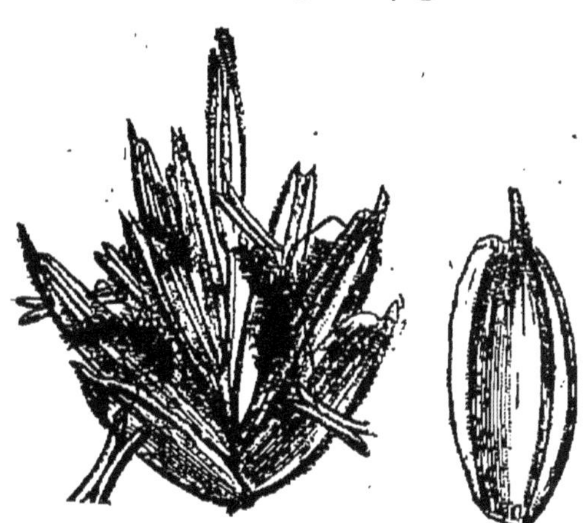

Fig. 273. — Épillet du Blé. Il contient quatre fleurs, dont une stérile; il est enveloppé par deux bractées appelées glumes. A côté de l'épillet on voit une glume isolée.

Les glumes qui se trouvent à la base de chaque épillet, et la glumelle inférieure de chaque fleur ne sont que des bractées; le périanthe est représenté, à la base des étamines, par deux petites lames opposées à la glumelle interne, très difficiles à voir et qu'on désigne sous le nom de *glumellules*. On les aperçoit sur la fleur, collées contre l'ovaire et à sa base, lorsqu'on on a enlevé les glumelles.

Quand le pollen s'est déposé sur le stigmate, l'ovaire se transforme en un fruit qui remplit, à la maturité, tout l'intervalle laissé entre les glumelles. Ce fruit contient une seule graine, et les parois du fruit sont adhérentes à la graine. Ce qu'on appelle le grain de Blé est donc le fruit tout entier.

En coupant le grain de Blé suivant sa longueur, on aperçoit l'amande à l'intérieur des enveloppes du fruit et de la

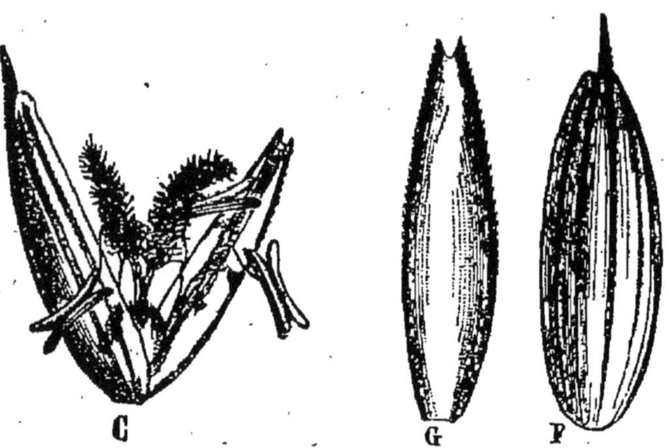

Fig. 274. — Fleur de Blé isolée; elle est enveloppée en C de deux bractées appelées glumelles. On voit en F la glumelle externe, en G la glumelle interne.

graine. Celle-ci est formée par l'embryon et, à côté de lui, par la réserve de nourriture appelée albumen (fig. 276).

Quand le Blé est mûr, on détache les grains des épis par

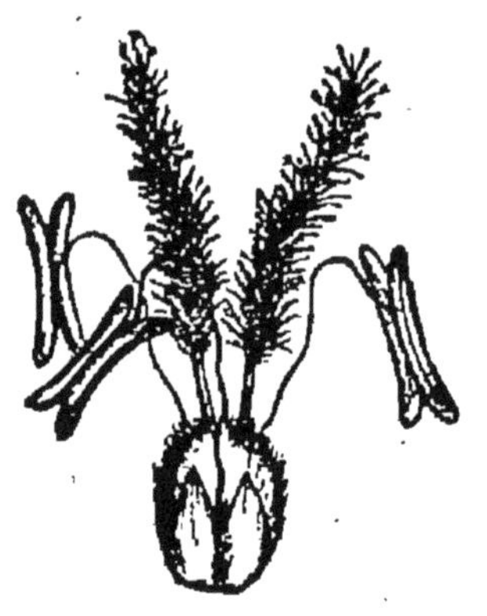

Fig. 275. — Fleur de Blé dépouillée des glumelles, montrant les trois étamines, l'ovaire globuleux surmonté de deux stigmates plumeux. A la base de l'ovaire on voit les deux glumellules.

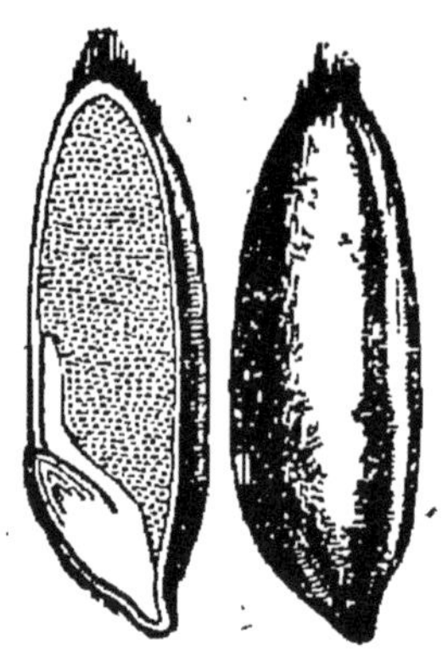

Fig. 276. — Grain de Blé entier et coupé en long. Dans le dernier on aperçoit l'embryon et l'albumen.

le battage, au moyen de fléaux ou de machines. Mais les grains sont encore accompagnés des glumelles. On sépare les grains des glumelles par l'opération du vannage, les glumelles forment alors ce qu'on appelle la *balle*.

La tige du Blé est cylindrique ; elle présente de distance en distance des renflements formant les nœuds. Cette tige est creuse dans l'intervalle des nœuds; comme la tige de toutes les Graminées ressemble à celle du Blé, on lui donne un nom particulier : c'est un *chaume*.

Les feuilles du Blé sont dépourvues de pétiole, et présentent à leur base une gaine fendue qui enveloppe la tige sur une grande étendue.

Si nous comparons au Blé d'autres plantes, le Seigle, l'Orge, nous verrons qu'elles possèdent la même conformation.

Aussi ont-elles été rangées dans la famille des *Graminées*, dont on peut résumer les caractères sur le Blé pris comme type, de la manière suivante :

Plantes à fleurs disposées en épis ou en grappes d'épis à périanthe peu visible. Tige aérienne ordinairement creuse, présentant des nœuds pleins ; feuilles engainantes à gaine fendue, sans pétiole.

La famille des Graminées contient un grand nombre d'espèces; elle est très importante au point de vue de l'alimentation de l'homme et des animaux.

Nous mentionnerons seulement les espèces utiles.

Graminées alimentaires. — Parmi les Graminées alimentaires, citons d'abord la tribu des *Triticées*, dont le type est le Blé. C'est la plus importante, car elle fournit à l'homme ses graines alimentaires. Elle comprend notamment, outre le Blé (*Triticum*), le Seigle (*Secale*) et l'Orge (*Hordeum*).

Les épis du Seigle (fig. 277) sont formés comme ceux du Blé par des épillets solitaires sur les parties latérales de l'épi; mais chaque épillet de Seigle ne contient que deux fleurs fertiles, tandis que celui du Blé en contient trois ou cinq; en outre les glumelles sont toujours pourvues d'arêtes.

L'Orge (fig. 278) diffère des deux plantes précédentes parce que les épillets sont disposés par groupes de trois sur l'axe de l'épi; ils contiennent chacun une fleur, et la glumelle inférieure présente une très longue arête.

Fig. 277. — Seigle (*Secale cereale*) : 1, épi ; 3, épillet à deux fleurs fertiles ; 4, fleur isolée

Fig. 278. — Orge (*Hordeum vulgare*) : 2, épi ; 3, épillet contenant une fleur.

C'est avec les graines de ces plantes que l'on fabrique la farine, le pain. En outre, l'Orge sert à fabriquer la bière, boisson fermentée consommée dans les pays du Nord.

D'autres tribus fournissent encore des Graminées alimentaires.

Le Maïs (*Zea maïs*) se distingue des autres Graminées parce que les étamines et le pistil sont situés dans des fleurs séparées. Les fleurs à étamines forment des grappes composées d'épis au sommet de la tige. Chaque épillet contient deux fleurs à étamines (fig. 279).

Les fleurs à pistil forment des épis situés sur des branches latérales le long de la tige. Chaque fleur est constituée par un ovaire globuleux surmonté d'un stigmate filiforme très long. Toutes ces fleurs, étroitement appliquées les unes contre les autres, forment un épi enveloppé complètement par des feuilles. On n'aperçoit que les stigmates, qui forment à l'extrémité de l'épi un bouquet de filaments roses.

A la maturité, l'épi de fleurs à pistil devient un épi de grains de Maïs, et chaque grain représente un fruit.

Le grain de Maïs est très nourrissant : il contient une grande proportion de matière grasse, mais la farine se lève mal et le pain qu'on fabrique est indigeste.

Le Riz (*Oryza sativa*) se distingue des plantes précédentes parce que ses fleurs possèdent six étamines. Il est cultivé pour ses graines, qui fournissent une farine employée dans l'alimentation des habitants des pays chauds, quoiqu'elle soit moins nutritive que celle du Blé, car elle est pauvre en matières azotées. Le Riz pousse bien dans les contrées chaudes, sur un sol en grande partie inondé ; aussi sa culture présente-t-elle de graves dangers.

Graminées fourragères. — Ce sont des plantes qui forment les prairies naturelles, et dont les tiges jeunes ou les graines sont employées dans l'alimentation des animaux. Elles appartiennent à des tribus fort diverses.

Citons notamment les *Avénées*, dont le type est l'Avoine, caractérisée par ses fleurs disposées en panicule ou grappe composée. Ses fruits sont employés pour la nourriture des chevaux.

Fig. 279. — Maïs (*Zea maïs*) : A, plante entière montrant les fleurs à étamines au sommet, deux épis de fleurs contenant le pistil à la base ; B, épi de fleurs à pistil dépouillé des feuilles qui l'enveloppent ; C, fleur à pistil ; H, fleur à

Les *Festucacées*, dont le type est la Fétuque des prés, à fleurs en épis ou en panicule, renferment les Paturins (*Poa*), les Fétuques (*Festuca*), les Bromes (*Bromus*), les Dactyles (*Dactylis*), etc.

Les *Agrostidées*, dont le type est l'Agrostide (*Agrostis*). Ces Graminées sont très communes dans les prés ou au bord des chemins ; elles sont cultivées comme fourrage.

Graminées industrielles. — Il existe aussi des Graminées industrielles. La plus importante est la Canne à sucre, cultivée dans l'Amérique tropicale. La tige de cette plante est, au moment de la floraison, gorgée d'un liquide sucré d'où l'on extrait le sucre de canne. Le Sorgho sucré peut servir au même usage ; on le cultive dans ce but en Chine et en Afrique.

On peut citer encore l'Alfa (*Stipa tenacissima*) comme exemple de Graminée industrielle ; cette plante, cultivée sur de grandes étendues en Algérie, est employée pour la fabrication du papier.

Certaines Graminées sont odorantes et leurs tiges ou leurs feuilles sont employées à parfumer le linge : telles sont les Flouves (*Anthoxanthum odoratum*), communes dans nos prairies, et les Andropogon, Graminées exotiques dont les racines fournissent le *Vétiver*, employé pour préserver les étoffes des insectes.

Les Graminées de nos pays sont toutes herbacées, mais dans les pays chauds il en est qui atteignent une grande dimension et dont la tige prend la consistance du bois : tels sont les Bambous, employés dans les contrées chaudes pour les constructions.

CHAPITRE VI

GYMNOSPERMES

Phanérogames à graines nues. Arbres à feuilles persistant un certain nombre d'années.

Exemples : *Pin*, *If*, *Genévrier*.

Examinons un bois de Pins ou de Sapins au printemps, nous verrons, sur les rameaux les plus jeunes, de petites

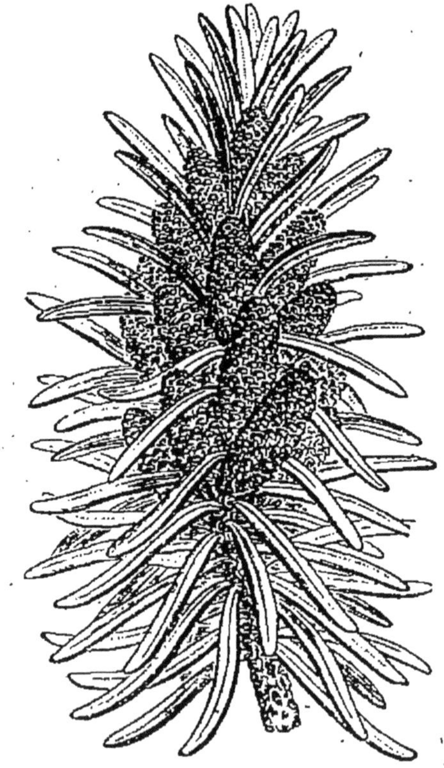

Fig. 280. — Rameau de Sapin chargé de fleurs à étamines disposées en cônes.

masses ovoïdes, jaunes ou rouges, appelées cônes : ce sont les fleurs (fig. 280).

Ces cônes sont formés par un grand nombre d'écailles fixées sur un axe commun. Les uns portent à la face inférieure des écailles deux petits sacs représentant les anthères, qui crèvent en laissant échapper le pollen (fig. 281); ces cônes constituent les fleurs à étamines. Les autres cônes, contenant les fleurs à pistil, sont formés par des lames appelées *bractées*, qui présentent à leur face supérieure d'autres lames plus minces qu'on nomme *écailles*; c'est sur

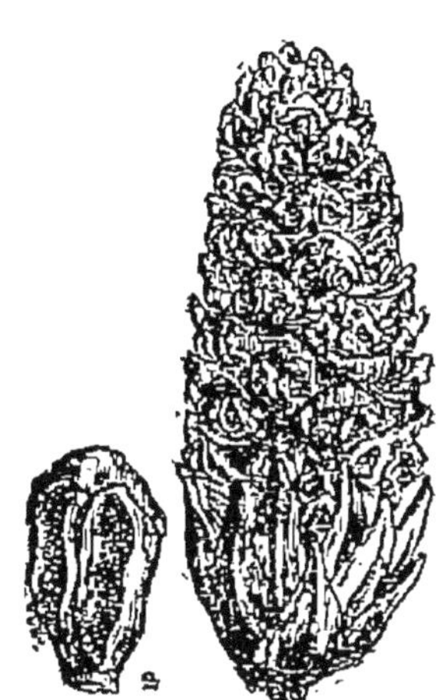

Fig. 281. — Fleurs à étamines du Pin. L'une d'elles, isolée, montre que les anthères sont rompues pour laisser échapper le pollen.

Fig. 282. — Cône de fleurs à pistil du Pin. L'une des fleurs isolées montre les deux ovules qu'elle porte.

ces écailles que se trouvent deux corps sphériques, en forme de gourde, constituant les ovules (fig. 282).

Quand les étamines sont mûres, les anthères se rompent et le pollen emporté par le vent est amené sur les cônes femelles; les grains de pollen introduits entre les écailles pénètrent jusqu'aux ovules et déterminent leur transformation en graines.

A partir de ce moment, les fleurs à étamines se flétrissent et tombent, tandis que les fleurs à pistil grossissent et se transforment en un fruit qu'on appelle *cône de Pin*. Les écailles, qui étaient minces dans les fleurs femelles, s'épaississent beaucoup à leur sommet, et se pressent les unes contre les autres, de façon à protéger les jeunes graines pendant leur développement (fig. 283).

Quand celles-ci sont mûres, les écailles du cône s'écartent et les graines tombent sur le sol.

La conformation du fruit du Pin a fait donner le nom de *Conifères* à la principale classe des Gymnospermes.

Les Conifères sont toujours des arbres. Si on examine la coupe en travers d'une bûche de Sapin, on distingue une

Fig. 283. — Cône de Pin renfermant les graines.

écorce mince, qui entoure le bois très développé. Le bois est divisé en couches concentriques, indiquant les formations de chaque année (fig. 284).

Les feuilles des Conifères sont généralement longues, étroites et piquantes : on les appelle des *aiguilles*. Ces feuilles persistent pendant l'hiver ; les plus âgées tombent une à une et sont remplacées par de nouvelles feuilles. Aussi les Conifères conservent-ils la coloration verte de leur feuillage.

Les diverses parties du corps des Conifères contiennent des canaux particuliers dans lesquels s'amasse une matière résineuse ; de sorte que si l'on coupe l'écorce, ou si l'on casse des branches ou des feuilles, la plaie laisse échapper des gouttelettes de résine qui durcissent à l'air.

On distingue dans la classe des Conifères plusieurs familles.

1. *Abiétinées.* — Conifères à feuilles longues, linéaires, formant des arbres de haute taille, monoïques ou quelquefois

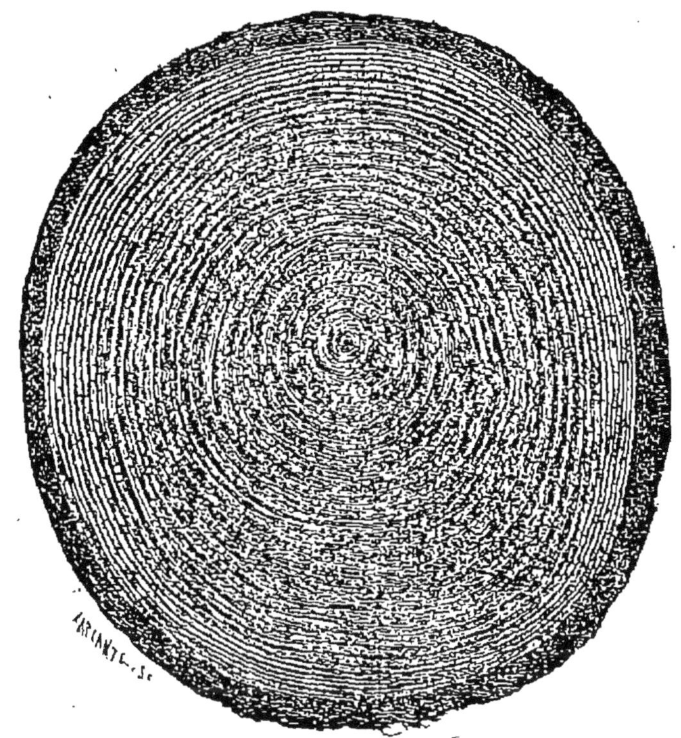

Fig. 284. — Tronc de Sapin de vingt-cinq ans coupé en travers. On aperçoit l'écorce et le bois : celui-ci est divisé en couches successives indiquant les formations annuelles.

dioïques. Cônes des fleurs à étamines et des fleurs à pistil ayant des écailles nombreuses. Les principaux genres sont : les Pins, les Sapins, le Mélèze, le Cèdre.

Les Pins (*Pinus*) à feuilles groupées ordinairement deux par deux, dont les fruits sont à écailles épaissies au sommet. Les espèces les plus importantes sont : le Pin sylvestre (*Pinus sylvestris*), arbre des régions montagneuses, qui résiste aux températures très basses et aux étés chauds. Son bois est très estimé pour la mâture ; le Pin Laricio

(*Pinus Laricio*) ; le Pin Maritime (*Pinus Pinaster*) ou Pin de Bordeaux, arbre habitant les bords de la mer dans les terrains sableux siliceux. C'est lui qui constitue les forêts désignées en Gascogne sous le nom de Pignadas ; il a servi à fixer les dunes dans les Landes et fournit surtout la résine.

Les Sapins (*Abies*) sont des arbres à feuilles solitaires nombreuses, à fruits dont les écailles sont minces au sommet (fig. 285). On y distingue le Sapin des Vosges (*Abies pectinata*), dont la cime est aplatie et dont les feuilles sont étalées horizontalement de chaque côté des rameaux, et l'Épicéa commun ou Sapin du Nord (*Picea excelsa*), à cime toujours pointue, en rameaux retombants de chaque côté des branches. Ces deux arbres appartiennent aux régions montagneuses, mais l'Épicéa vit dans les régions les plus élevées et les plus septentrionales.

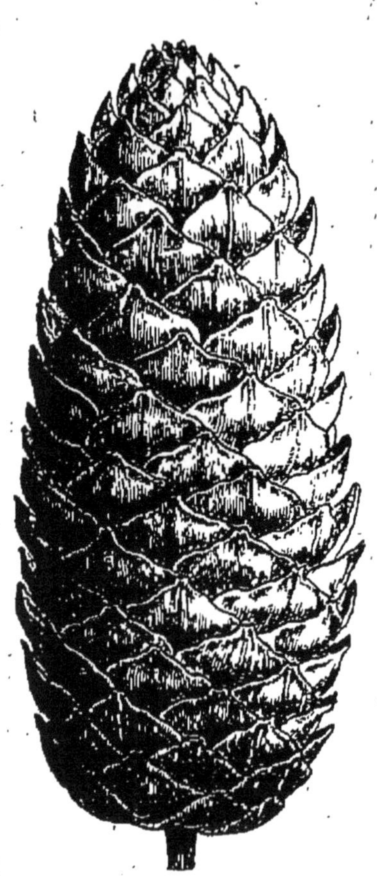

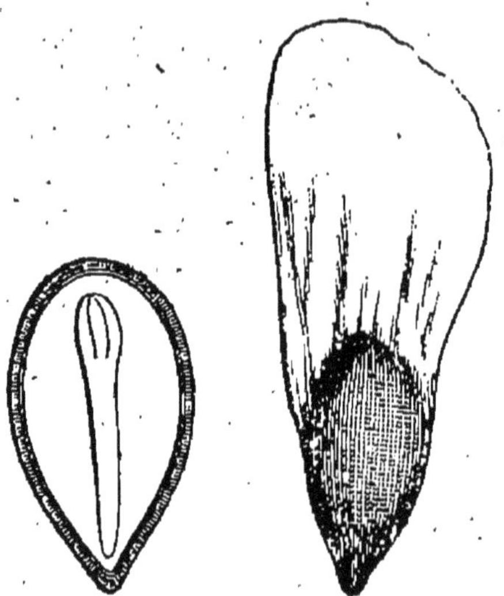

Fig. 285. — Fruit du Sapin. Les écailles qui le forment restent minces. Graine ailée isolée, et à côté graine coupée en long ; l'embryon est au milieu de l'albumen.

Le Mélèze (*Larix europæa*) à feuilles non persistantes disposées en bouquets (fig. 286 A).

Les Abiétinées sont des arbres répandus sur toute la surface

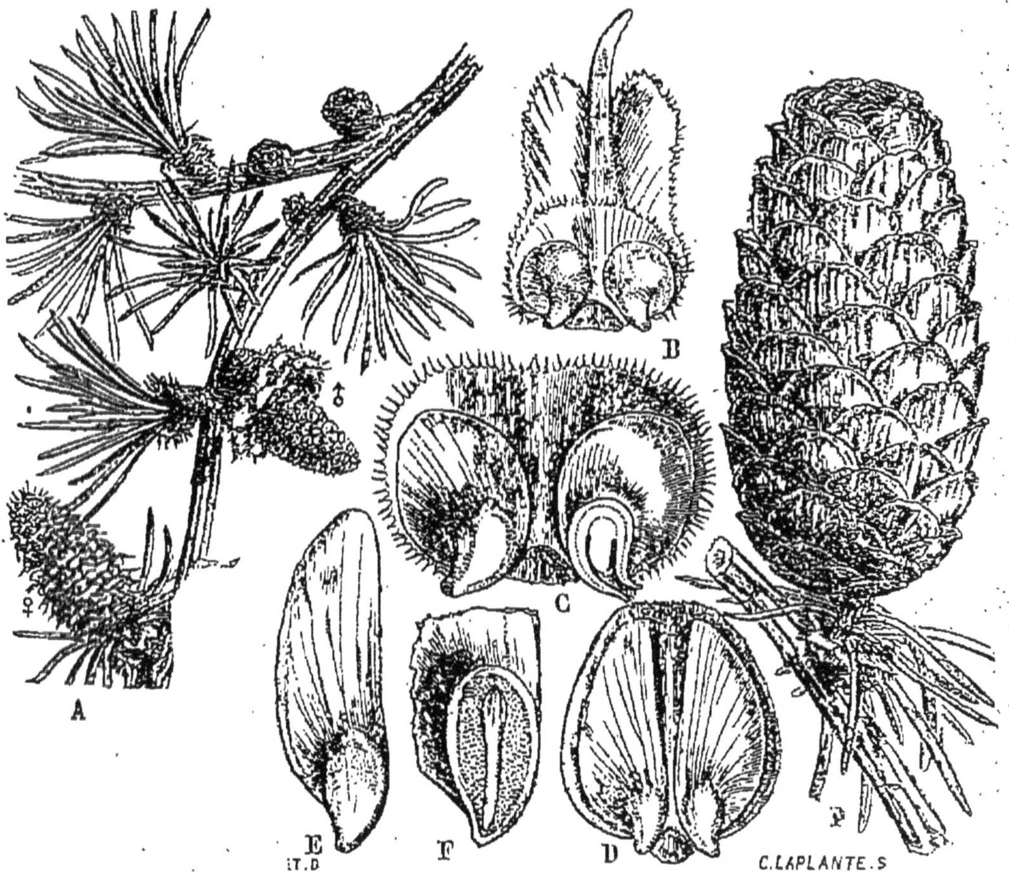

Fig. 286. — Mélèze (*Larix europæa*) : A, branche portant des fleurs à étamines et des fleurs à pistil; B et C, l'une des fleurs à pistil, vue par la face supérieure et montrant les deux ovules; P, fruit mûr constituant le cône; D, l'une des écailles du cône portant deux graines ailées; E, graine isolée; F, graine coupée montrant l'embryon au milieu de l'albumen.

du globe; ils habitent de préférence les climats tempérés et froids, surtout les régions montagneuses.

2. *Cupressinées*. — Arbres de petite taille ou arbrisseaux à feuilles persistantes très petites, appliquées sur les branches. Les fleurs à étamines sont nombreuses; les écailles des fleurs à pistil sont en petit nombre et le fruit est globuleux.

Le Cyprès (*Cupressus*), le Genévrier (*Juniperus*) (fig. 287) existent en Europe. Le Thuya, cultivé dans les jardins et

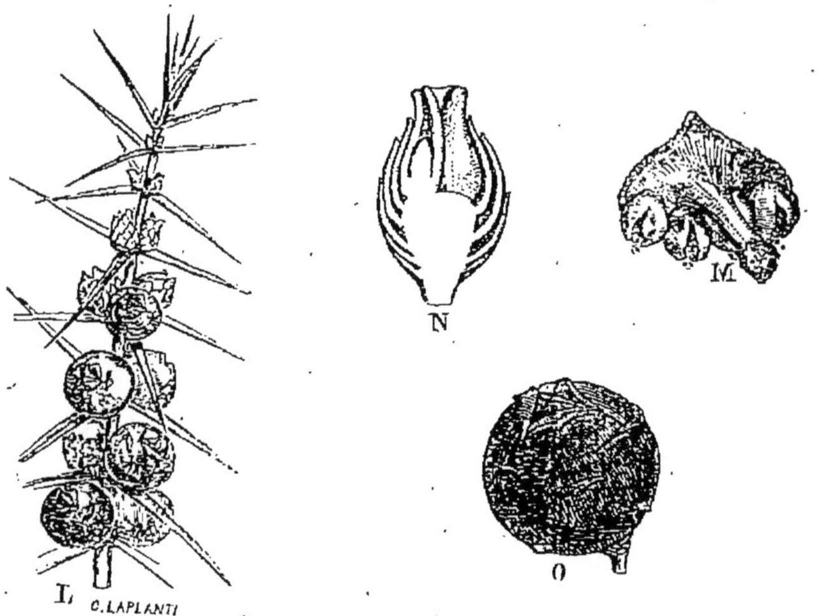

Fig. 287. — Genévrier (*Juniperus*) : N, fleur femelle ; M, fleur mâle portant les anthères ; celles-ci s'ouvrent pour laisser échapper le pollen ; L, rameau chargé de fruits ; O, fruit grossi.

les squares, est très estimé en ébénisterie pour son bois.

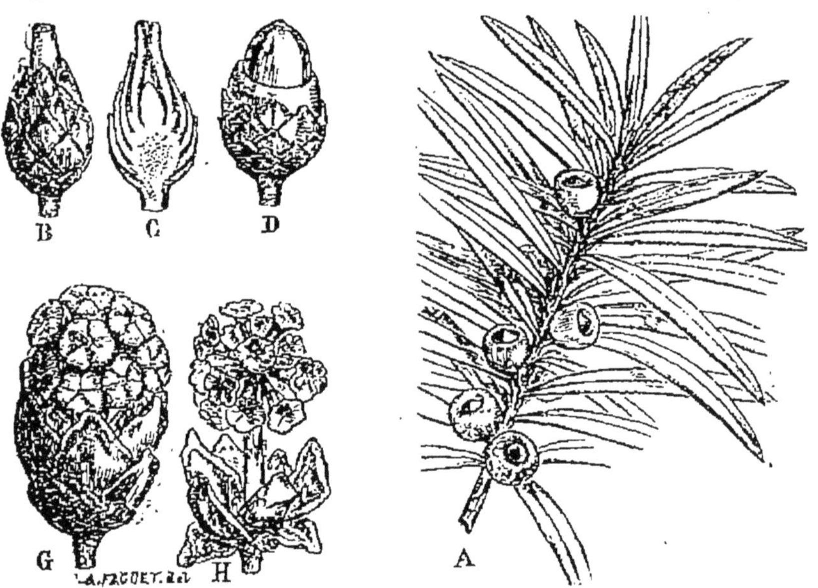

Fig. 288. — If (*Taxus*) : B et C, fleur femelle ; D, fruit en voie de formation, il est déjà à moitié entouré par la cupule charnue ; G et H, fleurs mâles ; A, branche portant les fruits.

3. *Taxinées*. — Arbres non résineux, presque toujours

dioïques, à feuilles quelquefois larges; fleurs à pistil solitaires, fruits formés par une graine entourée d'une cupule charnue (fig. 288). Ex. If (*Taxus baccata*). Le bois de l'If est très compact et tenace; il reçoit un beau poli, qu'il conserve longtemps; coloré en noir, il ressemble beaucoup à l'Ébène. C'est un bois très recherché par les tourneurs et les sculpteurs; malheureusement il est rare.

Usages des Conifères. — Les Conifères ont une grande importance dans l'industrie. Leur bois est employé en menuiserie sous le nom de *bois blanc*. Leurs troncs, très droits et souvent d'une grande hauteur, sont employés à faire les mâts de navire, ainsi que les charpentes des échafaudages. Quelques-uns sont même employés dans l'ébénisterie (Thuya).

Tous ces arbres fournissent, quand on incise leur écorce, une résine liquide, qui constitue la *térébenthine*. En distillant la térébenthine, on en extrait l'*essence de térébenthine* et une résine appelée *colophane*.

C'est surtout du Pin maritime qu'on extrait l'essence

CHAPITRE VII

CRYPTOGAMES

Plantes sans fleurs

Ces plantes dépourvues de fleurs, et se reproduisant par des corpuscules très petits appelés *spores*, présentent une grande variété.

La Fougère, que nous avons choisie comme exemple, offre les trois sortes d'organes que nous avions distingués en étudiant la germination des graines : elle porte une tige, des feuilles et des racines; il en est de même des Prêles, des Lycopodes.

Il existe d'autres Cryptogames, telles que les Mousses, qui ont bien une tige et des feuilles, mais qui sont toujours dépourvues de racines; le Polytric en est un exemple. La base de la tige du Polytric porte un certain nombre de poils bruns, qui jouent, il est vrai, le rôle de racines, mais qui n'offrent pas la structure de ces organes.

Les Cryptogames pourvues de racines possèdent en général un grand nombre de vaisseaux destinés à conduire les liquides nutritifs dans tout le corps de la plante. Les Cryptogames sans racines ne présentent jamais de vaisseaux. Aussi a-t-on désigné les Cryptogames à racines sous le nom de Cryptogames *vasculaires*, et les Cryptogames sans racines sous le nom de Cryptogames sans vaisseaux.

Les Fougères, les Prêles sont des Cryptogames à racines; les Mousses, les Champignons sont des Cryptogames sans racines.

Dans les Cryptogames sans racines, la simplification du

corps de la plante devient plus grande encore. Tandis que le corps des Mousses peut être divisé en tige et en feuilles, on ne peut plus, chez les Algues (fig. 289), chez les Champignons ou les Lichens (fig. 290), établir une distinction entre les diverses parties de la plante. Toutes ces parties

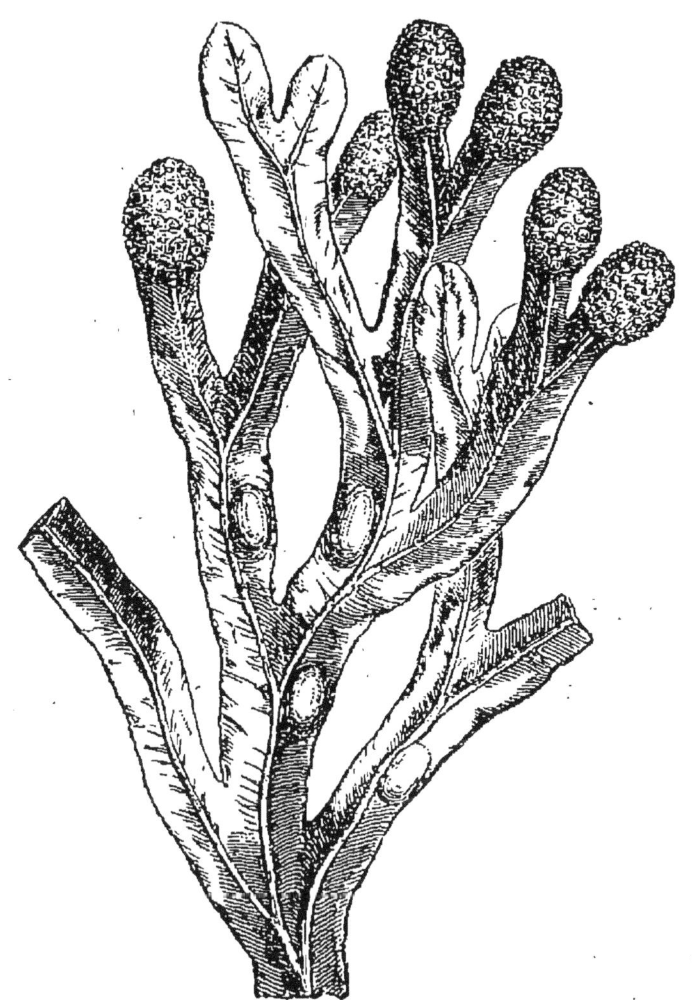

Fig. 289. Varech ou Fucus. Algue dont le corps est formé par des lames qui constituent un thalle.

sont semblables entre elles, et ne peuvent recevoir ni le nom de tige, ni celui de feuilles. Pour désigner le corps de ces plantes dégradées, on l'appelle *thalle*. Ainsi le blanc du Champignon comestible est un thalle; les lanières vertes constituées par les Algues qui recouvrent les rochers au bord de la mer, forment le thalle de ces plantes. Enfin l'écorce des arbres, les rochers, sont souvent recouverts par

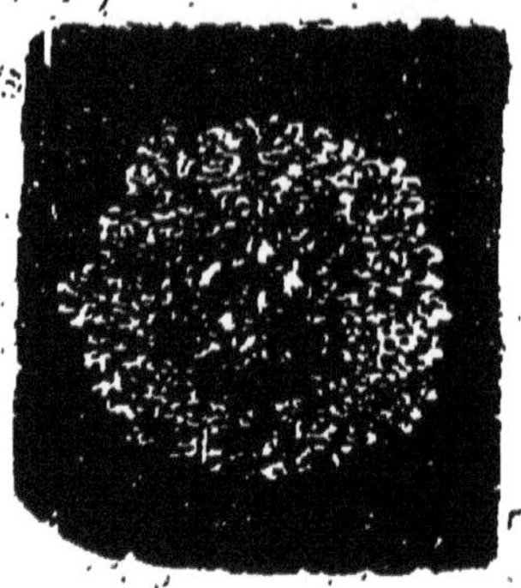

Fig. 290. — Lichen développé sur une écorce d'arbre. Il est formé par un thalle.

des lames de coloration variable constituant le thalle des Lichens (fig. 290).

On peut, d'après ce qui précède, grouper les diverses Cryptogames de la façon suivante :

Cryptogames..	à racines..		Polypode.	*Fougères.*
			Prèle.	*Prèles.*
			Lycopode.	*Lycopodiacées.*
	sans racines.	Ayant une tige et des feuilles. .	Polytric.	*Mousses.*
		Ayant un thalle. . .	Varech.	*Algues.*
			Agaric.	*Champignons.*
			Lichen des rennes.	*Lichens.*

CRYPTOGAMES A RACINES.

Plantes pourvues de racines, de tiges et de feuilles; dépourvues de fleurs; contenant des vaisseaux destinés à distribuer les matières alimentaires.

C'est à ce groupe qu'appartiennent les Fougères, les Prèles, les Lycopodiacées. Nous prendrons comme exemple les Fougères.

Les Fougères sont dans nos pays des plantes herbacées, à tige souterraine. Examinons le Polystic, qui est commun dans les bois. Les feuilles de cette Fougère forment des bouquets terminant la partie souterraine de la tige ; elles sont alternes. Vers la fin de l'été, leur face inférieure se couvre de taches brunes régulièrement distribuées (fig. 291). Vues à la loupe, ces taches sont formées par des amas de sacs appelés *sporanges*.

On appelle *sores* les amas formés par les sporanges ; ils sont, dans la Fougère, recouverts par une membrane très mince qui donne aux sores l'apparence d'un Haricot.

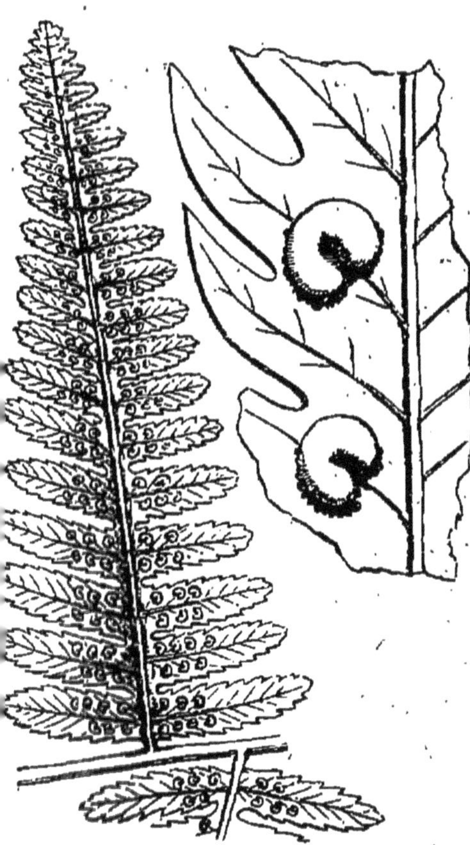

Fig. 291. — Fragment de feuille de Fougère montrant les organes qui contiennent les spores.

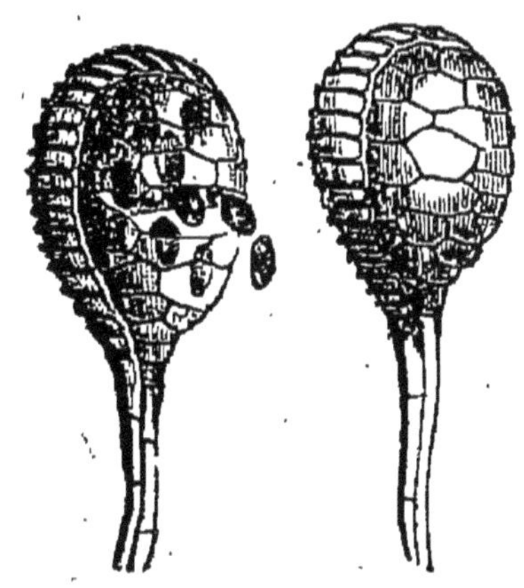

Fig. 292. — Sporanges de Fougère isolés; l'un d'eux laisse échapper les spores.

Quand les sporanges sont mûrs, ils se déchirent et laissent échapper une poussière brune formant les spores (fig. 292).

Fig. 293. — Prothalle de Fougère de grandeur naturelle ; il est attaché à la terre par des poils absorbants.

Semons les spores de Fougère sur de la terre de bruyère : elles germent au bout de quelques semaines et forment bientôt une petite lame verte, en forme de cœur, étalée sur la terre, et qui n'atteint pas plus d'un demi-centimètre de largeur. Cette lame se nourrit au moyen de poils absorbants fixés à sa face inférieure : on l'appelle *prothalle* (fig. 294). Il est assez difficile d'obtenir les prothalles par la germination des spores de Fougère, mais on peut se procurer facilement ces organes dans les serres, chez les hor-

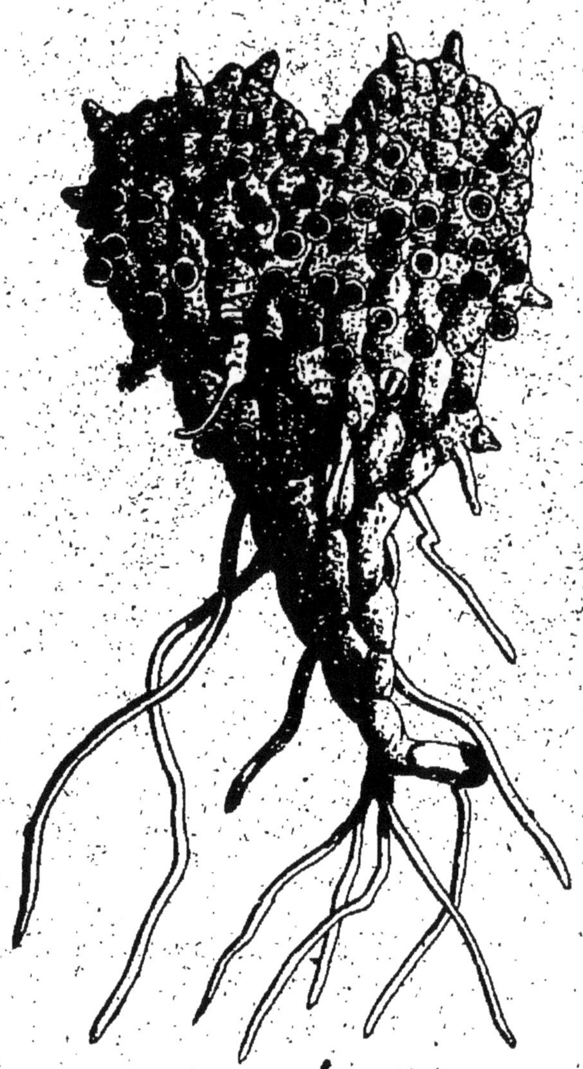

Fig. 294. — Prothalle de Fougère très grossi sur lequel il existe des anthéridies et des archégones. On voit à la partie inférieure de ce prothalle les débris de l'enveloppe de la spore.

ticulteurs, car la terre de bruyère, où l'on cultive les plantes d'ornement, contient beaucoup de spores de Fougère et développe au printemps un grand nombre de prothalles.

Au bout d'un certain temps, il se développe sur le prothalle des organes particuliers : ce sont des sacs arrondis appelés *anthéridies*, qui crèvent en mettant en liberté un grand nombre de cellules mobiles ou *anthérozoïdes* (fig. 294). A côté des anthéridies, il se forme des *archégones*, sortes de sacs contenant une petite masse ovoïde qui forme l'*œuf* de la Fougère. Les cavités des archégones communiquent à l'extérieur par un petit canal (fig. 295).

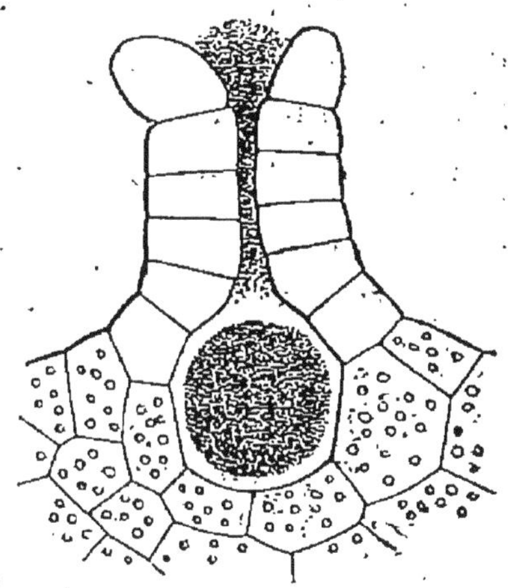

Fig. 295. — Archégone de Fougère isolé. Au fond de la cavité on aperçoit l'œuf.

Quand les archégones sont mûrs, les anthéridies crèvent, et les anthérozoïdes, mis en liberté, pénètrent dans la cavité des archégones et se mélangent à l'œuf.

C'est seulement à partir de ce moment que l'œuf peut se développer.

L'œuf de la Fougère reste sur le prothalle où il a pris naissance, et se nourrit à ses dépens. Il forme une jeune Fougère, où l'on voit bientôt apparaître une tige, une feuille et une racine (fig. 296). Quand ces organes sont assez développés, le prothalle qui avait nourri cette jeune plante pendant son premier développement se dessèche et disparaît, et la Fougère se nourrit elle-même. Lorsqu'elle a atteint une certaine taille, les spores se forment sur la face inférieure des feuilles.

Fig. 296. — Prothalle de Fougère sur lequel une jeune Fougère a pris naissance.

Ainsi le développement complet d'une Fougère se fait en deux phases, si l'on part de la spore pour retourner à la spore. Cette spore germe en donnant une plante qui vit très peu de temps, le *prothalle*. Sur ce prothalle apparaissent les anthéridies et les archégones destinés à former un œuf. Cet œuf, se nourrissant d'abord aux dépens du prothalle, donne naissance à la Fougère telle que nous la connaissons, qui seule est vivace et qui atteint une grande taille.

Toutes les Cryptogames à racines ont un développement analogue à celui que nous venons de décrire pour la Fougère commune.

Les principaux groupes de Cryptogames à racines sont les *Fougères*, les *Équisétacées*, les *Lycopodiacées*.

Les *Fougères* se reconnaissent à leurs feuilles alternes, à leur limbe ordinairement découpé. Quand les feuilles sont jeunes, elles sont toujours enroulées en crosse. Les Fougères de nos pays ont toutes leur tige souterraine; celles des pays chauds sont arborescentes et atteignent souvent une grande taille. Les Fougères les plus communes de nos pays sont, avec le Polystic que nous avons décrit, les Polypodes, les Scolopendres, les Asplénies, les Ptéris.

Les Polypodes, les Asplénies se rencontrent fréquemment sur les murs; les premiers ont les sores arrondis, jaunes, dépourvus de membranes pour les protéger; les secondes, de petite taille, ont les sores formant des raies noires à la face inférieure des feuilles. Les Scolopendres ont les feuilles entières larges, et possèdent des sporanges groupés en bandes allongées; on les trouve souvent dans les puits. Les Ptéris, qui vivent dans les terrains sablonneux, sont les plus grandes de nos Fougères indigènes: leurs feuilles, très découpées, atteignent 1 mètre à 1m,50 de longueur et portent les sporanges sur les bords.

Les Fougères sont sans utilité; cependant on emploie le rhizome du Polystic en médecine pour combattre le ver solitaire.

Les Prèles (fig. 297), appartenant à la famille des *Équisétacées*, sont des herbes qui vivent toujours dans les endroits humides, ruisseaux ou marécages. Leur tige creuse, cannelée, est formée d'un grand nombre d'articles emboîtés les uns dans les autres; leurs rameaux sont verticillés. Les sporanges

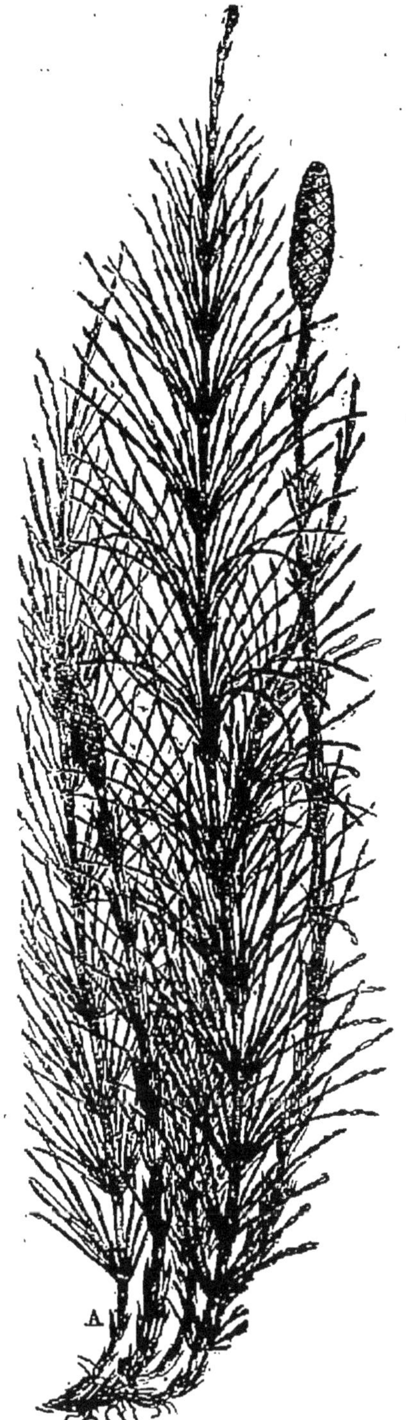

Fig. 297.— Pied de Prêle portant des tiges aériennes; les unes ne portent que des feuilles et des rameaux, les autres supportent les sporanges.

Fig. 298. — Extrémité d'une tige de Prêle chargée de sporanges disposés en massue.

Fig. 299.— Disposition des sporanges sur les écailles affectant la forme de clous.

sont placés à l'extrémité de certaines tiges, sur des écailles qui forment par leur réunion des massues (fig. 298 et 299).

Ces plantes sont incrustées de silice, et à cause de cela elles sont employées pour polir le bois.

Les Lycopodes, appartenant à la famille des *Lycopodiacées*, sont des plantes de petite taille dont la tige est couverte par les feuilles appliquées contre la surface.

Les spores sont formées dans des sporanges constituant des épis au sommet des tiges.

La poudre de Lycopode est entièrement formée par des amas de spores.

CHAPITRE VIII

CRYPTOGAMES SANS RACINES

Plantes dépourvues de fleurs et de racines. Elles se reproduisent par des corpuscules très petits, formés d'une seule cellule, et appelés *spores*. Elles ne contiennent jamais de vaisseaux.

Parmi les plantes qui composent ce groupe, il en existe dont le corps se divise généralement en tige et en feuilles : ce sont les *Muscinées* (Polytric). Les autres ne présentent ni tige ni feuilles : leur corps, semblable dans toutes ses parties, a reçu le nom de *thalle ;* ces plantes s'appellent *Thallophytes*. On y distingue les *Algues*, les *Champignons* et les *Lichens*.

Les *Champignons* sont caractérisés par l'absence de chlorophylle dans leur corps ; les *Algues* contiennent généralement de la chlorophylle et sont pour la plupart aquatiques ; les *Lichens* sont formés par l'association d'une Algue et d'un Champignon.

On peut alors grouper de la manière suivante les Cryptogames sans racines :

Plantes pourvues de tiges et de feuilles		*Mousses.*
Plantes sans tiges ni feuilles, corps formé d'un thalle.	Avec chlorophylle.	*Algues.*
	Sans chlorophylle.	*Champignons.*

Mousses.

Cryptogames sans racines à corps généralement pourvu d'une tige et de feuilles.

Les Mousses sont des plantes très petites vivant sur la terre, les murs ou les arbres. Leur taille varie entre 1 millimètre et 15 centimètres.

Nous prendrons comme exemple une des Mousses de

Fig. 301. — Tige de Polytric terminée par une rosette de feuilles emprisonnant les anthéridies.

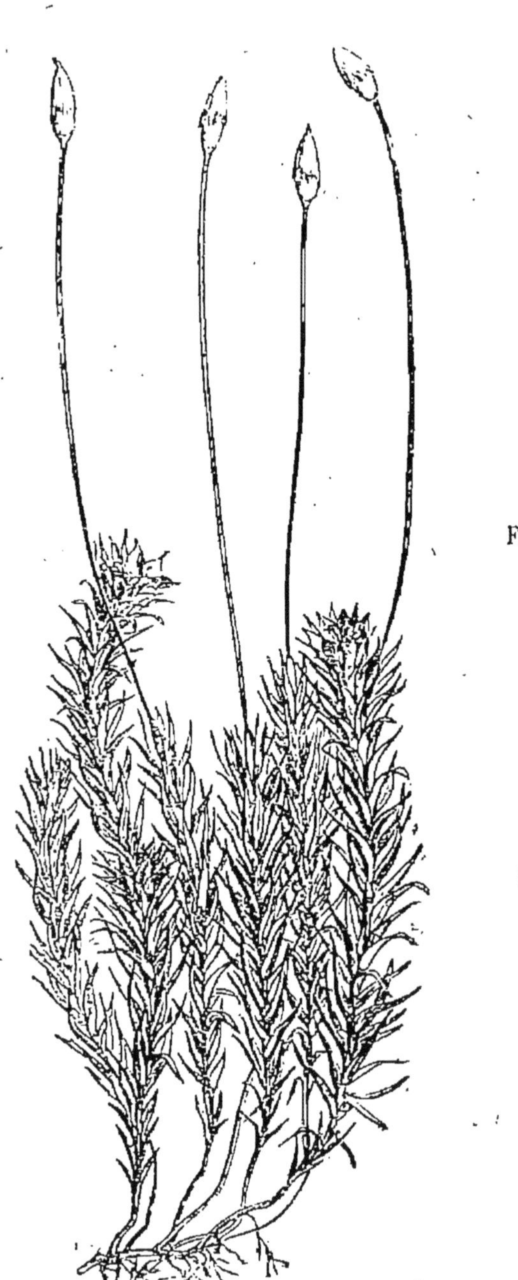

Fig. 300. — Polytric dont les tiges portent des capsules remplies de spores.

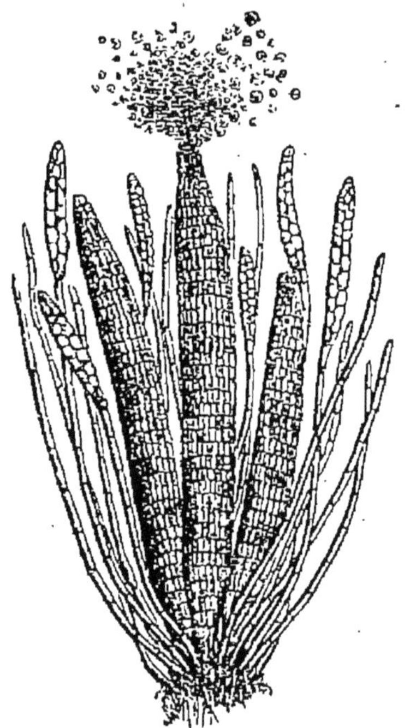

Fig. 302. — Groupe d'anthéridies isolées; l'une d'elles se rompt pour laisser échapper les anthérozoïdes.

grande taille, le Polytric, qu'on rencontre en abondance

dans les terrains sablonneux. Cette Mousse présente (fig. 300) une tige couverte de feuilles orientées en tous sens, et sa base enfoncée dans le sol porte des poils absorbants, bruns, qui jouent le rôle des racines. Pendant la plus grande partie de l'année, le Polytric est réduit à sa tige couverte de feuilles. Mais si on l'examine au printemps, on voit, au milieu des rosettes de feuilles qui terminent les

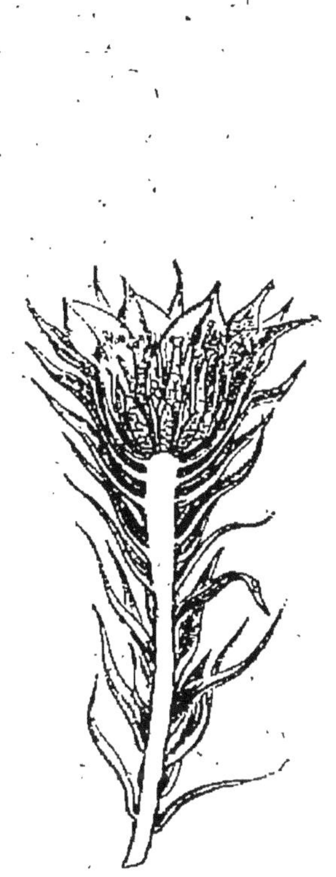

Fig. 303. — Tige de Polytric terminée par une rosette de feuilles contenant des archégones.

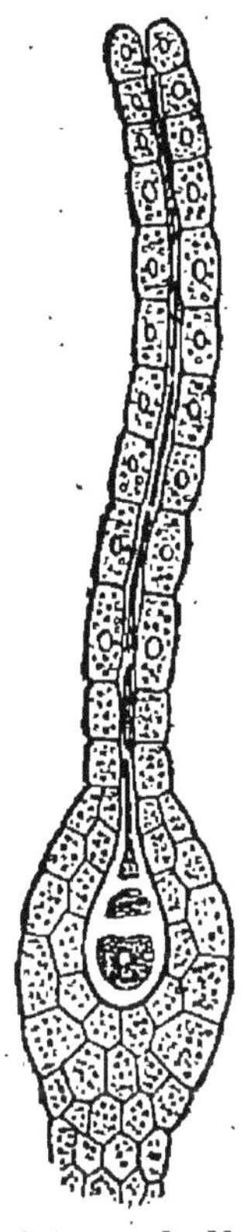

Fig. 304. — Archégone de Mousse isolé; on aperçoit à sa base la partie qui deviendra l'œuf.

tiges (fig. 301), des groupes de petits sacs en forme de massue; ces sacs, appelés *anthéridies* (fig. 302), crèvent bientôt en laissant échapper une gelée au milieu de laquelle se trouvent de petites cellules extrêmement mobiles, appelées *anthérozoïdes*. Les pieds qui forment les anthéridies sont reconnaissables à leur couleur rouge. Sur d'autres pieds, on voit, au milieu des rosettes de feuilles (fig. 303), de petits organes en forme de bouteille, appelés *archégones*; ces archégones contiennent au centre de leur partie renflée une petite boule qui constitue l'œuf de la Mousse (fig. 304). Quand les anthérozoïdes sont mis en liberté, ils viennent se mélanger à l'œuf en pénétrant par le col de l'archégone, et à partir de ce moment l'œuf peut se développer.

L'œuf du Polytric germe à l'endroit où il a pris naissance et forme bientôt un filament grêle très allongé qui se renfle à son sommet pour former un sac. C'est dans ce sac, appelé *capsule*, que se forment les spores (fig. 305). Quand les capsules sont mûres, elles s'ouvrent à leur sommet en se partageant en deux parties, l'*urne*, qui est remplie de spores, et l'*opercule*, sorte de couvercle qui en tombant permet

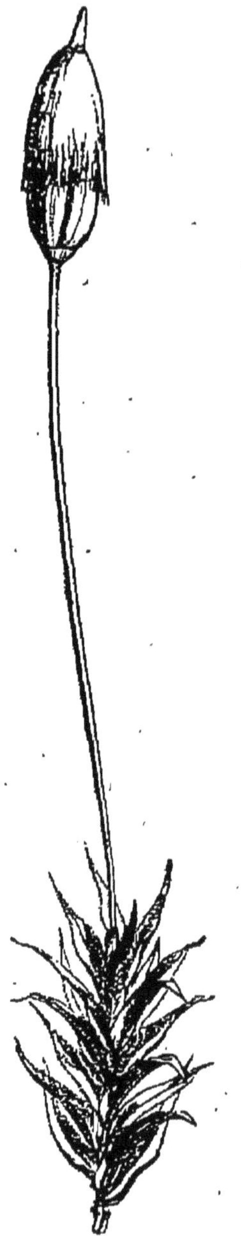

Fig. 305. — Tige de Polytric qui porte la capsule provenant du développement de l'œuf.

Fig. 306. — Capsule du Polytric montrant l'urne (2), l'opercule qui la recouvre (3) et la coiffe (3). C'est dans l'urne que se trouvent les spores.

aux spores de s'échapper. Un peu avant la maturité, la capsule est ordinairement recouverte par un capuchon appelé *coiffe* (fig. 306).

Les spores formées dans l'urne, mises en liberté, tombent sur la terre, germent et reproduisent une nouvelle Mousse.

En résumé, le développement complet d'une Mousse se produit en deux phases : les spores renfermées dans la capsule germent sur la terre humide en développant une plante pourvue de tige et de feuilles, constituant ce qu'on appelle vulgairement la Mousse; au bout d'un certain temps, cette plante forme des œufs avec le concours des archégones et des anthéridies. Ces œufs germent sur la Mousse qui leur a donné naissance et donnent un appareil spécial, la *capsule*, dans laquelle se formeront les spores.

Les Mousses sont très répandues, elles vivent sur la terre, sur l'écorce des arbres, sur les murs; on les rencontre ordinairement mélangées avec les Lichens, elles représentent avec ces derniers les premières plantes qui apparaissent sur la terre ou les pierres.

Les Mousses sont sans utilité. Parmi elles nous devons cependant citer les Sphaignes (*Sphagnum*), Mousses décolorées qui vivent dans les lieux marécageux. Les Sphaignes constituent exclusivement le sol des tourbières, et ce sont leurs débris qui, en s'accumulant dans l'eau, se décomposent lentement et se transforment en tourbe.

Algues.

Plantes constituées par un thalle; elles renferment de la chlorophylle

Types : *Spirogyre* et *Varech*.

Les Algues sont des Thallophytes pourvues en général de chlorophylle. Elles sont ordinairement aquatiques, ou se plaisent dans les lieux humides. Leur corps est tantôt formé par de petits globules microscopiques qui donnent à la terre, aux murs humides, la coloration verte ou rouge que l'on observe si fréquemment; tantôt il peut être formé de filaments verts, flottant dans l'eau; enfin il est parfois constitué par des lames ou des lanières qui atteignent souvent de grandes dimensions, comme on l'observe dans beaucoup d'Algues marines. La coloration verte des Algues est souvent masquée par des matières colorantes brunes, rouges, etc.

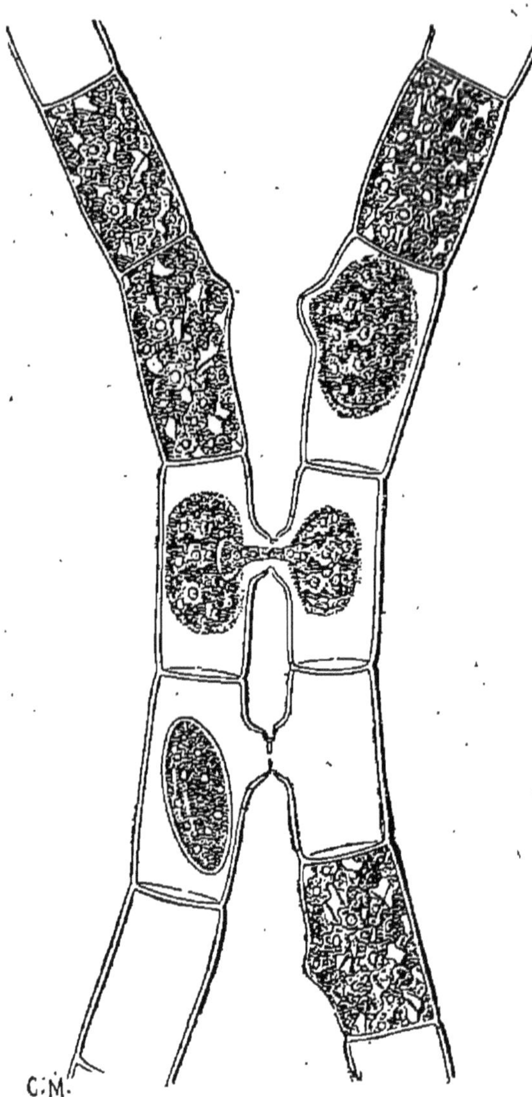

Fig. 507. — Deux filaments de Spirogyre figurés au moment de la formation des œufs. On voit en haut deux articles qui commencent à former des prolongements l'un vers l'autre; plus bas, la communication est établie et le contenu de l'un des articles passe dans l'autre ; enfin au-dessous on aperçoit un œuf déjà formé.

Les Algues présentent une grande variété dans leurs modes de reproduction.

Nous prendrons comme exemples la Spirogyre, Algue qui vit dans l'eau douce, et le Fucus ou Varech, Algue marine.

Spirogyre. — La Spirogyre se présente sous l'aspect de filaments verts qui vivent dans les caux courantes ; on les rencontre fréquemment dans les ruisseaux et dans les bassins des promenades publiques. Chaque filament est formé par un grand nombre d'articles placés bout à bout ; ces articles sont les cellules.

Quand on examine ces Algues au mois d'avril, on voit chaque filament envoyer vers le filament le plus voisin, et de chacun de ses articles, de petits tubes qui mettent bientôt les filaments en communication (fig. 307). Alors le contenu de chaque article d'un des filaments passe dans le filament opposé et se mélange avec le contenu de celui-ci. Le résultat de cette fusion est un *œuf*. Il y a autant d'œufs que d'articles dans le filament.

Quand les œufs sont mûrs, ce qu'on reconnaît à leur cou-

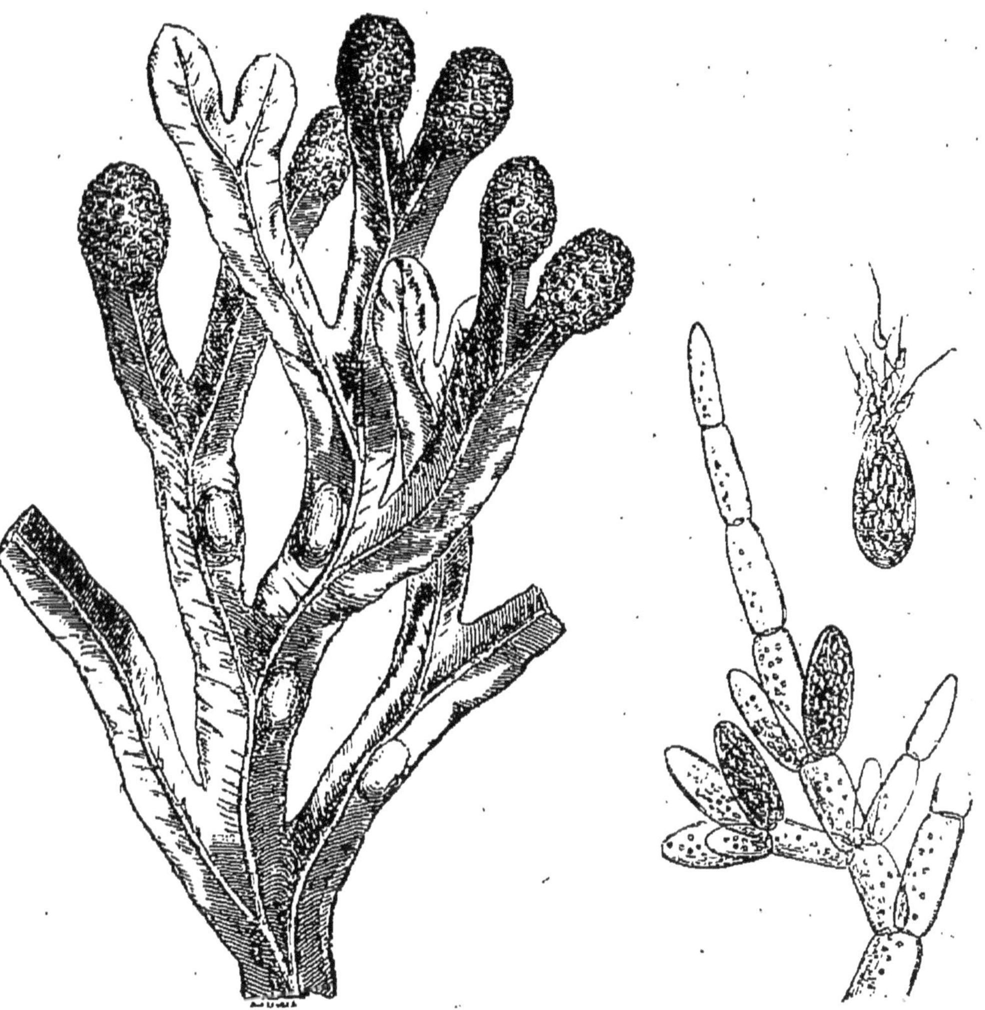

Fig. 308. — Fucus. Fragment de thalle dont les ramifications sont terminées en massue et contiennent les organes reproducteurs.

Fig 309. — Poils formant les anthéridies ; l'une d'elles s'ouvre pour laisser échapper les anthérozoïdes.

leur brune, les filaments se détruisent et les œufs, mis en liberté, tombent au fond de l'eau, où ils germent en donnant de nouveaux filaments de Spirogyre.

C'est au groupe des Spirogyres que se rattachent les Dia-

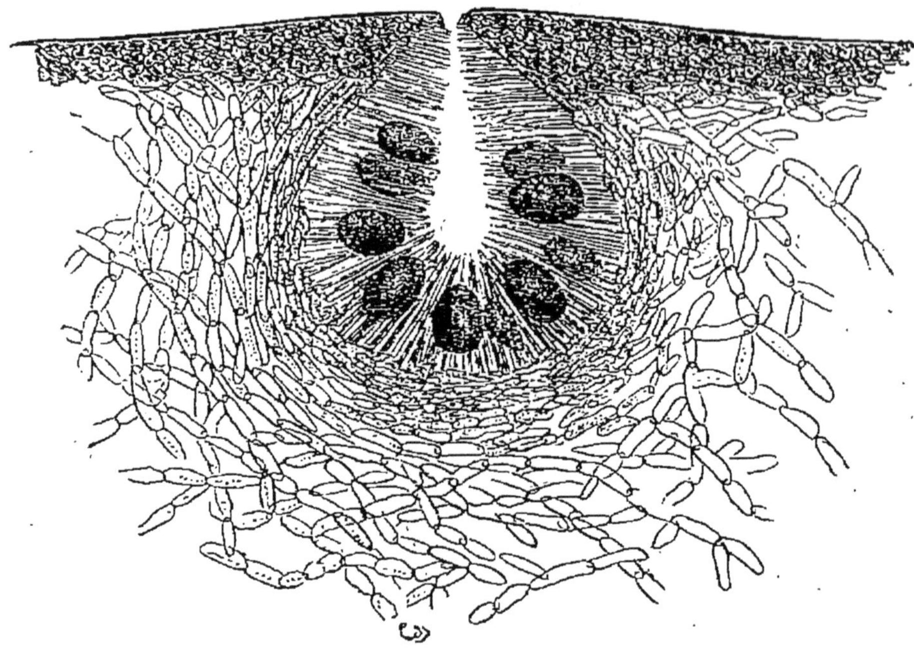

Fig. 310. — Cavités occupant les massues du thalle de Fucus ; elles contiennent les oogones qui donneront les œufs.

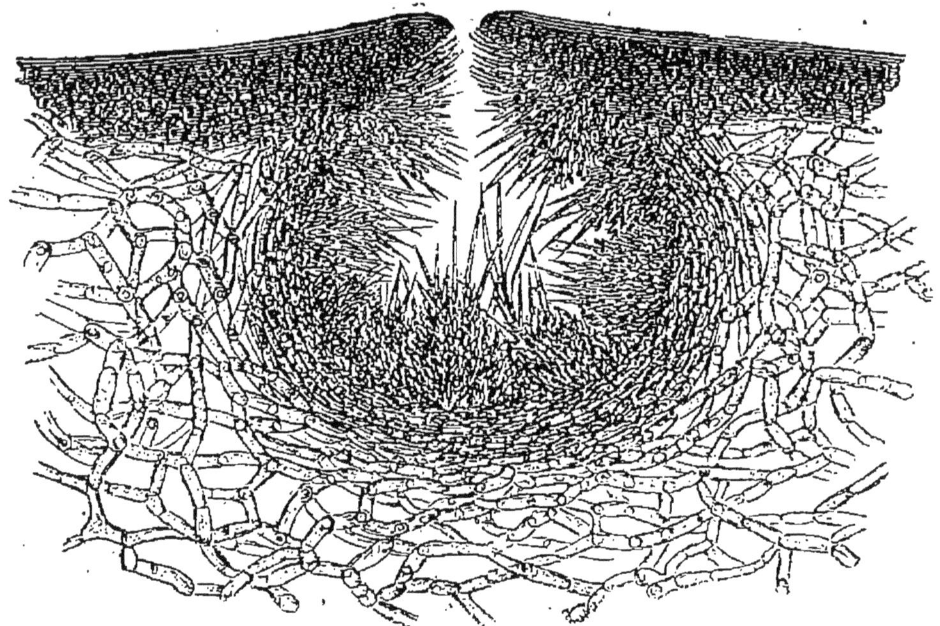

Fig. 311. — Cavités occupant les massues du thalle de Fucus ; elles contiennent les poils destinés à former les anthéridies.

tomées, petites Algues à carapace siliceuse, de couleur jaune, qui pullulent dans les ruisseaux et leur donnent une couleur jaune d'ocre. Ce sont des amas de carapaces de Diatomées qui forment le tripoli.

Fucus ou *Varechs*. — Les Fucus sont des Algues marines brunes, très communes sur les rochers, au bord de la mer. Leur thalle est ramifié. Les organes de reproduction sont localisés dans des renflements en forme de massue, terminant les découpures du thalle (fig. 307). Ces massues sont criblées de petits trous qui aboutissent à des cavités renfermant les organes de reproduction. Dans les unes (fig. 310), au milieu des poils qui tapissent les parois, on voit de grosses masses arrondies qui sont les *oogones*, ou organes qui contiennent les œufs. Dans d'autres cavités qui ne contiennent que des poils (fig. 311), les articles de ces poils forment de petits sacs appelés *anthéridies*; ces sacs se rompent et laissent échapper de petits corpuscules mobiles appelés *anthérozoïdes* (fig. 309).

Quand les œufs sont mis en liberté, les anthérozoïdes nagent dans l'eau et viennent s'accoler aux œufs, qui ne peuvent germer qu'après avoir reçu leur contact. Ces œufs tombent au fond de l'eau et se développent en un nouveau Fucus.

Les Algues que nous venons de prendre comme exemples ont un thalle assez développé et des œufs qui servent à les reproduire.

Il existe des Algues plus simples, dont le corps est formé par de petits bâtonnets ou de petits globules invisibles à l'œil. Parmi ces Algues on doit citer : les *Protococcus*, globules verts ou rouges qu'on aperçoit sur les murs humides; les *Bactéries*, bâtonnets incolores qui provoquent la putréfaction ou amènent des maladies graves.

Usages des Algues. — Les Algues sont employées quelquefois pour l'alimentation de l'homme ou des animaux : tels sont les Fucus; on les emploie aussi en médecine, pour préparer des cataplasmes. D'autres Algues sont utilisées pour détruire les vers intestinaux : Algues rouges (Corallines).

Les Algues marines contiennent beaucoup d'iode et de

brome : elles sont employées dans l'industrie pour l'extraction de ces substances.

Champignons.

Plantes sans chlorophylle, vivant sur les matières animales ou végétales.

Les Champignons, caractérisés, comme nous venons de le dire, par l'absence de chlorophylle, ne peuvent pas se nourrir des matières minérales contenues dans l'air. Ils doivent prendre leur nourriture toute faite, en l'empruntant aux matières organiques provenant du corps des êtres vivants. Les uns vivent sur le fumier, les feuilles mortes, comme les Champignons comestibles : Agaric, Cèpes, etc. D'autres se développent même sur le corps des plantes ou des animaux vivants : ils sont alors appelés *parasites*. Ils provoquent souvent des maladies graves : la rouille du Blé, la carie du Seigle, la maladie de la Pomme de terre, le Muguet des enfants, sont provoqués par des Champignons parasites.

Ces plantes se reproduisent comme les Algues par des corpuscules infiniment petits, qu'on appelle *spores*. Quelques-unes ont aussi des œufs, notamment le Champignon parasite de la Pomme de terre, appelé *Peronospora*.

Nous prendrons comme exemples les Champignons comestibles les plus connus : le *Champignon de couche* ou *Agaric comestible*, et la *Morille*, qu'on peut se procurer, le premier en toute saison, la seconde au printemps.

Champignon de couche ou *Agaric comestible*. — Ce Champignon vit sur les matières végétales en décomposition, notamment sur le fumier. On le cultive habituellement dans des caves ou dans des carrières abandonnées.

Examinons le fumier sur lequel poussent ces Champignons, nous verrons les brins de paille entourés d'un duvet blanc, appelé blanc de Champignon. C'est le thalle de ces plantes, au moyen duquel elles se nourrissent des substances renfermées dans le fumier. Bientôt on voit pousser de place en place de petits corpuscules blancs, renflés en massue. On distingue dans chaque massue une partie renflée appelée *chapeau*, supportée par une région rétrécie constituant le *pied* (fig. 312).

Peu à peu les bords du chapeau, attachés au pied, déchirent la membrane qui les fixait et le chapeau s'étale. On voit alors que la face inférieure porte un grand nombre de

Fig. 312. — Champignon de couche ou Agaric comestible, à divers états de développement.

lames rayonnant depuis le pied jusqu'aux bords; elles sont colorées d'abord en violet, puis brunissent peu à peu au moment de la maturité.

Ce sont ces lames qui portent les spores, et la couleur qu'elles prennent est due aux spores dont elles sont couvertes. Il suffit, pour s'en convaincre, de couper un champignon bien mûr au ras du chapeau, et de déposer celui-ci sur une feuille de papier blanc. Au bout de quelques heures, quand on enlève le chapeau, on voit des traînées de poussière noire dessiner sur la feuille la trace des lames fixées sur le chapeau. Cette poussière est formée par des amas de spores qui sont tombées de la surface des lames.

Les spores sont fixées de la façon suivante : Si l'on coupe en travers les lames qui recouvrent la face inférieure du chapeau, et qu'on les examine avec un instrument grossissant, on voit que leur surface est couverte de cellules en forme de massue, d'inégale grosseur. Les plus grosses portent sur leur extrémité libre deux petits corps arrondis, colorés en violet, fixés sur chaque massue par deux pédoncules très grêles ; ces corps sont les spores. Elles sont incolores à l'état jeune, brunissent à la maturité et tombent par suite de la rupture du pédoncule qui les fixait ; on donne le nom de *basides* aux massues qui supportent les spores.

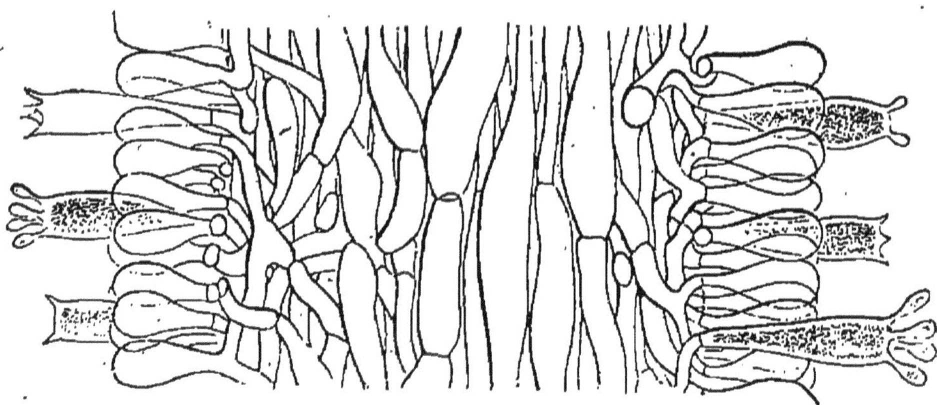

Fig. 313.— Coupe en travers d'une lame de chapeau d'Agaric, très grossie, montrant des spores au nombre de quatre, fixées sur les massues appelées *basides*.

Les spores sont donc, dans le Champignon de couche, fixées à la surface des lames du chapeau. Elles sont réunies deux par deux ; mais dans d'autres Champignons elles sont ordinairement par groupes de quatre (fig. 313).

Les Champignons qui, comme l'Agaric, présentent leurs spores portées en dehors des filaments du thalle, s'appellent des *Basidiomycètes*. Les Champignons communs appartiennent à ce groupe. Citons notamment les Bolets ou Cèpes, les Clavaires ou Crêtes-de-coq, les Hydnes, les Polypores, les Lycoperdons.

Ces Champignons sont tellement nombreux, qu'on a dû les diviser en plusieurs groupes.

Les uns sont pourvus de chapeaux et portent les spores sur des lames fixées à la face inférieure de ceux-ci ; tels sont les Agarics (Agaric comestible, Chanterelle, Oronge, etc.). D'autres ont les spores fixées sur des tubes à la face inférieure des chapeaux : Ex. Bolets, Polypores.

Enfin les derniers, qui sont dépourvus de chapeaux, portent leurs spores sur toute la surface : Clavaires ; ou renfermées dans des cavités qui s'ouvrent à la maturité : Lycoperdons.

Champignons à spores toujours emprisonnées à l'intérieur des filaments. Type : *Morille.* — La Morille (fig. 314) a la forme d'une massue, dont la surface est couverte de plis contournés en tous sens. Les spores sont développées sur toute la surface du chapeau ; mais, au lieu de se former à l'extérieur des filaments du Champignon comme chez les Agarics ou les Polypores, elles apparaissent à l'intérieur de ceux-ci, dans des petits sacs appelés *asques*. Ordinairement il se forme huit spores dans chaque sac, et quand ces spores sont mûres, les sacs se rompent et projettent les spores.

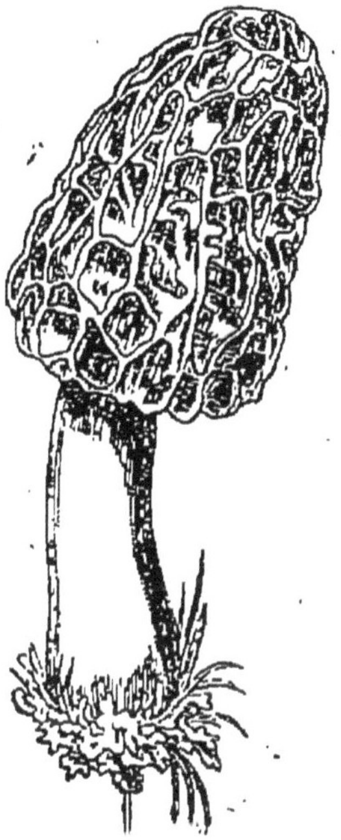

Fig. 314. — Morille. Champignon à spores formées à l'intérieur des filaments. C'est un Champignon Ascomycète.

On donne le nom d'*Ascomyètes* aux Champignons à spores intérieures, formées dans les asques comme dans la Morille.

Les Truffes (fig. 315), les Pezizes appartiennent à ce groupe, ainsi que quelques Champignons parasites, tels que l'Ergot de Seigle, l'Oïdium de la Vigne. Enfin les moisissures vertes qui se développent sur les Oranges, les Confitures, les Pruneaux, sont aussi des *Ascomycètes*.

On peut citer encore comme exemple de Champignon la Levure de Bière, qui vit dans le jus sucré du Raisin, des Pommes, et transforme le sucre en alcool et en acide carbonique.

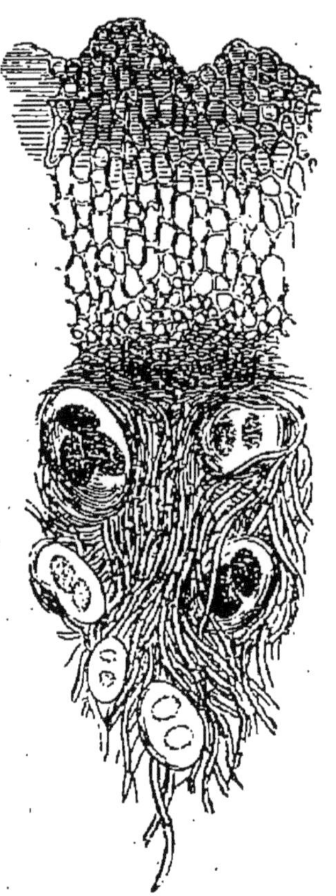

Fig. 315. — Fragment d'une tranche mince de Truffe très grossie pour montrer les spores placées à l'intérieur des sacs appelés *asques*.

Rôles et usages des Champignons. — Quelques Champignons sont comestibles : ils appartiennent aux Basidiomycètes (Agarics, Bolets) et aux Ascomycètes (Truffe, Morille). Mais les espèces comestibles sont souvent peu différentes des espèces très vénéneuses. Comme il n'existe *aucun* caractère permettant de distinguer très sûrement les bons des mauvais, on ne doit consommer les Champignons des bois qu'avec la plus grande réserve.

Lichens.

Plantes à thalle, non aquatiques, ayant les organes de reproduction disposés en forme de disques.

Les Lichens sont des plantes très semblables aux Champignons par leurs organes reproducteurs : ils s'en distinguent par leur thalle très souvent membraneux et par leur couleur verte.

Ce sont des plantes formées par l'association d'une *Algue* et d'un *Champignon*. Les Champignons qui contribuent à former les Lichens appartiennent au groupe des *Ascomycètes*; ce sont eux qui développent les organes reproducteurs et les filaments blancs qu'on aperçoit à la face inférieure du thalle; les Algues sont très variées : ce sont elles qui donnent aux Lichens leur couleur verte.

Si l'on examine un Lichen, par exemple un Parmélia, lichen poussant sur l'écorce des arbres, on voit des lames vertes appliquées contre l'écorce ; elles constituent le *thalle* (fig. 316). En certains points du thalle (fig. 316, 317), on

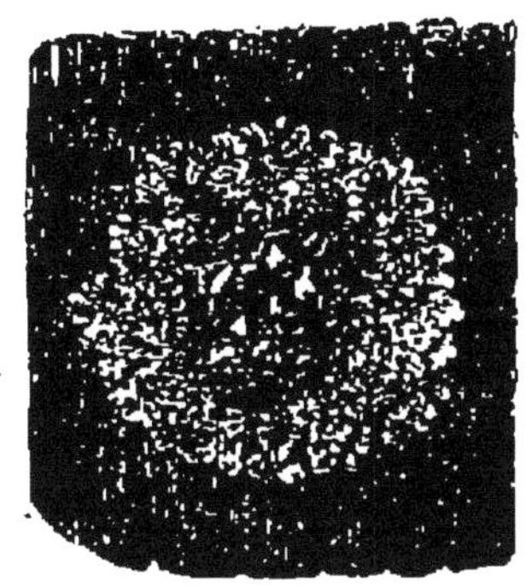

Fig. 316. — Parmélia. Lichen vivant sur l'écorce des arbres.

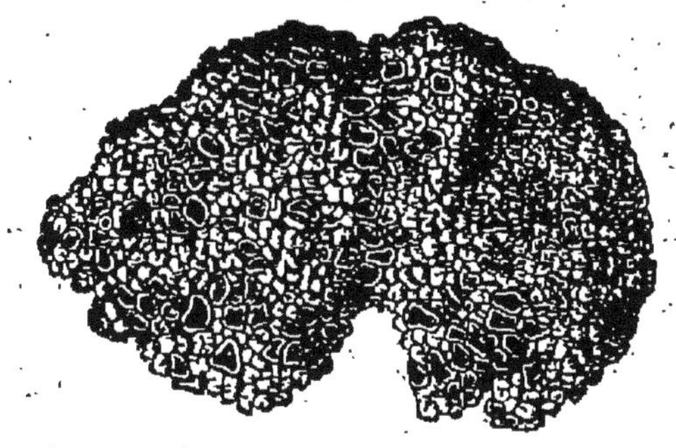

Fig. 317. — Lichen vivant sur es pierres ; les disques bruns qu'il présente forment les apothécies.

aperçoit de petits disques arrondis, en forme de coupe, et appelés *apothécies* : ce sont les organes renfermant les spores. Ils ont une couleur différente de celle du thalle.

Les *apothécies*, examinées sur une coupe en travers, ont la même structure que la membrane qui occupe la surface du chapeau des Morilles. En effet, leur surface est couverte de filaments grêles, au milieu desquels se trouvent des sacs en forme de massue qui forment les *asques* ; celles-ci contiennent les *spores*, généralement au nombre de huit (fig. 318).

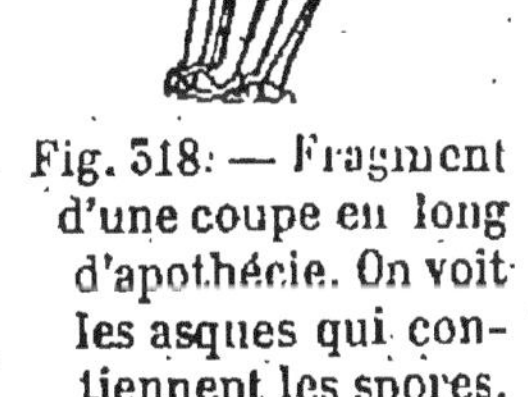

Fig. 318. — Fragment d'une coupe en long d'apothécie. On voit les asques qui contiennent les spores.

Quand on regarde une coupe du thalle en travers, on y voit seulement des filaments incolores enchevêtrés dans tous les sens et emprisonnant des amas de corpuscules ou de filaments verts ; les corpuscules verts, appelés *gonidies*, sont formés par les Algues ; les filaments incolores représentent le thalle du Champignon.

Grâce à l'association qu'ils forment d'un Champignon et d'une Algue, les Lichens peuvent vivre dans des conditions où les Algues et les Champignons seuls ne pourraient vivre.

Les Lichens sont en effet les dernières plantes qu'on trouve sur les hautes montagnes ou dans les régions polaires. En outre, ce sont les Lichens qui apparaissent les premiers sur les rochers, et ils contribuent, en accumulant leurs débris, à la formation de la terre végétale.

Importance et usage des Lichens. — Les Lichens jouent un rôle important dans la nature, puisqu'ils contribuent à former la terre végétale.

Quelques-uns sont employés en médecine, comme le Lichen d'Islande (*Cetraria islandica*) (fig. 319); d'autres, comme le Lichen des Rennes (*Cladonia rangiferina*), constituent en grande partie la nourriture des Rennes en Laponie.

Fig. 319. — Lichen d'Islande. On aperçoit sur les ramifications du thalle de petits disques qui forment les apothécies.

Enfin les *Roccella* sont employés à la fabrication d'une matière colorante rouge, l'orseille.

NOTIONS GÉNÉRALES

SUR LES

PLANTES UTILES ET NUISIBLES

PREMIÈRE PARTIE

PLANTES UTILES

CHAPITRE I

PLANTES SERVANT A L'ALIMENTATION DE L'HOMME

On sait que parmi les différences servant à distinguer les animaux des plantes, l'une des plus importantes consiste dans le mode d'alimentation. Nous avons vu en effet que les végétaux se nourrissent de substances inorganiques, c'est-à-dire de matières minérales contenues dans l'air ou dans le sol. Les animaux, au contraire, ne peuvent pas se nourrir de matières minérales, ils doivent, sous peine de périr d'inanition, emprunter leurs aliments tout formés aux substances organiques, en les retirant des plantes (ce sont les herbivores), ou des animaux (ce sont les carnivores).

Les aliments organiques nécessaires à entretenir la vie des animaux sont extrêmement variés ; on les a distingués en deux grandes catégories :

1° Les *aliments azotés*, ainsi appelés parce qu'ils contiennent non seulement du carbone, de l'hydrogène et de l'oxygène, qui se rencontrent dans presque toutes les matières organiques, mais encore de l'azote. Ex. : le blanc d'œuf.

2° Les *aliments non azotés* qui ne renferment que du carbone, de l'hydrogène et de l'oxygène, et jamais d'azote. Ex. : la fécule, le sucre, la graisse.

On a reconnu depuis longtemps que l'alimentation est insuffisante lorsqu'elle ne comprend pas les deux catégories précédentes; un animal qui se nourrirait exclusivement de matières non azotées par exemple, périrait au bout d'un certain temps.

Nous allons passer en revue les plantes nombreuses utilisées pour l'alimentation de l'homme, et nous indiquerons, en nous appuyant sur l'observation précédente, quels sont les avantages et les inconvénients qu'elles présentent.

I. — PLANTES ALIMENTAIRES INDISPENSABLES.

Parmi les plantes indispensables à l'homme nous citerons celles qui contiennent une proportion de substances azotées et non azotées suffisante pour servir seules à le nourrir. Ce sont les Céréales, les graines de Légumineuses, les tubercules de Pomme de terre.

Céréales. — On appelle *Céréales* les plantes qui fournissent la farine, elles appartiennent toutes à la famille des Graminées; on en rapproche aussi le Sarrasin, qui est une Polygonée. Les Graminées sont : le Blé ou Froment, le Seigle, l'Orge, l'Avoine, le Maïs et le Riz.

Conformation de la graine et composition de la farine. — Nous savons que le fruit des Graminées est caractérisé parce que les parois du péricarpe sont adhérentes à la graine. Si l'on coupe un de ces fruits en long, par exemple un grain de Blé (fig. 320), on aperçoit, à l'intérieur des enveloppes multiples du fruit et de la graine, l'amande qui est formée de deux parties : l'*embryon* occupant une extrémité et l'*albumen* ou réserve nutritive qui remplit toute l'amande. C'est cette amande qui fournit la farine quand on la réduit en poudre.

Les fruits des Graminées ont presque tous la même structure, la seule différence consiste en ce que l'embryon est plus ou moins développé; dans le grain de Maïs (fig. 321), il est très gros et occupe la moitié de l'amande; dans le grain de Riz, il est au contraire très petit.

Examinons la composition de la farine de ces fruits. Prenons de la farine de Froment et formons une boule de pâte en l'humectant avec un peu d'eau. Si nous la pétrissons entre les doigts et sous un filet d'eau, nous verrons qu'elle se partage en deux parties, l'une élastique, jaune, qui reste entre les doigts, l'autre qui forme une substance blanche entraînée avec l'eau et lui donnant l'apparence du lait. La matière jaune constitue le *gluten*, c'est une substance

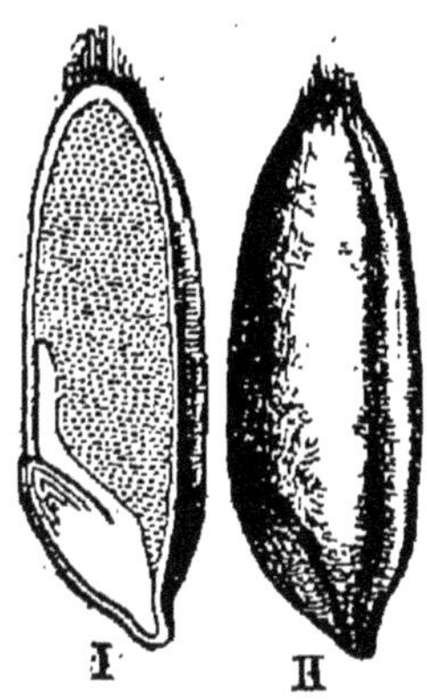

Fig. 320. — Conformation d'un grain de Blé. L'embryon n'occupe que la partie inférieure de l'amande.

Fig. 321. — Grain de Maïs montrant l'embryon volumineux qui forme la moitié de l'amande.

azotée; la poudre blanche que laisse déposer l'eau est de l'*amidon*, substance non azotée; il y a donc principalement dans la farine deux matières qui ne fondent pas dans l'eau : l'amidon et le gluten. L'eau qui a servi à l'opération renferme du sucre de raisin et des matières minérales constituées par des phosphates et des carbonates. Enfin, si on lessivait la farine avec un peu d'éther, on en retirerait une petite quantité de matière grasse; c'est surtout dans l'embryon que se trouvent les matières grasses mêlées à de la matière azotée.

Cette analyse montre que la farine de Blé contient toutes les substances qui sont nécessaires pour former un aliment complet, puisqu'elle renferme une matière azotée : le gluten ; des matières non azotées : l'amidon, les graisses, le sucre ; et des sels : phosphate de chaux, sels de soude, de potasse, etc.

Elle explique l'importance de la farine des céréales dans l'alimentation ; mais ces différentes plantes n'ont pas toutes la même valeur au point de vue alimentaire, examinons-les successivement.

Blé ou *Froment* (p. 215). — Cette plante est la première de toutes les céréales et des plantes alimentaires, partout où sa culture est possible, elle les remplace toutes. On cultive plusieurs espèces de Blé qu'on distingue en deux catégories : les blés nus dont le grain tombe de l'épi en laissant les glumelles : le type est le Froment commun (*Triticum vulgare*) ; les Blés vêtus dont le grain reste emprisonné entre les glumelles : le type de ce groupe est l'Épeautre (*Triticum Spelta*).

Au premier groupe se rattachent les variétés d'automne et de printemps du Blé commun, les Blés poulards et les Blés durs d'Afrique et de Pologne. Au deuxième groupe se rattachent, outre la grande Épeautre, le Blé amidonnier et l'Engrain.

Le Blé, originaire de la vallée de l'Euphrate, est cultivé depuis les temps les plus reculés, car on a trouvé des restes indiquant une culture ancienne, non seulement dans les sarcophages des pyramides d'Égypte, mais encore dans les débris laissés par les hommes de l'âge de la pierre. Il est probable que les variétés et les espèces cultivées de nos jours proviennent presque toutes de la même forme du Blé commun.

Au point de vue de la culture, on distingue les Blés de mars et les Blés d'automne, d'après l'époque des semailles ; les premiers se développent en quatre ou cinq mois, et les derniers, semés en automne, passent l'hiver et mûrissent en été. Les meilleures récoltes sont ordinairement fournies par les Blés d'automne.

On divise les Blés, d'après l'aspect et la composition du grain, en Blés tendres et Blés durs. Les Blés tendres, cultivés surtout dans le nord et le centre de la France, ont le grain à cassure blanche ; les Blés durs (Blés d'Afrique), cultivés surtout dans le midi de la France et en Algérie, ont le grain à cassure cornée. La farine extraite des Blés tendres contient 75 % d'amidon, 12 % de gluten et 16 % d'eau; tandis que celle des Blés durs renferme 64 % d'amidon, 20 % de gluten et 8 % d'eau. Les Blés durs sont donc moins riches en eau que les blés tendres, et par suite de plus facile conservation; aussi sont-ce les Blés d'Afrique qu'on emploie pour faire les approvisionnements.

Le pain obtenu avec les Blés d'Afrique est moins blanc mais plus nourrissant que le pain fabriqué avec la farine de Blés tendres; c'est avec cette dernière qu'on fait les pains de luxe.

La culture du Blé occupe une grande étendue en France, notamment dans la Beauce, la Brie, la Lorraine, la Picardie, mais elle ne produit pas assez pour la consommation et nous importons beaucoup de Blés de Russie et d'Amérique.

Seigle (*Secale cereale*) (p. 219). — Le Seigle est une céréale qui parait originaire des régions situées au nord du Danube et qu'on n'a guère cultivée qu'au commencement de l'ère chrétienne. On le sème en automne et on le récolte de bonne heure au printemps. Le Seigle est souvent préférable au Blé, car il vient dans des terrains pauvres où le Blé ne fournirait qu'une récolte insuffisante; il résiste mieux au froid et redoute moins les mauvaises herbes.

Le grain de Seigle fournit une farine un peu moins nourrissante que le Blé, mais le pain qu'on fabrique se maintient plus longtemps frais; en mélangeant la farine du Blé à celle du Seigle on obtient du pain excellent.

La paille du Seigle est très recherchée, elle sert à garnir les chaises, à faire des paillassons et des couvertures de toiture; on l'emploie aussi pour nourrir les bestiaux.

Orge (p. 219). — Cette céréale, semée ordinairement au printemps, a une grande importance dans certaines régions du nord de l'Europe à cause de l'emploi de la bière comme boisson.

L'Orge est caractérisé par ses épis où chaque dent de la tige porte 3 épillets contenant chacun une seule fleur. Quand les fleurs sont toutes fertiles comme dans l'*Escourgeon*

(*Hordeum hexastichon*), les épis sont à six rangées; s'il n'y a que quatre fleurs fertiles comme dans l'*Orge commune* (*Hordeum vulgare*), l'épi est à quatre rangées; tantôt enfin il n'en a que deux : *Orge à deux rangs* (*Hordeum distichon*).

On ne connaît à l'état sauvage que l'Orge à deux rangs, dans l'Asie occidentale tempérée, qui serait son lieu d'origine; les deux autres espèces paraissent en dériver. La culture de l'Orge est très ancienne, car on trouve des restes dans les habitations lacustres de la Suisse qui remontent à l'âge de la pierre.

La farine de l'Orge contient moins de matière azotée que celle du Froment. Elle fournit une farine qui ne lève pas facilement et qu'on doit mélanger à celle de Blé pour obtenir du pain mangeable. Les grains d'orge concassés sont employés sous le nom d'*orge perlé*, d'*orge mondé* à faire des potages. Le principal usage de l'Orge est de servir à la fabrication de la bière.

Avoine (*Avena sativa*). — L'Avoine, originaire de l'Europe orientale tempérée, cultivée déjà à l'époque du bronze, a peu d'importance dans l'alimentation de l'homme; cependant, en Bretagne, en Irlande et en Écosse, on emploie les grains d'Avoine concassés, sous le nom de *gruau* d'Avoine, pour faire des bouillies et des potages.

L'Avoine est surtout cultivée pour nourrir les chevaux; les balles d'Avoine sont employées à faire des paillasses formant un excellent coucher pour les enfants.

Maïs (*Zea Mays*) (p. 221). — Cette plante est appelée improprement Blé de Turquie, car ce n'est pas un Blé, et elle est originaire de l'Amérique méridionale où on la cultivait depuis très longtemps; elle a été introduite dans l'ancien monde au commencement du seizième siècle.

Le Maïs ne mûrit ses fruits que dans les contrées chaudes, et on le cultive beaucoup dans le midi de la France; il est remarquable par l'abondance de ses produits : c'est la céréale qui produit le plus de graines sur chaque pied. Le grain de Maïs contient, comme nous l'avons vu, un embryon dont le cotylédon est volumineux; comme c'est dans cet organe que la graisse est accumulée, il en résulte que la farine du Maïs contient, outre l'amidon et le gluten, une proportion considérable de matières grasses ; aussi ne peut-on conserver cette céréale qu'en grains, parce que la farine rancit.

Le pain de Maïs lève mal et est il indigeste. Dans les contrées où on le consomme, en France et en Italie, on mélange la farine de Maïs par moitié avec celle du Seigle et du Blé.

La farine de Maïs pure, délayée dans l'eau, forme une pâte qui constitue la *polenta* du Piémont, les *gaudes* ou *miliasses* de France. Les grains de Maïs sont utilisés pour engraisser les volailles.

Les bractées qui entourent les épis de Maïs sont employées à faire des paillasses.

Riz (*Oriza sativa*). — Le Riz est originaire de la Chine et de l'Inde ; sa culture date des plus anciennes civilisations connues. Cette céréale est peu cultivée en France ; elle a une grande importance en Italie, dans le Piémont ; en Amérique, dans la Caroline : ce sont ces pays qui fournissent la majeure partie du Riz consommé en Europe.

La culture en est malsaine parce que le Riz vient dans des terrains bas et marécageux qui peuvent être inondés à volonté, et les habitants des régions où cette culture existe sont sujets aux fièvres intermittentes.

C'est la céréale la plus pauvre en matières azotées et en principes solubles, mais la plus riche en amidon, car elle contient 82 % d'amidon et seulement 5 % de gluten. Il faut consommer trois fois autant de Riz que de farine de Blé pour absorber la même quantité de matière azotées ; cependant le Riz remplace le Blé dans les pays où la culture des autres céréales est impossible.

Sarrasin (p. 182). — Nous devons signaler enfin les graines d'une Polygonée, le Sarrasin ou Blé noir (*Polygonum Fagopyrum*), qui servent à fabriquer un pain peu nutritif dans les régions où la culture du Blé n'existe pas, notamment dans la Bretagne, le Morvan. Cette plante, qui prospère dans les terrains siliceux et granitiques, est originaire de la Sibérie et a été introduite en Europe au douzième siècle.

Usages des céréales. — Les graines broyées fournissent la farine avec laquelle on fabrique le pain.

Le gluten mélangé avec de la farine forme les pâtes alimentaires désignées aussi sous le nom de pâtes d'Italie. On les moule en leur donnant la forme de filaments (vermicelle), ou de tubes (macaroni). On en fabrique aussi du gluten granulé qui constitue un aliment excellent pour les troupes. C'est surtout la farine extraite des blés durs qui est utilisée pour la fabrication de ces pâtes.

Légumineuses. — Les diverses Légumineuses dont on emploie les graines dans l'alimentation sont le Pois (*Pisum sativum*), le Haricot (*Phaseolus vulgaris*), la Lentille (*Ervum Lens*), la Fève (*Faba vulgaris*).

On sait que la graine de ces plantes est constituée entièrement par l'embryon occupant toute l'amande, c'est dans les deux cotylédons charnus que se trouve emmagasinée la nourriture destinée au développement de la jeune plante.

Si nous analysons la farine que l'on obtient en broyant ces graines, nous trouvons qu'elle renferme une proportion d'eau équivalente à celle de la farine de céréales, 10 à 15 %, mais la proportion de matières azotées est plus grande. Elle contient 22 à 25 % de substances azotées et 50 à 55 % de matières non azotées (amidon, dextrine, sucre). On a constaté qu'à poids égal, les graines de Légumineuses contiennent autant de matières azotées que la chair des animaux.

On voit ainsi que ces différentes graines, par leur composition, ont des propriétés nutritives supérieures à celles des céréales, ce qui justifie l'importance que ces graines ont pris dans l'alimentation; parmi elles, les Lentilles sont les plus riches en matières azotées et les plus pauvres en eau.

Suivant l'époque à laquelle les graines de Légumineuses sont cueillies, leur composition change : ainsi les Pois cueillis un peu avant la maturité renferment une proportion considérable de sucre et de dextrine, il n'y a presque pas d'amidon ; à la maturité complète, c'est l'inverse qui a lieu.

Pois des jardins ou petit Pois (*Pisum sativum*). — Le Pois est originaire du Caucase et cultivé assez anciennement, car on en a trouvé de graines dans les habitations lacustres de l'âge du bronze.

On consomme les Pois à l'état de Pois verts cueillis un peu avant la maturité, reconnaissables à leur saveur sucrée, et de Pois secs, que l'on conserve pendant l'hiver.

Haricot commun (*Phaseolus vulgaris*). — Le Haricot, d'origine inconnue, présente diverses variétés parmi lesquelles on distingue : 1° les Haricots verts, dont les gousses sont récoltées avant la maturité du grain et consommées cuites; 2° les Haricots ordinaires, dont on mange souvent les graines cueillies un peu avant la maturité (Haricot de Soissons); 3° les Haricots mange-tout, dont on consomme les graines et les gousses.

Les Pois et les Haricots ont une grande importance dans la culture maraîchère. Ce sont presque toutes des plantes annuelles dont la tige est tantôt courte, tantôt très longue, et dans ce cas peut grimper au moyen de vrilles ou s'enrouler autour des supports. Les espèces à tige grimpantes sont nommées Haricots et Pois à rames, on les soutient au moyen de perches ou *rames*.

Lentille (*Ervum Lens*). — La Lentille, originaire de l'Asie Mineure, de l'Italie et de la Grèce, était cultivée en Europe depuis une époque très ancienne, car on trouve ses restes dans les habitations lacustres de l'âge du bronze ; elle fut introduite plus tard en Égypte.

C'est la plus nourrissante des graines de Légumineuses, et l'on fabrique avec sa farine un certain nombre de préparations alimentaires très estimées.

La Lentille fait l'objet d'une culture spéciale dans le Puy-de-Dôme, l'Aisne, l'Eure.

Pomme de terre (*Solanum tuberosum*). — C'est une Solanée caractérisée par la propriété qu'ont ses tiges souterraines de se renfler en certains points où s'emmagasinent les matières nutritives, pour former des tubercules qui restent seuls vivaces (fig. 322).

Elle est originaire du Chili, où on la trouve encore à l'état sauvage, et fut introduite en Europe après la découverte de l'Amérique. Elle était plantée en Allemagne, dans les Vosges,

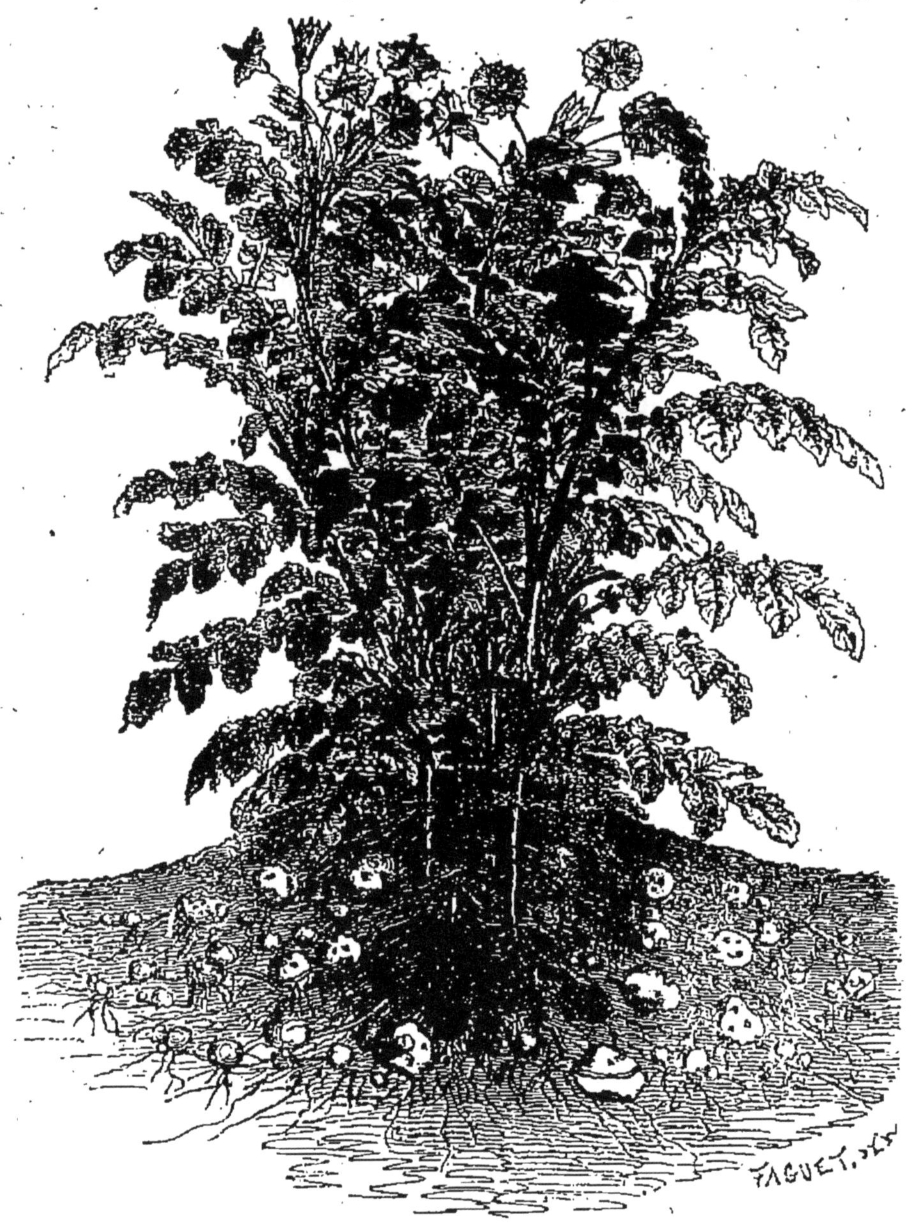

Fig. 322. — Pied de Pomme de terre.

dès le dix-septième siècle, mais sa culture à titre de plante alimentaire n'a commencé à prendre de l'extension qu'à la fin du siècle dernier, grâce aux efforts de Parmentier; aujourd'hui elle est devenue au point de vue agricole aussi importante que les céréales les plus anciennement cultivées.

Les tubercules de Pomme de terre contiennent environ 77 % d'eau, 20 % de fécule, 1 % de sucre, 1 à 2 % de matières azotées et une petite quantité de sels.

Ces tubercules sont rarement employés seuls dans l'alimentation de l'homme à cause de la petite quantité de matières azotées qu'ils renferment. Ils sont donc inférieurs à ce point de vue aux Céréales et aux Légumineuses ; mais, associés à ces plantes, ils rendent de grands services aux populations rurales et peuvent, en cas de disette, suppléer les céréales.

La Pomme de terre prospère dans les terrains assez meubles pour que l'air et l'eau puissent pénétrer jusqu'aux racines souterraines ; elle est surtout cultivée dans l'ouest, le nord et l'est de la France. Le midi est peu favorable à son développement à cause de la sécheresse.

On la propage seulement au moyen des tubercules que l'on sème entiers ou coupés en deux ou trois fragments renfermant un bourgeon.

Les Pommes de terre sont cultivées non seulement pour l'alimentation de l'homme, mais aussi pour nourrir les animaux. On les cultive aussi pour l'extraction de la fécule et la fabrication de l'alcool.

Châtaignier (*Castanea vulgaris*). — Cet arbre de la famille des Cupulifères, originaire du Portugal, ne vient que dans les terrains siliceux. Le Châtaignier est cultivé en France pour son fruit, la *Châtaigne*, qui constitue la base de l'alimentation des habitants pauvres du plateau central et de la Corse. La Châtaigne est à poids égal plus nourrissante que la Pomme de terre; à l'état de maturité elle contient 54 % d'eau, 35 % de matières non azotées formées par un mélange de sucre, de dextrine et d'amidon, et 4 1/2 % de matières azotées.

On cultive surtout la variété appelée Marron, caractérisée parce que la cupule ne contient qu'un seul fruit.

II. — Plantes alimentaires accessoires.

Nous rangerons dans cette catégorie les plantes qui ne servent ordinairement pas seules à l'alimentation de l'homme et dont on consomme les feuilles, les racines, ou les tiges. Nous distinguerons : 1° celles que l'on consomme après la cuisson et qui constituent les *Légumes ;* 2° celles que l'on consomme crues, ordinairement assaisonnées avec du sel, de l'huile et du vinaigre, et qui constituent les *Salades*.

Légumes.

Crucifères. — Cette famille fournit les légumes les plus importants après la Pomme de terre et les différentes graines de Légumineuses, car ils prennent une grande place dans l'alimentation des habitants des campagnes.

Les Crucifères contiennent dans les diverses parties de leur corps une substance volatile, sulfureuse, d'une odeur très piquante et souvent insupportable ; pour rendre ces plantes comestibles il faut empêcher, par l'étiolement, l'apparition de cette substance irritante. Les genres comestibles sont les Choux (*Brassica*), les Radis (*Raphanus*). Ces plantes contiennent une grande quantité d'eau, 85 à 90 %, le reste est constitué par des matières azotées (6 à 12 %), et par des substances non azotées (sucre, amidon, cellulose) dans la proportion de 14 à 8 %. La grande quantité d'eau que ces plantes renferment les rend peu alimentaires à l'état cru, mais la cuisson qui fait disparaître l'eau en partie, augmente leurs propriétés alimentaires.

Crucifères cultivées pour leurs feuilles, leurs bourgeons ou leurs fleurs. — Ce sont les diverses variétés de Choux appartenant à une seule espèce, le Chou commun (*Brassica oleracea*), originaire d'Europe et très anciennement cultivé. Les variétés principales sont (p. 164) :

1° Le *Chou pommé* ou *cabus*, caractérisé parce que les matières alimentaires s'accumulent dans le bourgeon terminal, soit dans la tige, soit dans les feuilles, et forment le cœur ou la pomme du Chou; toutes ces parties développées à l'abri de la lumière sont étiolées et possèdent une coloration blanche ou jaunâtre.

2° Le *Chou-fleurs* caractérisé parce que les matières alimentaires s'accumulent dans l'inflorescence ; c'est le plus estimé.

3° Le *Chou de Bruxelles* ou Chou à jets, caractérisé parce que les matières alimentaires sont amassées dans les bourgeons latéraux qui naissent à l'aisselle des feuilles.

Crucifères cultivées pour leurs tiges ou leurs racines. — Ce sont : le Chou-Rave (*Brassica Oleracea* var. *Rapa*) dans lequel la partie inférieure de la tige s'épaissit et se gorge de matières nutritives. On le consomme surtout en Allemagne.

Le Navet (*Brassica Napus*) dont la racine devient charnue et contient avec 85 °/₀ d'eau, 8 °/₀ de sucre et 15 °/₀ de matières azotées.

Le Radis (*Raphanus sativus*), cultivé pour ses racines qui contiennent une proportion assez grande de substance volatile qui leur communique une saveur piquante.

Ombellifères. — Cette famille fournit quelques légumes, tels que : la Carotte (*Daucus Carota*) (p. 154), dont on mange la racine pivotante charnue qui contient une grande quantité de sucre; le Céleri ordinaire (*Apium graveolens*) et le Céleri-Rave, dont on mange les feuilles ou la tige. On ne peut manger que les jeunes pousses étiolées de ces plantes parce qu'elles contiennent une faible partie des huiles essentielles qui leur donnent à l'état naturel une saveur insupportable. Citons encore le Persil, le Cerfeuil, le Panais et l'Angélique, employés pour relever la saveur des aliments, ainsi que les fruits de Coriandre, d'Anis, de Carvi, utilisés pour leur arome.

Composées. — La famille des Composées fournit quelques légumes importants dans la culture maraîchère : ce sont l'Artichaut, le Salsifis, le Topinambour.

L'Artichaut (*Cynara Scolymus*) (p. 120) est probablement dérivé du Cardon sauvage, indigène dans la région méditerranéenne. Il est cultivé en Provence, dans la Touraine et dans le Soissonnais pour ses capitules qui, au moment où les fleurs vont s'épanouir, sont gorgés de matières alimentaires parmi lesquelles se trouve une substance soluble, voisine de l'amidon, qu'on appelle *inuline*. On récolte l'Artichaut quand les capitules sont en boutons et l'on mange le réceptacle ainsi que la base des écailles de l'involucre. Ce qu'on appelle le foin est constitué par les fleurs en boutons, et les piquants ou soies qui s'y trouvent mélangés représentent le calice des fleurs.

Le Topinambour (*Helianthus tuberosus*), originaire de l'Amérique, est cultivé pour ses rhizomes qui se renflent et donnent des tubercules où s'amasse aussi une grande quantité d'inuline; aussi, lorsqu'ils sont cuits, ont-ils exactement la saveur des fonds d'Artichaut, mais ils sont moins estimés à cause d'une légère odeur de fumée qu'ils exhalent.

Les Salsifis sont les parties souterraines du Salsifis vrai (*Tragopogon porrifolium*) ou de la Scorzonère (*Scorsonera hispanica*). Le Salsifis vrai est une racine à écorce jaune, autrefois très cultivée; la racine de Scorzonère est noire, c'est maintenant la plus répandue. Ces racines contiennent un suc blanc laiteux et aussi une grande quantité d'inuline.

Chénopodées. — Cette famille donne l'Épinard (*Spinacia oleracea*), plante d'une culture peu ancienne et probablement originaire de Perse. On mange ses feuilles cuites.

Polygonées. — Elles fournissent l'Oseille (*Rumex acetosa*), originaire d'Europe et dont les feuilles contiennent une quantité assez grande d'oxalate de potasse ou sel d'oseille qui leur donne une saveur acide; la Patience (*Rumex Patientia*); la Rhubarbe (*Rheum officinale*) avec laquelle on fait en Angleterre des tartes très estimées; c'est le pétiole des feuilles qui est utilisé dans ce cas.

Liliacées. — Les Liliacées sont avec les Graminées les seules Monocotylédones de nos pays qui fournissent des plantes alimentaires : ce sont l'Asperge (*Asparagus officinalis*), Liliacée vivace à rhizome et les diverses espèces du genre *Allium*, Liliacées vraies à tige bulbeuse.

Asperge. — Si l'on examine une touffe d'Asperges que l'on a déterrée en pleine végétation, on voit qu'elle se compose d'un rhizome, formé d'un grand nombre d'articles courts, arrondis, un peu allongés, dirigés en tous sens et formant ce que l'on appelle *doigts*, la réunion des articles du rhizome se nomme *griffe*. Çà et là, sur le rhizome, s'élèvent un certain nombre de tiges aériennes destinées si on ne les coupe pas, à s'épanouir dans l'air. On coupe ces pousses annuelles lorsqu'elles dépassent de 10 ou 15 centimètres la surface du sol, et leur sommet, couvert de petites écailles colorées en vert, est la partie comestible. On cultive l'Asperge dans des fossés assez profonds pour pouvoir remettre de temps en temps de la terre sur les rhizomes, parce que les griffes, par suite de la végétation, se développent les unes au-dessus des autres.

Les Asperges sont cultivées dans tous les pays, mais on les trouve à l'état spontané dans le midi de la France et en Algérie.

Genre Allium. — Parmi ces plantes, l'une des plus importantes et des plus anciennement cultivées est l'Oignon (*Allium Cepa*), originaire de la Perse et des contrées voisines.

C'est une plante bisannuelle. La graine développe pendant la première année une tige souterraine très courte portant de nombreuses feuilles creuses et des racines adventives. Les aliments absorbés par les racines ou préparés par les feuilles s'accumulent à la base de ces dernières, qui se renflent peu à peu et par leur réunion forment un bulbe analogue à celui de la Jacinthe. A l'automne, la partie aérienne des feuilles, les racines adventives se flétrissent, il ne reste que le bulbe entièrement formé par les écailles. La matière alimentaire renfermée dans ces écailles est surtout du sucre ordinaire mélangé à une petite quantité d'huile volatile qui provoque le larmoiement. Ce sont les écailles, destinées à servir au développement des fleurs et des fruits pendant la deuxième année, qui sont comestibles.

On consomme également l'Échalote (*Allium Ascalonicum*), inconnue à l'état sauvage, qui ne produit ordinairement pas de fleurs, et qui paraît dériver de l'Oignon.

L'Ail (*Allium sativum*) est une espèce vivace dont la

consommation est importante dans le midi de la France parce qu'il relève la saveur des aliments et excite l'appétit. Son bulbe diffère de celui de l'Oignon parce que, à l'aisselle des écailles, se trouvent des bourgeons ou cayeux qui constituent les gousses d'ail. Ce sont les gousses d'ail que l'on plante de préférence aux graines quand on veut reproduire la plante.

Salades.

Les plantes consommées pour leurs feuilles, en salade, appartiennent presque toutes à la famille des Composées, ce sont les différentes variétés de *Laitues*, de *Chicorée;* cependant la famille des Crucifères fournit le *Cresson;* la *Mâche* ou *Doucette* appartient aux *Valérianées*.

Ces plantes sont pauvres en matières alimentaires, car elles contiennent en moyenne 95 % d'eau. On les consomme surtout à cause de leur saveur; mais cette saveur dans les Laitues, les Chicorées, est insupportable lorsque les plantes se sont développées librement, car elles contiennent une grande quantité de suc laiteux, amer. On est obligé de les étioler, c'est-à-dire de les cultiver à l'abri de la lumière, pour les débarrasser de la plus grande partie de ces principes âcres.

Laitues. — Toutes les Laitues cultivées actuellement appartiennent à une seule espèce, la *Lactuca Scariola*, variété *sativa*, cultivée très anciennement comme salade par les Grecs et les Romains et introduite tardivement en France. Elle est originaire des régions méditerranéennes de l'Europe, de l'Asie et de l'Afrique.

Les diverses variétés se distinguent en deux groupes principaux : les Laitues à pommes rondes ou Laitues proprement dites, et les Laitues à pommes longues ou Romaines. Le suc laiteux de ces diverses salades contient des principes calmants.

Chicorée. — On cultive deux espèces de Chicorée, la Chicorée sauvage (*Cichorium Intybus*) qui croît dans toute l'Europe, et la Chicorée Endive (*Cichorium Endivia*) qu'on trouve à l'état sauvage dans la région méditerranéenne et les îles sous le nom de *Cichorium pumilum*.

La Chicorée sauvage (p. 121), très amère et tonique, est consommée en salade quand ses feuilles sont très jeunes (lorsqu'elles ont 4 à 5 centimètres de longueur).

En la cultivant dans des caves peu éclairées on obtient la *Barbe de capucin*, formée par des feuilles étroites, longues et blanches douées d'une grande amertume. La racine de Chicorée torréfiée et moulue est souvent mélangée au café, dont elle n'améliore jamais les qualités.

La Chicorée Endive (*Cichorium Endivia*) forme les variétés connues sous le nom de Chicorée frisée, très estimée, et de Scarole.

On mange souvent en hiver, en l'absence d'autres salades, des feuilles du Pissenlit (*Taraxacum dens-leonis*) qui croît communément dans les champs, au bord des chemins.

Le Cresson de fontaine (*Nasturtium officinale*), originaire d'Europe, et le Cresson alénois (*Lepidium sativum*), probablement originaire de Perse, appartiennent aux Crucifères. On consomme les feuilles de ces deux espèces avec ou sans assaisonnement; elles ont une saveur fraîche, piquante, un peu amère, et constituent un aliment très sain à cause de leurs propriétés antiscorbutiques (le Cresson entre dans la composition du sirop et du vin antiscorbutique).

Nous devons signaler enfin les Cucurbitacées qui fournissent des fruits consommés de diverses façons : cuits (Potirons), confits (Concombres, Cornichons) ou crus (Melons).

Le Concombre (*Cucumis sativus*), originaire de l'Inde, est cultivé depuis longtemps pour ses fruits, qui, suivant leur grosseur, forment les Cornichons ou les Concombres proprement dits. Ces fruits sont employés pour relever la saveur des aliments : on les appelle des *condiments*.

Le Melon (*Cucumis melo*), originaire de l'Inde et de l'Afrique, est cultivé pour son fruit, que l'on cueille à maturité. La paroi interne du péricarpe devient charnue et contient une quantité considérable de sucre. On le consomme à l'état frais.

A titre de plantes condimentaires, nous mentionnerons le Poivre, qui est constitué par les graines de certaines espèces de *Piper*, plantes de la famille des Pipéracées, originaires de l'Inde ou de l'archipel indien et que l'on cultive dans les pays chauds ; la poudre obtenue en broyant les graines est utilisée pour relever la saveur des aliments. Le Piment ou Poivre long, est le fruit de diverses espèces de *Capsicum*, Solanées originaires de l'Amérique méridionale ; ces fruits sont remarquables par leur saveur rappelant celle du Poivre et sont employés aux mêmes usages.

III. — Fruits et boissons.

Les fruits d'un certain nombre de plantes sont employés comme fruits de dessert ou servent à fabriquer les boissons fermentées.

Fruits de table.

Les plantes qui fournissent les fruits de table appartiennent à plusieurs familles.

La famille des Rosacées fournit les arbres fruitiers : Prunier, Amandier, Pommier, ainsi que des arbustes à fruits : Framboisiers, ou des herbes : Fraisiers.

La Vigne appartient aux Vinifères ; les Aurantiacées fournissent l'Orange, le Citron ; les Morées donnent le Figuier (*Ficus carica*) ; les Palmiers fournissent le Dattier, Cocotier, etc.

Rosacées. — Les fruits que nous donne cette famille appartiennent à des tribus différentes.

Ces fruits contiennent une proportion d'eau moins grande que les légumes crus, car elle varie de 77 à 87 °/₀. Ils renferment tantôt du sucre seul (Pommes, Raisins, Fraises), tantôt un mélange de sucre et de dextrine dans la proportion de 6 à 15 °/₀, un principe particulier, la *pectine*, qui rend la pulpe ou le jus des fruits gélatineux, et une très faible quantité de matières azotées, à peine 1 °/₀. Le sucre qu'ils contiennent est du sucre de raisin ou glucose.

Les fruits ne possèdent cette composition que lorsqu'ils sont complètement mûrs, et c'est à cette époque qu'on peut les consommer sans danger pour la santé.

Avant la maturité les fruits contiennent des substances acides et des matières qui servent à la formation des sucres et de la pectine; ils ont alors une saveur âcre et sont très malsains.

Fraisier. — Le Fraisier commun (*Fragaria vesca*) (p. 132) est spontané dans l'Europe et l'Asie méridionale tempérée, et l'on récolte ses fruits petits et savoureux dans tous nos bois. La culture maraîchère utilise non seulement cette espèce indigène, mais deux espèces exotiques : le Fraisier de Virginie et le Fraisier du Chili, introduits en Europe depuis le dix-septième et le dix-huitième siècle. En transportant le pollen des fleurs de ces espèces exotiques sur les fleurs du Fraisier commun, on a obtenu des plantes donnant des fraises ayant les qualités des deux espèces. Ces plantes, qu'on appelle des *hybrides*, fournissent les variétés estimées connues sous le nom de Fraises *Ananas*, *Victoria*, etc.

Outre le Fraisier, on cultive souvent le Framboisier (*Rubus Idæus*) pour ses fruits parfumés, formés par les ovaires multiples de la fleur qui sont devenus charnus et contiennent chacun une graine. Ils appartiennent, ainsi que le Fraisier, à la tribu des Dryadées.

Arbres fruitiers. — Les arbres fruitiers appartiennent à la tribu des Amygdalées et des Pomacées.

La tribu des Amygdalées (p. 146) contient les fruits à noyaux, *Prunes*, *Cerises*, *Pêches*, formés par les parois extérieures de l'ovaire devenues charnues, succulentes; elle renferme aussi l'Amandier, dont on mange les graines. La tribu des Pomacées (p. 147) contient les fruits à pépins, les *Pommes* et *Poires*, appartenant au genre *Pyrus*. Ces fruits sont constitués à la fois par les parois du calice et de l'ovaire soudées et devenues charnues.

Culture des arbres fruitiers : taille et greffe. — Les arbres fruitiers appartenant à la tribu des Pomacées et des Amygdalées font l'objet d'une culture spéciale qui a acquis une grande importance.

Un certain nombre de ces arbres, les Poiriers et les Pommiers à cidre en Normandie, les Pêchers dans les vignobles du midi et du centre de la France, sont cultivés sans qu'on en prenne aucun soin, mais lorsqu'il s'agit d'obtenir des fruits de table, on a intérêt à produire meilleur et le plus vite possible ; aussi doit-on donner aux arbres fruitiers certains soins parmi lesquels la *taille* est le plus important.

Quand on examine une branche de Poirier au printemps avant l'apparition des feuilles, on voit (fig. 323) qu'elle porte deux sortes de bourgeons ; les uns (D), étroits, aigus, sont des *bourgeons à bois*, ils se transforment toujours en branches garnies de feuilles ; les autres, gros, obtus (L), sont des *bourgeons à fruits ;* ils ne développent que des rameaux courts portant quelques feuilles et toujours un bouquet de fleurs destinées à former les fruits.

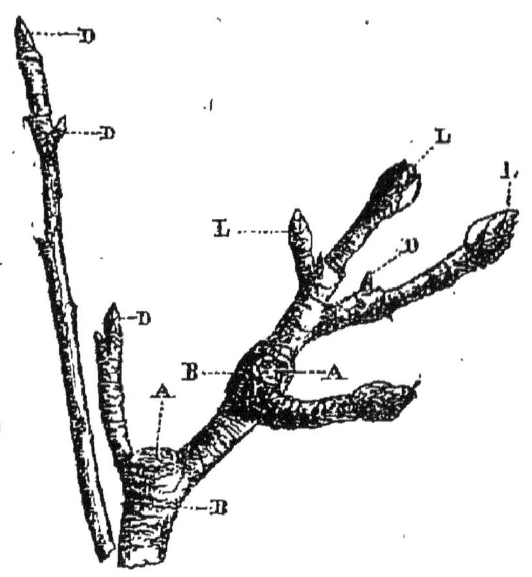

Fig. 323. — Branche de Poirier montrant les bourgeons à bois D et les bourgeons à fruits L.

Quand l'épanouissement des bourgeons va avoir lieu, les matières alimentaires se partagent entre les bourgeons à fruits et les bourgeons à bois, et si ces derniers sont nombreux ils consomment presque tous les aliments, de sorte que les bourgeons à fruits, appauvris, se développent difficilement; ils épanouissent bien leurs fleurs, sans pouvoir mûrir leurs fruits. Mais si l'on coupe les bourgeons à bois en n'en conservant qu'un ou deux, le rameau, débarrassé d'un excès de branches feuillées qui détournaient la sève, développe rapidement ses fruits et les mûrit tous.

L'opération qui consiste à couper les bourgeons à bois en excès, dont le développement contrarie l'épanouissement des fleurs et la formation des fruits, s'appelle la *taille*.

On soumet les Poiriers, les Pommiers, les Pêchers à la taille.

Quand on a obtenu des arbres fournissant d'excellents fruits, on a intérêt à les multiplier rapidement et sûrement.

La propagation par le semis des graines ne donne pas toujours de bons résultats, car la saveur des fruits devient moins savoureuse dans les arbres obtenus ainsi; aussi emploie-t-on l'opération désignée sous le nom de *greffe*. Elle consiste à couper un rameau ou un fragment de rameau de la variété de Poirier qu'on veut propager et à la fixer dans une entaille pratiquée sur la tige d'un jeune Poirier sauvage, à la région séparant l'écorce du bois et occupée, comme on sait, par la zone génératrice. Au bout d'un certain temps, les deux tiges se soudent et les bourgeons du rameau qu'on a greffé se développent comme s'ils étaient restés sur l'arbre primitif et donnent rapidement des fruits. La greffe ne peut pas se produire indifféremment d'un arbre à un autre ; ainsi cette opération ne réussit jamais entre un Poirier et un Pommier, tandis que le Poirier se greffe bien sur le Cognassier, l'Aubépine, le Cormier. La greffe la plus employée ou *greffe en écusson*, consiste à enlever un fragment portant un bourgeon et à le placer entre l'écorce et le bois préalablement séparés du rameau sur lequel la greffe doit prendre, puis on fait une ligature qui maintient les surfaces en contact (fig. 324).

Fig. 324. — Greffe en écusson.

Arbres à fruits à noyaux. — Les Cerisiers cultivés constituent aujourd'hui de nombreuses variétés qui paraissent se rapporter à deux espèces : le Cerisier des Oiseaux (*Prunus avium*) qui est la souche de nos Cerisiers donnant les fruits doux ou *Guignes*, tels que les Merisiers, les Bigarreautiers, et le Cerisier commun (*Pr. Cerasus*), d'où proviennent les Cerisiers à fruits acides tels que les Cerisiers de Montmorency et les Griottiers : ces deux espèces paraissent originaires des régions séparant la mer Caspienne de l'Anatolie occidentale, elles ont été naturalisées peu à peu dans toute l'Europe par les oiseaux et par l'homme.

Les Pruniers cultivés, dont les variétés sont également très nombreuses, appartiennent probablement à deux espèces ; le Prunier domestique (*P. domestica*) originaire de l'Anatolie et de la Perse, et le Prunier proprement dit (*P. insititia*) originaire de la Turquie d'Europe. Les principales variétés de Prunes sont la Reine-Claude, la Mirabelle, la Prune de Monsieur, consommées fraiches, et les Prunes d'Agen, les Couetsches que l'on fait sécher pour obtenir les pruneaux.

Les Pruniers et les Cerisiers sont cultivés en plein vent, on ne les taille pas.

L'Abricotier (*Prunus armeniaca*) et le Pêcher (*Amygdalus Persica*), originaires de la Chine, furent introduits en Europe par les Grecs et les Romains au commencement de l'ère chrétienne.

Ces arbres fleurissent de très bonne heure au printemps et craignent les gelées tardives. Comme leurs fruits mûrissent difficilement dans le nord de la France, on les cultive ordinairement en espaliers, c'est-à-dire appliqués contre des abris exposés au midi. Ce n'est que plus au sud qu'on les cultive en plein vent.

Les différentes variétés de Pêchers se rapportent à deux séries, les Pêchers à fruits velus comme la Pêche ordinaire (Pêche de Montreuil), et les Pêchers à fruits lisses comme le Brugnon.

Arbres à fruits à pépins. — Le Pommier (*Pyrus Malus*), indigène dans l'Europe tempérée, est cultivé depuis l'époque préhistorique, car on a trouvé des fruits dans les habitations lacustres de la Suisse à l'âge de pierre. Cette espèce est la souche de nombreuses variétés de Pommiers que l'on cultive aujourd'hui, soit pour obtenir des fruits de table tels que les Reinettes, les Calvilles, soit pour obtenir le cidre.

Les Poiriers sont cultivés dans le but d'obtenir des fruits de table ou des fruits servant à la fabrication du Poiré. Les fruits de table, tels que les Beurrés, les Bergamotes, les Bons-Chrétiens, etc., ainsi que les fruits à cuire comme le Messire-Jean, sont fournis par des variétés issues du Poirier commun (*Pyrus communis*), indigène dans toute l'Europe tempérée jusqu'à la Perse. Les fruits servant à la fabrication du Poiré, à saveur désagréable, sont fournis par le Poirier Sauger (*Pyrus nivalis*), à feuilles couvertes en dessous d'un duvet blanc et qui paraît originaire de l'Asie Mineure. On le cultive dans le centre et dans l'est de la France.

Les Pommiers et les Poiriers destinés à donner les fruits de table, cultivés dans les vergers ou en espalier, sont soumis à la taille destinée à assurer la formation de beaux fruits. Les arbres qui donnent des fruits destinés à servir à la fabrication du Cidre et du Poiré sont cultivés en plein champ et on ne les taille pas.

Vigne. — La Vigne est originaire de la région méditerranéenne, dans le midi du Caucase où elle est à l'état sauvage; elle a l'aspect de lianes s'attachant aux arbres et produisant d'abondantes grappes sans aucun soin. Sa culture est très ancienne, car on a trouvé des preuves de son existence dans les habitations lacustres de l'âge du bronze.

La Vigne croît dans presque tous les terrains, pourvu qu'ils soient perméables, mais elle exige, pendant la période de végétation, depuis l'épanouissement des bourgeons jusqu'à la maturité des fruits, un climat chaud et sec. Elle est très répandue dans le midi de l'Europe, mais ne réussit pas dans les régions septentrionales à cause de l'abaissement de la température et de l'humidité. Si elle donne de bons résultats dans les vallées de la Moselle et du Rhin, abritées contre les vents humides et froids du nord et de l'ouest, c'est que les étés sont très chauds.

Quand le raisin est mûr, ses grains contiennent une quantité considérable d'eau, du sucre de raisin ou glucose, des matières azotées, quelques sels, parmi lesquels la crème de tartre qui forme les dépôts dans les tonneaux, du tanin qui donne aux raisins leur astringence. Mais cette composition varie suivant les régions où le raisin est cultivé ; ainsi, dans les localités qui sont situées en Europe à la même latitude que Dunkerque, le raisin ne mûrit pas, sa pulpe ne renferme que des substances acides et ne contient pas de sucre ; à mesure qu'on descend vers le sud, la quantité de sucre contenue dans les grains de raisin augmente de plus en plus, et en Espagne, en Italie, ainsi qu'en Algérie, les raisins très sucrés fournissent des vins sucrés ou vins de liqueur ; dans les régions plus chaudes, la Vigne ne fournit plus que des raisins de médiocre qualité.

Les fruits sont cueillis à maturité, tantôt pour être consommés en nature, mais le plus souvent pour servir à la fabrication du vin.

C'est la France qui, par sa situation, produit la plus grande variété de vins fins et ordinaires ; avant la funeste invasion du Phylloxera, la France produisait 60 millions d'hectolitres de vins représentant en argent une valeur de près de 3 milliards de francs.

Les Vignes servant à la fabrication du vin et de l'eau-de-vie font partie de la grande culture. On cultive dans les jardins fruitiers un certain nombre de variétés constituant les raisins de table, telles que le Chasselas de Fontainebleau, le Muscat, etc.

A côté des Rosacées et des Vinifères qui fournissent la plus grande partie des fruits de table ou servent à la fabrication des boissons, nous devons signaler des plantes à fruits de moindre importance.

Les différentes espèces de Groseilliers, cultivés pour leurs fruits : le Groseillier à maquereaux (*Ribes Uva crispa*), le Groseillier rouge (*Ribes rubrum*) et le Cassis (*Ribes nigrum*).

Le Figuier (*Ficus carica*) (fig 325), appartenant à la famille des Morées, voisine de celle des Orties, est cultivé depuis très longtemps pour ses fruits consommés frais et séchés. Il est originaire de la région méridionale de la Méditerranée (Syrie, Égypte). On le cultive dans la région des Oliviers ainsi que sous le climat de Paris où ses fruits n'arrivent pas toujours à maturité.

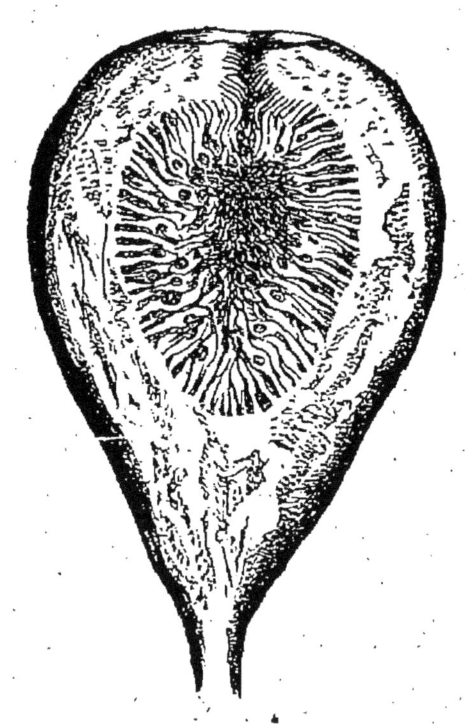

Fig. 325. — Figue coupée en long. La partie charnue est formée par le réceptacle des fruits ; ceux-ci forment des graines qu'on aperçoit à l'intérieur.

L'Oranger (*Citrus Aurantium*), le Citronnier (*C. medica*), appartenant à la famille des Aurantiacées, sont cultivés, le premier pour ses fruits sucrés et ses fleurs, le second pour ses fruits acides, dans diverses régions de la France, mais c'est seulement dans la région des Oliviers que les fruits mûrissent ; les Oranges consommées dans le commerce viennent d'Afrique, d'Espagne et de Provence.

Boissons.

Tous les peuples font usage de boissons fermentées dans leur alimentation. On les prépare en extrayant le jus sucré contenu dans certaines plantes et en abandonnant ce jus à l'air pendant quelques jours. Pendant ce temps, le sucre contenu dans le liquide disparaît ou diminue, il se dégage beaucoup d'acide carbonique, et l'on trouve une substance nouvelle, inflammable, à saveur brûlante, l'*alcool* (ou esprit), qui donne aux boissons des qualités qu'on recherche. Cette transformation qu'a subie le sucre est une *fermentation*, et la boisson est une liqueur fermentée.

Fermentation. — L'usage des boissons fermentées remonte à une haute antiquité, mais les conditions dans lesquelles la fermentation a lieu sont restées longtemps inconnues, et c'est depuis un certain nombre d'années seulement qu'on connaît le rôle que jouent certains champignons dans la transformation du sucre en alcool.

Pour nous en assurer, prenons la mousse pâteuse qui surnage sur le jus de raisin ou le moût de bière en fermentation, délayons cette pâte dans de l'eau et examinons une goutte du liquide au microscope ; nous apercevrons alors un grand nombre de grains ovoïdes, tantôt libres, tantôt disposés en chapelets ; chaque globule est un champignon (fig. 326) ; c'est la levûre de bière.

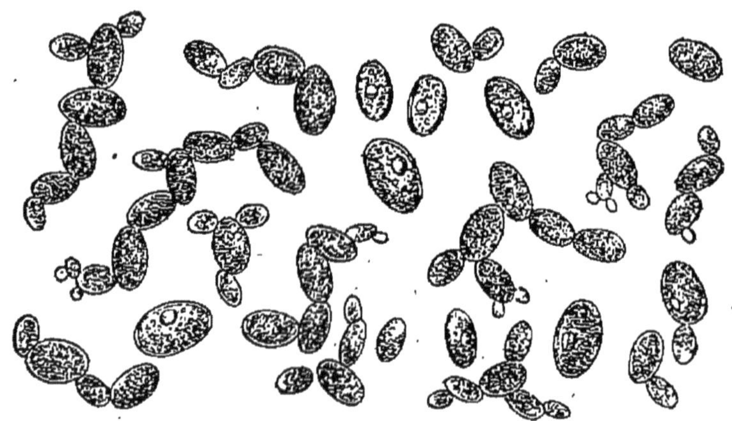

Fig. 326. — Globules de levure de bière.

Ces globules se multiplient par bourgeonnement, et les jeunes globules constituent les petits renflements qu'on aperçoit çà et là sur les globules anciens.

Comment vit la levure de bière ? Pour le savoir, nous prendrons de l'eau sucrée, nous y sèmerons une goutte de l'eau dans laquelle cette levure a été délayée, et nous maintiendrons l'eau sucrée dans une chambre à 16 ou 18° (fig. 327). Au bout d'un jour, l'eau se trouble et l'on voit se dégager des bulles de gaz de toute sa masse ; si l'on recueille ce gaz, on constate que c'est de l'*acide carbonique.*

Le dégagement d'acide carbonique cesse au bout de cinq à six jours ; à ce moment le sucre n'existe plus dans l'eau, mais on y trouve une substance particulière, l'*alcool;* en même temps on constate que le liquide est couvert d'une couche épaisse de *levure* dont le poids a beaucoup augmenté.

La levure s'est donc multipliée dans l'eau sucrée, puisqu'elle est en quantité plus abondante à la fin de l'expérience. En se développant dans l'eau, elle a décomposé le sucre en alcool et en acide carbonique ; mais si l'on avait tué la levure en chauffant l'eau sucrée à 100°, le sucre n'aurait pas été décomposé.

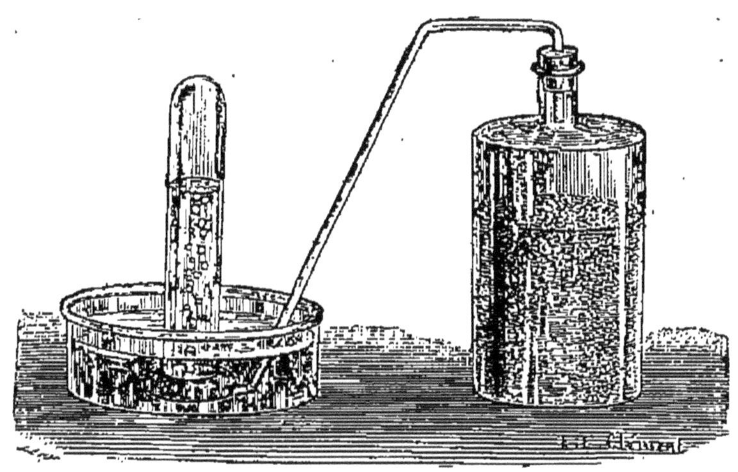

Fig. 327. — Flacon renfermant de l'eau sucrée où l'on a semé la levure de bière. Le sucre est décomposé en alcool et en acide carbonique.

On appelle *fermentation* la décomposition de l'eau sucrée en alcool et en acide carbonique sous l'influence de la levure de bière qui vit dans ce liquide, et la levure a reçu le nom de *ferment.*

Il existe un grand nombre de fermentations produites par des végétaux inférieurs : citons notamment la fermentation du vin, c'est-à-dire sa transformation en vinaigre sous l'influence d'un ferment qui forme les amas connus sous le nom de *mères du vinaigre.*

Dans l'expérience que nous avons faite pour montrer le développement de la levure de bière, nous avons semé ce Champignon à la surface de l'eau sucrée. Cette précaution n'est pas nécessaire ; en effet, si l'on abandonne à l'air, dans un vase ouvert, de l'eau sucrée, elle ne tarde pas à fermenter et l'on voit apparaître à sa surface une mousse blanche formée par la levure de bière.

M. Pasteur a démontré que cette levure est introduite par l'eau sucrée, ou par l'air; les expériences suivantes le prouvent. On fait bouillir l'eau sucrée dans un ballon dont le col est effilé; quand l'eau sucrée est en ébullition, on ferme le ballon en fondant l'extrémité effilée du col (fig. 328).

En chauffant à l'ébullition, on a tué tous les ferments renfermés dans l'eau, et comme on empêche l'air de rentrer, celle-ci ne fermente pas. On peut alors conserver ce ballon rempli d'eau sucrée pendant des années sans qu'elle s'altère. Mais si l'on brise la pointe du ballon pour laisser rentrer l'air, le sucre fermente presque toujours, parce que l'air a amené avec lui la levure de bière. Enfin, quand on laisse rentrer l'air dans un ballon où l'eau sucrée a été chauffée, en filtrant cet air sur du coton, ou en le calcinant au rouge, l'eau ne fermente pas, parce que les ferments ont été détruits par la chaleur ou arrêtés par le coton (fig. 329).

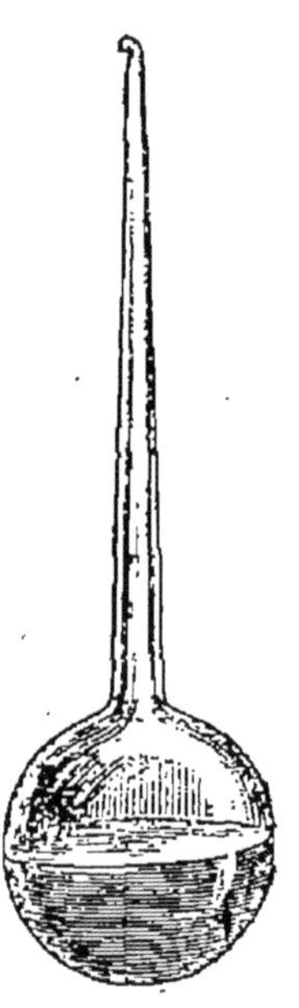

Fig. 328. — Ballon où l'on a fait bouillir de l'eau sucrée. Quand on ferme l'extrémité effilée à la lampe, l'eau sucrée ne fermente pas.

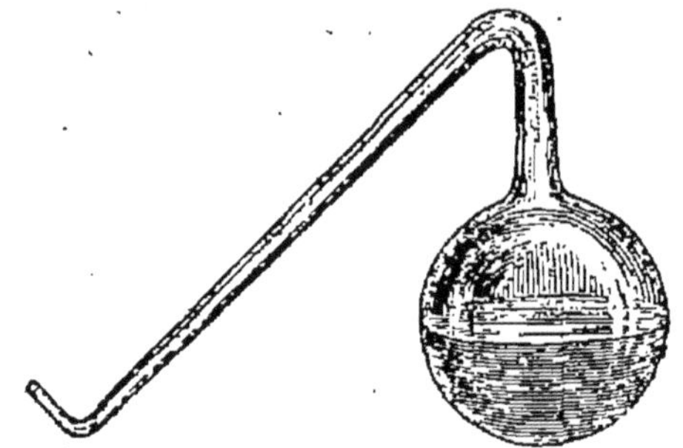

Fig. 329. — Ballon où l'on a fait bouillir de l'eau sucrée. L'air rentre dans le ballon en filtrant sur un tampon de coton placé à l'extrémité du tube. L'eau sucrée ne fermente pas.

On voit ainsi que lorsque la levure de bière tombe dans

de l'eau sucrée, elle y vit et se multiplie; pendant son développement, elle transforme le sucre en alcool et en acide carbonique.

Pour obtenir des boissons fermentées, il faut donc d'abord obtenir des liquides sucrés, puis on fait fermenter ces liquides.

Boissons fermentées. — On peut distinguer deux catégories de boissons fermentées : 1° celles qu'on obtient en utilisant le jus des fruits qu'on abandonne à la fermentation; telles sont : le *Vin*, le *Cidre*, le *Poiré;* 2° celles qu'on obtient en utilisant l'amidon des graines, comme la *Bière*.

Vin. — Le Vin est une boisson dont l'usage paraît aussi ancien que la culture de la Vigne. Le Vin est connu en France depuis l'époque des Romains. On le prépare avec les raisins, que l'on cueille à la maturité et qu'on place dans des cuves ou pressoirs, *où ils sont écrasés pour laisser échapper* le jus qu'ils renferment; la fermentation s'établit aussitôt sous l'influence de la levure apportée par les enveloppes des grains. Quand la fermentation est terminée on fait écouler le liquide et l'on y ajoute du blanc d'œuf délayé dans l'eau; en se coagulant dans le vin, le blanc d'œuf forme un voile qui entraîne les impuretés et la plus grande quantité des ferments. On obtient ainsi le vin nouveau.

Les régions de vignobles les plus importantes sont la Gironde, la Charente, la Provence, la Bourgogne, la Champagne.

Cidre, Poiré. — Le Cidre, dont l'usage était connu des Romains et qui était avec l'hydromel la boisson des Gaulois avant la culture de la Vigne, est obtenu par la fermentation du jus de Pommes. C'est la boisson la plus employée dans la Normandie, la Picardie et la Bretagne, c'est-à-dire dans les provinces du littoral de l'Océan et de la Manche où la culture de la vigne est impossible à cause de l'humidité.

Le Poiré, obtenu par la fermentation du jus des Poires, est consommé dans les mêmes régions, mais il a moins d'importance et il est moins hygiénique que le cidre.

Bière. — La Bière est la boisson des contrées du nord de l'Europe dans lesquelles la culture de la Vigne ou celle des Pommiers sont impossibles.

On la fabrique avec les grains de l'Orge. On leur fait d'abord subir un commencement de germination qui a pour but de développer une matière appelée diastase, destinée à changer l'amidon en sucre. Quand les racines ont atteint une longueur égale au tiers des graines, on tue celles-ci par la chaleur et l'on obtient le *malt* ou *orge germé*. On fait chauffer ensuite le malt dans l'eau à une température de 60° à 70°; pendant cette opération, la diastase transforme l'amidon en sucre de raisin ou glucose; quand il n'y a plus d'amidon, on aromatise le jus sucré avec des cônes de houblon, et il ne reste plus qu'à faire fermenter le liquide pour obtenir la Bière.

La Bière est une boisson très nutritive, car elle contient, outre l'alcool dans la proportion de 4 $^1/_2$ %, des matières azotées, 50 grammes environ par litre.

Dans les régions où l'usage du vin et de la bière sont inconnus, les habitants emploient des boissons fermentées obtenues avec la sève sucrée extraite de certaines plantes. C'est ainsi qu'on emploie le vin fabriqué avec la sève de Palmier, d'Érable à sucre, de Bouleau.

Boissons fabriquées avec des plantes aromatiques. Infusions. — Outre les boissons fermentées dont nous venons de parler l'homme fait encore usage de boissons obtenues en faisant infuser dans l'eau des feuilles ou des graines; ce sont :

Le *Thé* est l'infusion obtenue avec les feuilles séchées du Thé (*Thea chinensis*). Il est originaire des régions montagneuses séparant l'Inde de la Chine; c'est surtout en Chine, dans l'Inde anglaise, au Japon, au Brésil, qu'on cultive cette plante. On consomme quelquefois en Europe, sous le nom de Thé, les infusions de feuilles de la Véronique officinale.

Le *Café* est la boisson obtenue en faisant infuser dans l'eau bouillante la poudre des graines torréfiées du Caféier.

Le Caféier (*Coffea arabica*) appartient à la famille des Rubiacées; il est originaire de l'Afrique équatoriale et sa culture s'est répandue peu à peu dans toutes les contrées chaudes. On récolte les graines à la maturité et on les grille pour développer l'arome qui leur est particulier. Pour empêcher l'arome de disparaître, il vaut mieux conserver le Café en grains dans des vases métalliques bien fermés et moudre ces grains au moment de préparer le café.

Ces boissons, outre leur action stimulante spéciale sur le système nerveux, paraissent agir en empêchant le corps de s'user.

CHAPITRE II

PLANTES SERVANT A L'ALIMENTATION DES ANIMAUX

Les plantes servant à l'alimentation des animaux sont désignées sous le nom de *fourrages*. On distingue les cultures qui les fournissent en trois catégories : 1° *les prairies naturelles* ; 2° *les prairies artificielles* ; 3° *les cultures spéciales*.

Ces plantes sont très variées et appartiennent à de nombreuses familles, mais les plus importantes appartiennent aux Graminées, aux Légumineuses et aux Crucifères.

Les plantes qui composent les prairies naturelles ou les prairies artificielles sont destinées à être fauchées une ou deux fois par an, et lorsqu'elles ont été desséchées, elles constituent ce qu'on appelle le *foin*.

Pâturages. — On nomme *pâturages* les prés ou les champs dans lesquels les animaux consomment sur place les plantes ou les débris de plantes qu'ils contiennent. Les pâturages sont formés : tantôt par des prairies naturelles qu'on ne fauche jamais et constituent alors les *pâturages permanents ;* tantôt ils sont formés par les prairies artificielles ou les champs après qu'on a enlevé la récolte : ce sont les *pâturages temporaires*.

Les pâturages permanents les plus remarquables sont les *pâturages des montagnes*, les *pâturages des prés salés* et les *herbages*.

Les *pâturages de montagnes* occupent le sommet ou les flancs des montagnes élevées et en général les régions escarpées ou d'un accès trop difficile pour que la culture puisse y être introduite. Ils existent dans les Vosges, le Jura, les Alpes, les Pyrénées, le Plateau central ; les animaux qu'on y élève sont remarquables par leur vigueur et par l'excellence de leurs produits. C'est dans ces régions en effet qu'on fabrique les meilleurs fromages de gruyère (Jura), le fromage du Cantal (Auvergne).

Les plantes qui constituent le gazon fin et aromatique de ces pâturages sont avec les Graminées (Agrostide, Fétuque, Flouve), les Légumineuses (Gesse, Luzerne, Lotier, Trèfle), des espèces caractéristiques des montagnes telles que l'Arnica, les Gentianes, l'Anémone des Alpes, la Violette des Alpes, l'Alchimille, l'Aconit, etc.

Les *pâturages des prés salés* sont des prés sablonneux que la mer recouvre plusieurs fois à l'époque des hautes marées et où l'on rencontre une végétation abondante de plantes vivant au bord des eaux. Les moutons prospèrent dans ces pâturages et donnent une viande d'excellente qualité (désignée sous le nom de pré salé). Les plantes qu'on rencontre dans ces prés sont surtout des Atriplex, des Salicornes parmi les Chénopodées; des Joncées; des Graminées aquatiques telles que les Glyceries.

Les *herbages* sont des prairies extrêmement fertiles dont l'herbe sert exclusivement à l'engraissement du bétail; ils occupent de grandes étendues dans la Normandie, le Nivernais, la Flandre, le Charolais.

Prairies naturelles. — On nomme *prairie naturelle* ou *permanente* une étendue de terrain sur laquelle poussent des plantes que l'on fauche pour obtenir le foin, et dont la durée est illimitée.

Les plantes alimentaires qui existent dans les prairies naturelles sont nombreuses et presque toutes vivaces.

Citons parmi les Graminées : les Agrostides, l'Avoine élevée ou Fromental, les Bromes, la Crételle, le Dactyle pelotonné, les Fétuques (F. élevée, F. des prés, F. ovine, etc.), les Paturins (P. des prés, P. commun), les Houlques, les Ivraies, les Vulpins, etc.

Parmi les Légumineuses : l'Anthyllide, les Lotiers, la Lupuline ou Minette, le Sainfoin, les Trèfles (p. 152).

Enfin la Pimprenelle dans les Rosacées, et l'Achillée parmi les Composées.

A ces plantes il faut ajouter un certain nombre d'espèces et de familles secondaires utiles ou simplement indifférentes, qui émaillent les prairies de leurs fleurs jusqu'au moment de la fenaison. Telles sont au printemps : les Luzules, les Primevères, la Cardamine des prés, les Saxifrages, les Lychnis ; en été : les Renoncules, le Bugle, la Sauge, la Spirée Filipendule, l'Hélianthème, les Silènes, les Raiponces, les Galiets ; en automne le Colchique, etc.

Le caractère de la flore des prairies varie d'ailleurs avec l'altitude, la nature du sol et l'importance des soins donnés aux prairies. Ainsi, quand le sol est argileux, ce sont les Graminées qui dominent ; tandis que les sols calcaires sont favorables au développement des Légumineuses. D'autre part les prairies marécageuses et bourbeuses favorisent le développement des Carex, des Linaigrettes, des Roseaux, elles constituent les prés bas dont les produits sont de mauvaise qualité.

Les prairies naturelles se forment spontanément ou sont créées par l'homme ; dans ce dernier cas on sème dans les champs qu'on veut convertir en prairies des mélanges de graines appartenant aux Légumineuses et aux Graminées que nous avons signalées plus haut.

Prairies artificielles ou temporaires. — On désigne sous ce nom des champs où l'on sème une plante fourragère qu'on y laisse pendant quelques années, puis ensuite on la remplace par de nouvelles cultures.

Les plantes le plus employées pour former des prairies artificielles sont, parmi les Graminées : le Ray-grass ou Ivraie vivace (*Lolium perenne*), le Fromental ou Avoine élevée (*Avena elatior*), la Fléole des prés (*Phleum pratense*), etc. ; parmi les Légumineuses : les diverses espèces de Luzernes (L. commune, p. 155, L. Lupuline), de Trèfles (Trèfle rouge, T. rampant, Trèfle incarnat) ; le Sainfoin ou Esparcette, les Pois, les Gesses, etc.

On associe parfois quelques-unes de ces plantes dans la même prairie.

Récolte des plantes de prairie (fenaison). — En général

on fauche les prairies naturelles ou artificielles quand la plupart des plantes sont en fleur, notamment les Graminées et les Légumineuses ; à ce moment les tiges et les feuilles contiennent tous les principes nutritifs qui doivent servir à la formation des graines. Si l'on attendait plus longtemps, les graines seraient formées, et comme elles tombent facilement, le foin serait de médiocre qualité, car toutes les substances ayant servi à la formation des graines auraient disparu.

On appelle *fenaison* l'ensemble des opérations destinées à fournir le foin. Ces opérations sont le *fauchage*, qui s'exécute à la main ou au moyen de machines ; le *fanage*, qui consiste à étendre l'herbe en couches minces au soleil et à la retourner de temps en temps pour dessécher rapidement le foin sans lui faire perdre son arome. Quand le foin est sec, on le met en bottes et on le conserve dans des meules au voisinage des habitations, ou dans les greniers.

Regain. — Après la fenaison, toutes les plantes vivaces qui constituent les prairies repoussent ; elles ont des feuilles et des tiges courtes, mais ne développent que rarement des fleurs ; ces pousses nouvelles constituent le *regain*. On le fauche dans le courant d'octobre, ou bien on le fait pâturer par les animaux.

Cultures spéciales. — Les plantes des prairies naturelles ou artificielles sont consommées comme on vient de voir à l'état frais dans les pâturages pendant l'été, à l'état sec sous forme de foin pendant l'hiver. Il est souvent utile de mélanger à ce dernier des aliments frais qui sont fournis par des cultures spéciales.

Les plantes fourragères qui constituent les cultures spéciales sont assez nombreuses. On peut citer les familles suivantes :

Crucifères, cultivées tantôt pour les feuilles, telles que différentes variétés de Choux, notamment le Chou cavalier, les Moutardes (*Sinapis*), la Navette, la Cameline, le Pastel ; tantôt pour leurs racines charnues, Navets (*Brassica Napus*).

Composées, telles que la Chicorée sauvage ou l'Endive, consommées pour leurs feuilles, et le Topinambour cultivé pour ses tiges tuberculeuses ; *Solanées*, la Pomme de terre ; *Chénopodées*, la Betterave ; *Ombellifères*, la Carotte.

A ces plantes, cultivées dans beaucoup de contrées spécialement pour les animaux, il faut joindre les résidus obtenus dans les fermes ou les usines par le traitement des plantes alimentaires ou industrielles ; notamment la paille des céréales, la pulpe des betteraves, les tourteaux des graines oléagineuses, sortes de galettes formées par les enveloppes des graines quand on a extrait l'huile, etc

CHAPITRE III

PLANTES INDUSTRIELLES

On nomme ainsi les plantes que l'homme cultive pour en retirer les produits les plus variés employés dans l'industrie. Nous distinguerons successivement :

I. Les plantes à sucre.
II. Les plantes oléagineuses.
III. Les plantes textiles.
IV. Les plantes tinctoriales.
V. Les plantes fournissant des parfums et résines.

I. — Plantes a sucre.

Presque toutes les plantes contiennent dans leur corps des substances sucrées sous forme de *glucose* ou sucre de raisin, sucre qui ne cristallise que difficilement; dans un petit nombre de plantes, il existe une autre espèce de sucre, le sucre ordinaire ou *saccharose* qui cristallise facilement. Ce sucre se rencontre dans les parties de la plante où les matières alimentaires sont mises en réserve pour être utilisées plus tard; ainsi c'est le sucre ordinaire qui remplit presque toute la racine charnue de la Betterave (*Beta vulgaris*), à la fin de la première année; il existe aussi dans la tige de beaucoup de Graminées au moment où les fleurs vont s'ouvrir, notamment dans la Canne à sucre (*Saccharum officinarum*), le Sorgho sucré (*Sorghum saccharatum*) ; dans les écailles des bulbes du genre *Allium ;* dans la sève des Palmiers, de l'Érable à sucre, du Bouleau ; dans un grand nombre de fruits, Abricots, Ananas, Melon, etc.

Le sucre, retiré d'abord de la tige de la Canne à sucre, fut longtemps désigné sous le nom de *sucre de canne;* on le retire maintenant aussi de la Betterave, mais c'est la même substance que celle qu'on fabrique avec le jus extrait des tiges de Canne.

La Betterave (*Beta vulgaris*) provient de la Bette ou Poirée à racines maigres, qu'on trouve à l'état sauvage dans la région méditerranéenne. Elle est cultivée en grand dans le nord de la France pour l'extraction du sucre et la fabrication de l'alcool. On la plante en avril et on la récolte quand la végétation cesse, au moment où la température s'abaisse; on voit alors les feuilles jaunir et annoncer qu'elles cessent d'accumuler du sucre dans la racine.

La Canne à sucre (*Saccharum officinarum*), aujourd'hui cultivée dans toutes les régions chaudes du globe, est originaire de l'Inde (Cochinchine ou Bengale). Elle fut introduite en Europe au moyen âge par les Arabes, et du seizième au dix-septième siècle en Amérique et aux Antilles.

On récolte la Canne à sucre au moment où les épis de fleurs commencent à se montrer et on les utilise immédiatement pour l'extraction du sucre.

Le Sorgho sucré (*Sorghum saccharatum*), probablement originaire de l'Afrique tropicale, est cultivé par les Chinois, qui en retirent de l'alcool.

Pour extraire le sucre de la Betterave ou de la Canne, on comprime la pulpe de Betterave ou les tiges de la Canne, de façon à extraire la plus grande partie du jus sucré qu'elles contiennent. Comme ce jus est très altérable et fermente facilement, on y ajoute de la chaux pour détruire ou entraîner les substances altérables, puis on le fait évaporer de façon à obtenir un sirop qui, par le refroidissement, se solidifie et donne du sucre cristallisé. Ce sucre est ordinairement jaune ou brun; on le rend parfaitement blanc par le raffinage, qui consiste à filtrer plusieurs fois le sirop sur du noir animal avant de le faire évaporer.

II. — Plantes oléagineuses.

On désigne sous le nom de plantes oléagineuses celles qui contiennent une quantité de matières grasses assez grande pour qu'on puisse l'extraire à peu de frais.

Les matières grasses renfermées dans les plantes sont généralement liquides, et constituent les huiles ; dans quelques cas ces matières ont la consistance de la graisse ou de la cire. Elles se rencontrent surtout en grande quantité dans les graines où elles forment des réserves nutritives destinées à nourrir l'embryon pendant son développement (Pavot, Colza, Ricin) ; d'autres fois elles existent dans le péricarpe charnu du fruit, comme dans l'Olivier (huile d'Olive).

Nous distinguerons les plantes oléagineuses en deux catégories suivant qu'elles fournissent des huiles alimentaires ou des huiles utilisées dans l'industrie à divers usages.

Plantes fournissant les huiles alimentaires. — Ce sont principalement le Pavot somnifère ou Pavot Œillette, le Noyer, le Noisetier, l'Olivier et, dans les pays chauds, l'Arachide.

Pavot Œillette (*Papaver somniferum*) (fig. 330). Les Papavéracées ont des graines riches en matières grasses. On cultive seulement pour l'huile, le Pavot Œillette, probablement dérivé du *Papaver setigerum* qui est spontané dans la région méditerranéenne ; sa culture est très ancienne, car on a trouvé des capsules dans certaines habitations lacustres de la Suisse.

On cultive cette plante en Europe pour l'huile extraite de ses graines, mais en Asie, en Égypte, on extrait de la capsule le suc laiteux qui se résinifie et donne l'Opium. L'extraction et la vente de l'huile d'Œillette furent entravées au commencement du siècle dernier par la crainte qu'elle ne fût nuisible, car on connaissait les propriétés narcotiques des capsules de Pavot ; c'est seulement vers la fin du dix-huitième siècle que la vente de cette huile fut rendue libre.

L'huile d'Œillette est à peine jaune, elle possède une saveur douce et agréable, elle n'a pas d'odeur ; c'est l'huile douce

Fig. 330. — Pavot Œillette portant des fleurs et des fruits.

comestible du nord de l'Europe et de la France. On la mélange souvent avec l'huile d'Olive.

Olivier (*Olea europæa*). Cet arbre, cultivé maintenant dans les pays baignés par la Méditerranée, est originaire de l'Asie Mineure; sa culture est très ancienne en Égypte.

C'est un arbre qui prospère dans tous les terrains et qui donne encore de bonnes récoltes dans les terrains impropres à toute autre culture; mais il craint le froid et l'humidité, aussi ne prospère-t-il en France que dans la Provence, et il caractérise dans notre pays la région dite de l'Olivier. L'Olivier forme en Algérie des bois d'une assez grande étendue.

C'est dans le péricarpe charnu du fruit que se trouve renfermée l'huile. Pour obtenir celle-ci, on cueille les olives à la maturité, puis on les étend en couche peu épaisse dans des greniers où elles perdent de l'eau et s'amollissent; il suffit alors de les broyer à froid pour obtenir l'*huile de premier choix*. En comprimant à chaud la pulpe qui a servi à l'opération précédente on obtient l'*huile commune;* une qualité inférieure est obtenue avec les olives déjà altérées : c'est l'*huile de recense* employée pour la fabrication des savons.

On consomme beaucoup les olives confites; pour les obtenir, on prend les olives fraiches, qui sont cueillies encore vertes, et dont la saveur est âpre et amère, puis on les plonge pendant vingt-quatre heures dans une lessive de potasse concentrée, on les lave parfaitement dans l'eau pure, et on les conserve dans une saumure contenant, avec le sel, quelques substances aromatiques : cannelle, girofle, noix muscade, etc.

Noyer (*Juglans regia*). Il est originaire de l'Europe orientale, de la Perse, on le trouve même au Japon. On le cultive surtout dans le centre et le midi de la France, car il redoute le froid plus que la Vigne.

Il fournit deux produits importants : ses graines, dont l'amande fournit l'huile de Noix, et son bois très recherché dans l'ébénisterie. L'huile de Noix fraiche, obtenue en comprimant les graines à froid, est excellente et peut rivaliser, dit-on, avec l'huile d'Olive, mais elle rancit vite et acquiert une saveur désagréable. L'huile de Noix est employée dans la peinture.

On extrait aussi une huile comestible des graines du Noisetier (*Corylus avellana*), ainsi que des graines du Hêtre (*Fagus sylvatica*), l'huile extraite de cette dernière plante est l'huile de *faînes*.

Arachide (*Arachis hypogea*). — Cette plante, appartenant à la famille des Légumineuses, est probablement originaire du Brésil. Elle s'est naturalisée dans l'ancien monde et sa culture a acquis dans des régions chaudes une grande importance. La tige de l'Arachide se couche sur le sol et porte des fleurs sur des pédoncules naissant à l'aisselle des feuilles; quand l'ovaire va se transformer en fruit, le pédoncule de la fleur s'allonge et l'ovaire s'enfonce dans le sol, c'est là qu'il mûrit complètement; les fleurs supérieures restent stériles.

L'huile qu'on extrait des graines et des gousses par l'expression à froid possède une légère saveur de haricots verts; elle est comestible, et a l'avantage de rancir difficilement.

Sésame (*Sesamum orientale*). — Cette plante, originaire des îles de la Sonde (Java), est cultivée depuis longtemps en Asie, en Afrique et dans l'Europe méridionale (Grèce, Turquie). L'huile qu'on extrait à froid des graines est très comestible et dans les régions chaudes on la préfère à l'huile d'Olive ; les graines sont employées en Égypte, dans l'Inde, à faire des pâtisseries.

Huiles servant à l'éclairage. Crucifères. — Le Colza (*Brassica oleracea*) (fig. 351), le Colza de printemps (*Brassica campestris*), la Navette d'hiver (*Brassica Napus*), appartiennent aux espèces que nous avons déjà étudiées, sous le nom de Choux ou de Navets, en parlant de l'alimentation de l'homme et des animaux. Elles nous offrent un exemple des modifications que l'homme peut introduire dans les plantes par la culture, suivant l'usage qu'il en veut faire. Quand ces plantes ont la tige ou la racine charnue, les graines

Fig. 331. — Pied fleuri de Colza.

sont peu nombreuses et l'on ne peut s'en servir pour l'extraction de l'huile ; mais si la tige ou les racines restent minces, les graines sont nombreuses et riches en huile : ce sont les variétés désignées sous le nom de Colza ou de Navette.

Ces plantes sont cultivées dans les diverses régions de la France, surtout dans le nord et l'est. On les cultive peu dans le midi à cause de la sécheresse qu'elles redoutent.

L'huile qu'on en extrait est employée dans l'éclairage, la fabrication des savons noirs ; elle est jaune, très odorante et de saveur peu agréable.

Cameline (*Camelina sativa*). — Cette plante, originaire de l'Europe, est cultivée depuis un siècle dans le nord de l'Europe. C'est encore dans les provinces du nord de la France qu'on la cultive le plus. L'huile qu'on retire des graines sert à brûler, et, à ce point de vue, elle est supérieure à l'huile de Colza ou de Navette.

Ricin (*Ricinus communis*). — C'est une Euphorbiacée originaire de l'Afrique intertropicale, cultivée par les Égyptiens dès la plus haute antiquité et maintenant répandue dans toutes les parties du monde. Cette plante est annuelle ou vivace suivant les régions : en France, où elle est cultivée surtout comme plante d'ornement, c'est une herbe annuelle ; en Algérie, en Égypte et dans l'Inde, c'est un arbuste et même un arbre.

C'est exclusivement pour l'huile contenue dans ses graines qu'on cultive le Ricin dans les pays chauds ; douée de propriétés purgatives assez énergiques, elle est employée dans nos pays à ce titre ; mais dans l'Inde, en Amérique, elle est surtout employée à l'éclairage, car elle fournit une lumière très blanche. Dans les îles de la Sonde on la mélange à la chaux, et on obtient un ciment très dur et imperméable.

Les graines de Chanvre ou Chènevis sont employées à l'extraction d'une huile qui peut être utilisée pour l'éclairage.

On emploie aussi pour cet usage les huiles obtenues en pressurant les résidus ayant servi à la fabrication des huiles comestibles dont nous avons parlé.

Huiles servant à la peinture. — Les huiles employées pour la peinture doivent avoir la propriété de se dessécher très vite lorsqu'elles sont exposées à l'air; on les appelle huiles *siccatives* par opposition aux huiles *non siccatives* qui restent liquides en vieillissant.

Les graines du Lin cultivé (*Linum usitatissimum*) fournissent l'huile siccative par excellence, c'est un liquide jaune qui s'épaissit peu à peu à l'air et se solidifie bientôt. L'huile de Lin, préparée à chaud, constitue l'huile grasse.

On emploie aussi l'huile d'Œillette obtenue à chaud sous le nom d'*huile rousse*, car elle est très siccative, ainsi que l'huile extraite des graines de *Madia sativa* et l'huile de Ricin.

Huiles servant à la fabrication des savons. — Presque toutes les huiles sont employées à la fabrication des savons, mais on n'utilise ordinairement pour cet usage que les huiles de qualité inférieure qui ne peuvent servir dans l'alimentation, pour l'éclairage ou à la peinture.

III. — PLANTES TEXTILES.

Les plantes contiennent souvent des filaments résistants désignés sous le nom de fibres qui accompagnent ordinairement dans la tige ou les feuilles les vaisseaux servant à disséminer les matières nutritives; ces fibres, débarrassées des tissus qui les réunissent, sont susceptibles d'être tissées. On peut tisser également les filaments qui accompagnent certaines graines et qui servent à la dissémination de celles-ci. Les plantes qui fournissent ces fibres sont nommées *plantes textiles.* On en distingue plusieurs sortes : 1° celles dont les fibres textiles sont retirées des tiges : Lin, Chanvre, Ortie de Chine, certaines Malvacées; 2° celles dont les fibres textiles sont retirées des feuilles : Lin de la Nouvelle-Zélande (*Phormium tenax*) (Liliacée); Maguey (*Agave americana*) (Amaryllidée); 3° enfin celles dont les fibres textiles entourent la graine : Cotonnier (*Gossypium*) (Malvacée).

Lin ordinaire (*Linum usitatissimum*). — Le Lin est la plus ancienne des plantes textiles cultivées; il présente un certain nombre de variétés dont les deux principales sont le Lin annuel et le Lin à feuilles étroites (*L. angustifolium*). Cette dernière forme, qui peut être vivace, bisannuelle ou annuelle, était cultivée en Suisse et dans le nord de l'Italie dès la plus haute antiquité, car on a trouvé des graines dans les habitations lacustres de l'âge de pierre de ces contrées. Le Lin annuel, cultivé très anciennement par les Égyptiens, a été introduit plus tard en Europe et a remplacé le Lin à feuilles étroites.

Le Lin annuel (fig. 332) est cultivé en grand dans diverses parties de la France (Flandre, Artois, Bretagne, Maine et Anjou); mais c'est surtout la Belgique, la Hollande et l'Angleterre qui fournissent le plus de Lin.

C'est une plante délicate qui exige un sol bien ameubli, bien fumé et exempt de mauvaises herbes. On arrache les pieds de Lin un peu avant la maturité, quand la partie inférieure de la tige commence à jaunir. La récolte achevée, on procède d'abord à l'égrenage, opération qui consiste à briser les capsules pour mettre les graines en liberté. Ces graines servent à l'extraction de l'huile dont nous avons parlé.

Préparation de la filasse de Lin. — Pour pouvoir tisser les fibres du Lin, il faut les séparer les unes des autres et les débarrasser des débris d'écorce. Ces opérations s'effectuent à l'aide du *rouissage* et du *teillage*.

Le rouissage consiste à laisser macérer les tiges de Lin dans l'eau pendant 5 ou 10 jours. Elles subissent un commencement de putréfaction qui détruit tous les tissus composant la tige sauf les fibres textiles de l'écorce. Cette putréfaction est provoquée par des Algues incolores très petites qui désagrègent les fibres en se nourrissant des tissus qui les soudaient; elle est accompagnée d'un dégagement de gaz à odeur désagréable et peut être une cause d'insalubrité dans les contrées où le rouissage est pratiqué en grand. Ce rouissage s'accomplit, en effet, ordinairement dans les mares ou les rivières. Depuis un certain nombre d'années on emploie le rouissage à chaud. On place les tiges dans des

Fig. 332. — Lin annuel.

cuves remplies d'eau froide et on les chauffe par un courant de vapeur jusqu'à 30 ou 35°. L'opération est la même, mais elle est plus rapide et moins malsaine, car elle s'accomplit dans des usines où l'on peut détruire les gaz malsains.

Lorsque le rouissage est terminé, on laisse sécher les tiges à l'air et l'on procède au *broyage*, au *teillage* et au *peignage*, qui ont pour but de briser l'écorce et de la séparer des fibres. Ces diverses opérations s'exécutent à la main ou mieux avec des machines.

On obtient alors la filasse de Lin, qui sert, suivant son degré de finesse, à faire la toile grossière, les toiles fines, le fil à coudre. Les dentelles et les batistes sont fabriquées avec le lin de Valenciennes et de Courtray.

Chanvre cultivé (*Cannabis sativa*) (fig. 333). — Originaire de Sibérie, le Chanvre est cultivé en Europe depuis une date assez ancienne, mais bien après le Lin.

On le cultive en grand dans la Bretagne, la Picardie, la Touraine, les Vosges, le centre de la France, mais c'est surtout l'Italie, l'Amérique septentrionale et la Russie qui fournissent la plus grande partie du chanvre du commerce.

Le Chanvre prospère dans les prairies basses souvent recouvertes par les alluvions fertilisantes des cours d'eau, dans les étangs desséchés; comme le Lin, il exige beaucoup d'engrais.

On sème le Chanvre au printemps quand on n'a plus à craindre les gelées, car cette plante est très sensible au froid. On récolte au mois d'août quand les pieds portant des fleurs à étamines commencent à jaunir.

Pour la préparation de la filasse de Chanvre, on procède exactement comme nous l'avons vu en parlant du Lin.

La filasse de Chanvre sert à fabriquer, suivant sa souplesse et son degré de finesse, les cordages, les cordes et les ficelles, des toiles grossières et des toiles assez fines. C'est avec la filasse d'Abbeville qu'on fabrique de très belles toiles.

Cotonnier (*Gossypium*). — Genre de Malvacées caractérisé par ce que les graines sont à maturité recouvertes de poils fins et souvent très longs qui favorisent leur dissémination. Ce sont ces poils qui fournissent le coton.

Les Cotonniers sont des plantes textiles moins anciennement cultivées que le Lin et le Chanvre. Les espèces les plus importantes sont : le Cotonnier herbacé (fig. 334) (*G. herbaceum*), originaire de l'Inde, annuel ou vivace, c'est le plus

Fig. 333. — Chanvre : 1, fragment d'un pied portant des fleurs à étamines 2, pied de fleurs à pistil ; 3, fleur à étamine ; 4, fleur à pistil.

répandu dans le monde ; le Cotonnier arborescent (*G. arboreum*), originaire de la haute Égypte, et le Cotonnier des Barbades (*G. barbadense*), déjà cultivé en Amérique à l'époque de la découverte de ce continent.

Le Cotonnier herbacé est vivace dans les contrées tropicales, herbacé en dehors de ces régions. C'est essentiellement une plante des pays chauds qui mûrit à peine ses graines en France dans la Provence. Il demande à la fois un climat chaud et le voisinage de la mer, aussi réussit-il bien en Algérie, où il a été introduit depuis 1850.

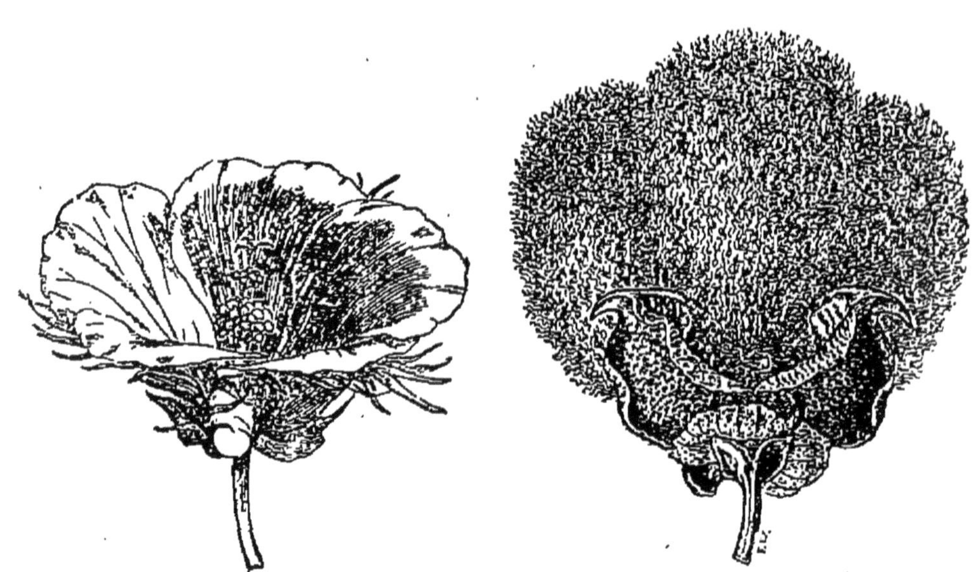

Fig. 554. — *Fleur du Cotonnier et fruit s'ouvrant.*

Le Cotonnier se sème en mai ou en juin dans l'Algérie et la récolte des graines a lieu à la fin de septembre et en octobre. Lorsque les graines sont sèches, on procède à l'*égrenage*, c'est-à dire à la séparation du coton et des graines ; il a lieu à la main ou à la machine. Quand l'égrenage est terminé, on nettoie le coton en le battant avec des baguettes ou en le peignant avec des peignes ou *cardes*. Ainsi préparé le coton est enveloppé dans des sacs de toile constituant ce qu'on appelle des *balles*

On distingue : le coton *longue soie*, constitué par des poils très longs qui entourent la graine ; on l'utilise pour faire du fil, des tulles, de la mousseline, des percales ; et le coton *courte soie*, qui est employé à faire des étoffes de qualité moyenne ou grossière, telles que la toile madapolam, la toile écrue.

Les plantes que nous venons de citer sont les plus importantes des plantes textiles ; il existe cependant d'autres végétaux dont on peut utiliser les fibres et qui sont employés ou préconisés dans quelques contrées.

Nous signalerons : 1° les diverses Orties, telles que l'Ortie blanche (*Boehmeria nivea*) ou China-Grass des Anglais, originaire du Japon, introduite depuis une trentaine d'années dans le midi de la France ainsi qu'aux États-Unis ; cette plante est remarquable par la ténacité et la souplesse des fibres qu'on extrait de la tige. On emploie aussi quelquefois l'Ortie dioïque, commune au bord des chemins dans les décombres.

2° Le Phormier tenace (*Phormium tenax*), Liliacée dont les feuilles sont employées pour faire des cordages.

3° Le Sparte jonciforme ou Genêt d'Espagne (*Spartium junceum*), Légumineuse indigène dans l'Europe méridionale dont les pousses jeunes servent à faire une filasse avec laquelle on fabrique, aux environs de Lodève, des toiles grossières très résistantes.

4° L'Alfa ou Sparte (*Stipa tenacissima*), Graminée qui couvre d'immenses étendues (mers d'Alfa) dans le Tell et le Sahara algérien ; elle sert à faire des cordages et des tapis.

5° Les Corêtes (*Corchorus*), plantes de la famille des Tiliacées, qui fournissent la filasse appelée *jute*, mélangée en Angleterre à celle du Chanvre et du Lin.

6° Le Maguey (*Agave americana*). Cette Amaryllidée, originaire du Mexique, croît communément en Espagne, en Algérie ; ses feuilles fournissent une filasse employée à faire des filets, des tapis.

7° Le Palmier nain (*Chamærops humilis*), commun en Algérie, dont les feuilles sont employées à fabriquer des nattes, des étoffes de tente, etc.

IV. — Plantes tinctoriales.

Les matières colorantes employées pour teindre les étoffes se divisent en deux catégories : les matières colorantes artificielles obtenues au moyen de substances minérales, les matières colorantes naturelles extraites ou fabriquées au moyen de substances organiques.

Nous nous occuperons seulement de ces dernières.

Les matières colorantes naturelles sont retirées presque toutes du règne végétal et on les distingue en plusieurs groupes d'après la couleur qu'on en extrait.

Matières colorantes rouges. — *Garance.* — Cette matière colorante très solide est extraite de la Garance (*Rubia tinctorium*). Cette plante est originaire de l'Asie occidentale tempérée et du sud-est de l'Europe; sa culture existait déjà en France au moyen âge, et, après avoir été abandonnée, elle fut reprise et introduite dans le département de Vaucluse.

C'est dans les parties souterraines que se trouve la matière colorante rouge, elle est à peine apparente dans les racines fraîches, mais sous l'influence de l'air celles-ci prennent une teinte rouge très marquée, et l'on s'aperçoit alors que c'est dans l'écorce qu'elle se trouve accumulée.

On cultive la Garance dans des terrains très meubles et bien fumés, et l'on commence à récolter les racines à la fin de la quatrième année; l'arrachage des racines est une opération importante, parce qu'il faut éviter d'en perdre en les brisant. Quand les racines sont arrachées, on les débarrasse de la terre, on les fait sécher et on les réduit en poudre.

Cette culture était surtout florissante aux environs d'Avignon, en Alsace, en Hollande, en Italie, en Grèce et dans l'Asie Mineure. Elle est maintenant ruinée, car depuis une vingtaine d'années on a pu fabriquer l'*alizarine*, principe colorant de la Garance, au moyen de carbures d'hydrogène dérivés du goudron de houille.

Rouge de Carthame. — Il est extrait d'une Composée, le Safran bâtard (*Carthamus tinctoria*), cultivé depuis la plus haute antiquité. On en a trouvé des restes dans les tombeaux car les bandelettes qui entourent les momies sont teintes avec les substances colorantes que cette plante fournit. Le Carthame est probablement originaire de l'Arabie; il est cultivé maintenant dans le midi de l'Europe, dans la région du Nil et dans l'Inde.

C'est dans les fleurons du capitule que se trouvent les principes colorants, l'un jaune, soluble dans l'eau et peu employé, l'autre d'une nuance rose très délicate, soluble dans le carbonate de soude : c'est le plus estimé.

On récolte les fleurons au moment où ils s'épanouissent et on les fait sécher au soleil.

On teint la soie en rose avec le Carthame, malheureusement la lumière affaiblit les nuances déjà très délicates ; le produit le plus important est le *fard*, constitué par la matière colorante rose réduite en poudre.

Orseille. — C'est la matière colorante rouge extraite d'un certain nombre de Lichens qui croissent en Afrique, par exemple, et appartiennent au genre Roccella (*R. tinctoria*).

La matière colorante se développe quand les Lichens sont soumis à l'action simultanée de l'air et d'un alcali (ammoniaque).

Matières colorantes jaunes. — *Gaude* (*Reseda luteola*). Elle appartient à la famille des Résédacées et fournit une matière colorante jaune (*lutéoline*) brillante et solide qui existe surtout dans la tige, les feuilles supérieures et les enveloppes du fruit. La Gaude est cultivée dans diverses régions de la France, et se rencontre souvent dans les lieux arides ; on la sème en juillet ou en avril et on la récolte au moment où toutes les fleurs sont développées.

Safran cultivé (*Crocus sativus*). — Le Safran est une Iridée vivace dont la tige est constituée par un bulbe solide. Il est originaire de Grèce et d'Italie, et on le cultive en Asie et en Europe dans les régions du Centre ou du Midi. C'est dans le Loiret et le département de Vaucluse que cette plante est cultivée en France pour la matière colorante jaune qui est renfermée dans les stigmates des fleurs.

Le *Curcuma* est une matière colorante jaune qu'on extrait des racines de *Curcuma longa*, Monocotylédone habitant l'Inde tropicale. Elle est employée à teindre les étoffes et surtout à colorer les aliments, le papier.

Matières colorantes bleues. — *Indigo.* — La plus importante des matières colorantes bleues est l'Indigo, qu'on extrait des tiges et des feuilles de diverses espèces de Légumineuses appartenant au genre *Indigofera*, cultivés dans l'Inde, en Chine, en Egypte, ainsi que du Pastel (*Isatis tinctoria*) et de la Persicaire des teinturiers (*Polygonum tinctorium*).

Le Pastel (*Isatis tinctoria*) était autrefois très cultivé en France, mais on l'a presque abandonné depuis l'introduction sur les marchés d'Europe de l'Indigo préparé en Chine ou dans les Indes, et qui est en partie fourni par les Indigotiers, en partie retiré du *Polygonum tinctorium*.

La matière colorante bleue ou *Indigotine* ne préexiste pas dans les feuilles, elle se développe par la fermentation ; pour l'obtenir, on empile les feuilles dans des cuves en les tassant fortement pour laisser le moins de vide, et, après avoir rempli d'eau, on abandonne le tout à la fermentation. Quand la surface du liquide se couvre d'une écume violette, on décante, et l'eau de macération est agitée au contact de l'air au moyen de bâtons ou de roues à palettes. On aperçoit alors des flocons bleus se former, on laisse déposer ces flocons, qui forment au fond de la cuve une pâte bleu foncé; c'est cette pâte qui fournit après dessiccation l'indigo en pains du commerce.

Tournesol en drapeaux. Cette matière colorante bleue est extraite d'une Euphorbiacée, le *Croton tinctorium*, qui croît à l'état sauvage dans la région des Oliviers, et que l'on cultive maintenant dans le département du Gard. On cueille la plante mûre et on la pile pour en extraire le suc ; on teint avec le suc, qui est un peu vert, des linges blancs, puis, lorsqu'ils sont secs, on les expose dans des cuves contenant de l'ammoniaque; ils prennent alors une belle coloration bleue et constituent le tournesol en drapeaux.

Cette matière colorante est employée pour teindre le papier servant à envelopper les pains de sucre.

Vert de Chine (*vert de Vessie*). — Cette matière colorante est extraite des baies du Nerprun (*Rhamnus catharticus*).

Signalons enfin les matières colorantes brunes, riches en tanin, qui sont employées concurremment avec les sels de fer pour teindre en noir. Ce sont les noix de galle, le sumac, retiré des feuilles du Sumac (*Rhus coriaria*), etc.

V. — Plantes industrielles fournissant des produits divers.

Plantes aromatiques. — Un certain nombre de plantes sont cultivées pour les fleurs, les fruits ou les feuilles qui servent à aromatiser les aliments ou les boissons.

Nous signalerons : le Houblon, dont les cônes sont employés à aromatiser la bière ; les graines d'un certain nombre d'Ombellifères qui contiennent des huiles essentielles très odorantes servant à la fabrication de certaines liqueurs, telles que l'Anisette, ou qu'on emploie pour aromatiser les aliments. Ce sont principalement les fruits d'Anis (*Pimpinella Anisum*), de Coriandre (*Coriandrum sativum*), d'Angélique (*Archangelica officinalis*), de Cumin (*Cuminum cyminum*), de Carvi (*Carum Carvi*) ; le Giroflier, dont les fleurs encore en bouton et séchées forment les clous de Girofle.

Houblon. — Parmi ces plantes, le Houblon seul appartient à la grande culture à cause de l'importance de la fabrication de la bière. Sa culture est très ancienne dans le nord de l'Europe, surtout en Flandre et en Allemagne ; elle a été introduite en France au commencement de ce siècle, dans la Lorraine et l'Alsace.

Le Houblon appartient comme le Chanvre à la famille des Cannabinées, c'est aussi une plante dioïque. On le cultive pour ses fruits ou *cônes* que donnent les fleurs à pistil, parce que la surface des écailles de ces cônes est couverte d'une poussière jaune odorante appelée *lupuline* qui sert à aromatiser la bière. On n'a donc besoin dans la grande culture que des pieds de Houblon portant des fleurs à pistil, cependant on a l'habitude de planter dans les houblonnières quelques pieds portant des fleurs à étamines.

Comme la tige du Houblon est grimpante, on plante auprès de chaque pied des perches de 7 à 12 mètres de longueur, autour desquelles elle peut s'enrouler. La cueillette des cônes se fait au mois de septembre, et après dessiccation on les conserve dans des sacs jusqu'au moment de leur emploi.

Plantes fournissant des essences employées en parfumerie et en confiserie. — Les parfums que renferment certaines fleurs et quelquefois les feuilles sont constitués par des substances très volatiles, ordinairement liquides, que l'on appelle *essences*. Elles tachent le papier comme les corps gras, mais la tache disparaît bientôt; elles sont peu solubles dans l'eau, mais elles se dissolvent très bien dans l'alcool, dans les huiles. On obtient ordinairement les essences en plaçant les organes contenant le parfum dans un tube que traverse un courant de vapeur d'eau, celle-ci entraîne l'essence et l'eau distillée provenant de sa condensation renferme tout le parfum.

On utilise ces parfums à l'état d'essence pure ou le plus souvent sous forme d'eau distillée (eau de Roses, eau de fleur d'Oranger) ou en dissolution dans l'alcool (alcool de Menthe).

Les plantes cultivées pour leur parfum sont extrêmement nombreuses, nous citerons les plus répandues.

Les *Labiées*, qui fournissent des essences importantes; telles que l'*essence de Lavande* extraite des sommités fleuries de diverses espèces de Lavande (*L. spica, L. angustifolia*) cultivées dans la Provence; l'*essence de Menthe poivrée*, extraite de la tige et des feuilles de la Menthe poivrée (*Mentha piperita*) cultivée dans l'Yonne, la Provence; les essences de Thym, de Romarin, de Basilic, de Marjolaine, etc.

Les *Aurantiacées*, qui fournissent déjà les fruits doux ou acides consommés sous le nom d'Oranges et de Citrons, servent aussi à l'extraction de plusieurs essences, telles que l'*essence de Citron ou d'Orange* extraite des écorces de ces fruits; elle est renfermée dans de petits sacs ou glandes qu'on aperçoit en regardant par transparence le zest de l'Orange ou du Citron; l'*essence de fleur d'Oranger* ou *essence de Néroli*, qu'on extrait des fleurs d'Oranger. La vente des fleurs d'Oranger constitue un revenu important dans les régions où les fruits ne mûrissent pas.

Les *Rosacées*, qui fournissent l'*essence de Roses* extraite des pétales de différentes espèces de Roses, telles que la Rose de Provins (*Rosa gallica*), la Rose de Damas (*Rosa damascena*), cultivées en Europe, et la Rose musquée (*Rosa moschata*) cultivée dans l'Inde, en Turquie, en Algérie. La quantité d'essence tirée des pétales est très faible, elle diminue pour les mêmes espèces à mesure qu'on s'élève vers le nord. Ainsi les Roses cultivées en Provence fournissent pour 100 kilogrammes de pétales, 8 à 10 grammes d'essence, et aux environs de Paris la même quantité de pétales donne 2 à 4 grammes d'essence. Aussi l'essence de Roses pure coûte-t-elle 1200 francs le kilogramme.

Les *Géraniées* fournissent l'essence de Géranium extraite des feuilles du Géranium rosat (*Pelargonium rosa*). Cette essence a l'odeur de rose, on l'emploie fréquemment pour remplacer ou pour falsifier la véritable essence de roses, car elle coûte beaucoup moins cher.

Résines. — Les plantes de la classe des Conifères contiennent, dans des canaux particuliers, un liquide qui se solidifie peu à peu au contact de l'air et se transforme en une résine appelée *térébenthine*. Il suffit pour constater sa présence de couper ou d'entailler une branche de Pin, d'Épicéa, pour voir sortir de la blessure la térébenthine sous l'aspect d'un liquide ambré.

La térébenthine est constituée par un liquide volatil appelé *essence de térébenthine* et par une résine appelée *colophane*; pour séparer ces deux corps, il suffit de distiller les térébenthines du commerce. Celles-ci sont différentes suivant les arbres dont elles proviennent. Les plus employées sont : la térébenthine de Bordeaux extraite du Pin maritime; la térébenthine de Venise fournie par le Mélèze et la poix de Strasbourg fournie par le Sapin pectiné.

Pour obtenir la résine de Pin maritime, on pratique sur les arbres des entailles rectangulaires appelées *quarres* qui atteignent l'aubier ou bois jeune; la résine qui s'écoule de la plaie est conduite au moyen de petits augets en zinc dans des pots en terre vernissée; tous les sept ou huit ans on pratique de nouvelles incisions en remontant peu à peu le long de l'arbre et en contournant sa surface.

On peut ainsi faire durer le résinage sur chaque arbre cent cinquante ans environ. Quand les Pins ont dépassé cet âge on les abat, et par la carbonisation en vase clos, on en extrait du goudron.

Gommes. — On désigne sous le nom de *gommes* des matières qui se dissolvent dans l'eau et lui donnent une consistance sirupeuse. La plus importante de ces substances est la *gomme arabique* qui s'écoule naturellement de la tige des vrais Acacias. La gomme qui découle des Cerisiers et des Pruniers de nos pays est très analogue, on l'appelle *gomme du pays*. Ces gommes sont employées à la fabrication des sirops et des pâtes pharmaceutiques.

Caoutchouc. — Nous avons vu qu'un certain nombre de plantes laissent échapper, quand on les entaille ou qu'on les brise, un liquide ordinairement blanc qu'on appelle *latex* et qui se modifie souvent après avoir été exposé à l'air.

Le *caoutchouc* ou *gomme élastique* est constitué par le *latex* solidifié qui s'écoule des blessures de certaines Euphorbiacées (*Hevea guyanensis*), du *Ficus elastica*, etc.

C'est une matière ordinairement noircie par la fumée, mais qui est blanche lorsqu'elle est pure. Elle est très élastique à la température ordinaire et les différentes parties se soudent par une simple pression. Sous l'action du froid le caoutchouc devient dur, peu extensible; soumis à l'action de la chaleur il devient visqueux et adhère aux objets, aussi ne l'emploie-t-on guère à l'état de pureté. Le caoutchouc a la propriété de s'unir au soufre et il forme alors une substance appelée *caoutchouc vulcanisé* qui conserve son élasticité aussi bien à 0° qu'à 100°. A l'état naturel ou à l'état de combinaison le caoutchouc prend chaque jour une importance de plus en plus grande.

CHAPITRE IV

ARBRES

Les arbres sont des plantes vivaces dont la tige est susceptible d'acquérir comme on sait un diamètre plus ou moins considérable; elle est revêtue d'une couche mince d'écorce et sa plus grande partie est constituée par un tissu résistant compact, que l'on appelle bois et dont l'épaisseur augmente régulièrement chaque année. C'est le bois qui donne aux arbres leur valeur, car c'est une des matières premières indispensables à l'industrie, soit comme bois de travail, soit comme bois de chauffage. Aussi la culture forestière a-t-elle une grande importance dans tous les pays.

On a divisé les arbres en deux catégories :

1° *Les arbres résineux ou conifères.*

2° *Les arbres feuillus.*

Les *arbres résineux*, qu'on distingue au premier coup d'œil par la teinte vert sombre de leur feuillage, contiennent de la résine tantôt désséminée dans de petites cavités, le plus souvent renfermée dans des canaux appelés *canaux résineux*. Les feuilles de ces arbres sont généralement longues, étroites et persistent toute l'année. Ils appartiennent au groupe des Gymnospermes et font partie de la classe des Conifères.

Le Pin, le Mélèze, l'Épicéa sont des exemples d'arbres résineux.

Les *arbres feuillus* ont les feuilles larges et minces, plus ou moins découpées, qui tombent ordinairement à l'automne. La teinte de leur feuillage, d'un vert clair au printemps, se fonce un peu pendant l'été et devient plus ou moins jaunâtre à l'automne, un peu avant la chute des feuilles.

Ces arbres sont tous des Angiospermes et font partie du groupe des Dicotylédones.

Les plus importants ont les fleurs petites, dépourvues de périanthe et appartiennent surtout aux Amentacées ou Apétales voisins. Tels sont le Chêne, le Noyer, le Saule, l'Orme.

Les autres, plus nombreux, mais moins importants au point de vue forestier, constituent les *arbres à fleurs;* ce sont des Dialypétales, tels que les arbres fruitiers (Pommier, Cerisier, etc.), le Robinier faux-Acacia, le Tilleul, l'Érable, ou des Gamopétales : l'Olivier, le Frêne.

Au point de vue de la culture, les arbres et les abrisseaux se distinguent les uns des autres à différents points de vue. Les uns ne peuvent prospérer que s'ils se trouvent isolés et dans des endroits découverts : arbres fruitiers, Peuplier d'Italie, Marronnier, Noyer, etc., tandis que les autres peuvent vivre en massifs, c'est-à-dire dans des régions où ils couvrent le sol sur une étendue plus ou moins grande; ils constituent alors les bois ou les forêts.

La nature humide ou sèche du sol entraîne des modifications dans la flore forestière. Ainsi les différentes espèces de Saules, les Tamarix, les Aunes, les Peupliers, se plaisent dans les terrains humides ; on les rencontre communément dans les prairies, au bord des cours d'eau, tandis que le Chêne vert, l'Alisier des bois, le Pin sylvestre, l'Olivier peuvent se développer sur les terrains secs exposés au midi.

La composition chimique du sol exerce aussi une influence sur la nature des arbres qu'on y trouve, car le Châtaignier est un arbre qui ne vient que dans les terrains contenant de la silice ; tandis que le Sorbier domestique, le Sumac des corroyeurs, le Tilleul, prospèrent dans les sols formés exclusivement de calcaires.

Enfin l'altitude, c'est-à-dire la hauteur variable du sol au-dessus du niveau de la mer, entraîne des modifications dans la nature des essences forestières qu'on veut cultiver. C'est ainsi que le Sapin, l'Épicéa, le Hêtre, se développent dans les régions montagneuses élevées jusqu'à 1000 ou 1500 mètres; d'autre part, le Chêne rouvre prospère dans les régions montagneuses moyennes à une altitude inférieure à celle des Sapins; enfin le Chêne pédonculé, l'Orme, préfèrent les pays de plaines.

On voit, par les exemples qui précèdent, combien sont différentes les conditions dans lesquelles vivent les différentes espèces d'arbres, conditions dont il est important de tenir compte lorsqu'on veut opérer le reboisement d'une contrée.

Nous étudierons d'abord les arbres qui croissent isolés dans les champs, dans les plaines, puis ceux qui croissent en massifs et constituent les forêts et les bois.

I. — Arbres isolés : champs, promenades, etc.

On doit citer d'abord les arbres fruitiers (Pommiers, Cerisiers, Pêchers, etc.), qu'il est nécessaire de cultiver dans des régions découvertes exposées au midi, car le soleil est indispensable à la maturation des fruits, et ceux-ci représentent le produit le plus important. Cependant le bois des arbres fruitiers n'est pas dépourvu d'utilité; on emploie le bois des Poiriers, Cerisiers, en ébénisterie et au tournage; ce bois a le grain très fin, sa couleur rappelle celle de l'acajou et il est susceptible de recevoir un beau poli.

Les arbres de promenades ou de parcs, les plus fréquemment plantés, sont nombreux. Nous citerons : le Marronnier d'Inde (*Æsculus Hippocastanum*), probablement originaire d'Amérique, introduit à Paris au commencement du dix-septième siècle. Sa croissance rapide, sa résistance aux insectes qui ne l'attaquent pas et sa feuillaison précoce l'ont fait employer à la décoration des parcs et des jardins royaux. Son bois est de mauvaise qualité.

Les diverses espèces d'Érable, principalement le Sycomore (*Acer Pseudoplatanus*) ou faux Platane, arbre de grande taille, reconnaissable à ses grappes de fleurs penchées, et ses fruits ailés.

Les différentes espèces de Tilleul, principalement le

Tilleul à larges feuilles (*Tilia grandiflora*) (fig. 335), arbre de grande taille dont le bois est blanc et léger, surtout employé dans la fabrication des meubles. L'écorce ou *tille* a une grande importance : on fabrique avec ses fibres, traitées comme celles du chanvre, des cordes, des tapis, des nattes, etc. On sait que les fleurs du Tilleul sont employées comme calmant en infusion.

Le Robinier (*Robinia Pseudo-acacia*), Légumineuse à croissance rapide, dont les jeunes rameaux sont couverts d'épines. Le bois de l'Acacia est très dur, élastique; sa durée et sa résistance sont supérieures à celles du bois de Chêne. Il est surtout employé dans le charronnage.

Les deux espèces de Platanes (Pl. d'Orient et d'Occident), sont des arbres d'une grande longévité, dont la croissance est très rapide (car on observe des accroissements annuels de 3 à 4 centimètres), ils peuvent atteindre 20 à 25 mètres de hauteur. On les reconnaît à leur écorce unie non gerçurée qui tombe par plaques de grandes dimensions, à leurs fruits globuleux.

Le Frêne commun (*Fraxinus excelsior*).

Le Micocoulier de Provence (*Celtis australis*) dont le bois est très estimé comme bois de travail.

L'Orme champêtre (*Ulmus campestris*) (fig. 336) est un grand arbre, planté très souvent sur les promenades au bord des routes; on le reconnaît à ses feuilles distiques, à son bois rouge excellent pour la construction dans les lieux humides. On voit souvent au bord des champs une variété d'Orme, l'Orme tortillard, dont la tige est tordue, irrégulière; son bois particulièrement résistant est recherché.

Le Noyer (*Juglans regia*), originaire de l'Europe tempérée orientale et de l'Asie, est toujours planté en lignes, car il ne se développe bien que lorsqu'il est isolé. Il est important à cause de ses graines, qui sont comestibles à l'état frais et dont on retire une huile très estimée. Le bois de noyer est très recherché en ébénisterie et en menuiserie à cause des nuances variées de ses veines et du poli qu'il est susceptible d'acquérir.

Peuplier noir (*Populus nigra*). Cet arbre peut atteindre

Fig. 335. — Tilleul.

25 mètres de hauteur, et la variété dite Peuplier pyramidal croît surtout en hauteur, tous deux sont plantés au bord des routes; depuis longtemps on emploie aussi le Peuplier de Canada (*Populus canadensis*).

On plante aussi fréquemment dans les avenues ou les parcs un certain nombre d'arbres résineux.

Le Cyprès pyramidal (*Cupressus fastigiata*), originaire de l'Asie, est planté dans les cimetières; son bois à odeur aromatique agréable est très estimé comme bois de charpente et de menuiserie; il ne pourrit pas sous l'eau; le Sapin pectiné (*Abies pectinata*); l'Épicéa commun (*Picea excelsa*); le Mélèze (*Larix europæa*); le Pin sylvestre (*Pinus sylvestris*), arbre de 30 et 40 mètres d'élévation; le Pin pignon (*Pinus pinea*), qui est cultivé dans la région méditerranéenne pour ses fruits comestibles et comme arbre d'agrément; on le reconnaît à sa cime très aplatie.

Arbres croissant dans les vallées et les plaines au bord des eaux. — On rencontre fréquemment dans les prairies et dans les pays de plaines, souvent au bord des eaux, un certain nombre d'arbres qui croissent isolés ou en massifs peu serrés, ce sont : les Saules, les Peupliers, l'Aune, le Frêne, l'Orme champêtre.

Parmi les différentes espèces de Saules nous citerons : le Saule blanc (*Salix alba*) (fig. 337), reconnaissable à son feuillage blanc soyeux; il peut acquérir de grandes dimensions (25 mètres de hauteur sur 1 mètre de diamètre); le Saule fragile (*Salix fragilis*); le Saule viminal (*Salix viminalis*), tous à feuilles étroites. Le Saule Marceau (*Salix capræa*) à feuilles larges, l'un des plus abondants.

Les Saules sont des arbres à croissance rapide dans leur jeune âge; ils se multiplient par le bouturage avec une grande facilité, aussi sont-ils très précieux au bord des cours d'eau où ils fixent les alluvions et consolident les travaux d'endiguement.

Leurs branches grêles et flexibles sont employées presque exclusivement dans la vannerie sous le nom d'*osier*. On le retire des *oseraies;* ce sont généralement des plantations

Fig. 336. — Orme champêtre.

de Saules situées dans les prairies humides, au bord des cours d'eau, dont on coupe chaque année les ramifications soit au ras du sol, soit à une certaine hauteur ; les rameaux coupés et dépouillés de leur écorce constituent l'osier ; les souches ou les troncs de Saules acquièrent une grosseur considérable, on les désigne sous le nom de *têtards*. L'osier le plus estimé provient du Saule blanc, du Saule viminal, du Saule pourpre ou Osier pourpre, appartenant tous aux espèces de Saules à feuilles étroites.

Les Peupliers sont représentés par le Peuplier blanc (*Populus alba*) reconnaissable à ses feuilles d'un vert foncé en dessus, blanches en dessous, et le Peuplier noir (*Populus nigra*). Ces arbres fournissent un bois blanc, tendre, peu employé.

L'Aune commun (*Alnus glutinosa*), reconnaissable à ses feuilles un peu gluantes, arrondies, à ses fruits ovoïdes, formés d'écailles, est commun au bord des eaux et dans les prairies humides. Son bois résiste bien à la pourriture quand il est sous l'eau ; on en fabrique des charpentes et des pièces de menuiserie qui doivent être exposées à l'humidité.

Le Frêne commun (*Fraxinus excelsior*), l'Orme champêtre (*Ulmus campestris*) accompagnent souvent dans les prairies les arbres que nous venons de mentionner.

Arbustes ou arbrisseaux formant les haies vives, la lisière des bois. — Les clôtures des jardins ou des champs, la lisière des bois, sont occupées par des arbustes de petite taille qui en défendent l'accès, et dont il est intéressant de connaître les principales espèces ainsi que l'utilité de chacune d'elles.

Nous citerons d'abord parmi les Dialypétales périgynes :

Les *Rosacées :* telles que l'Aubépine ou Épine blanche (*Cratægus oxyacantha*), de la tribu des Pomacées, reconnaissable à ses feuilles à trois ou cinq lobes, à ses fruits rouges contenant un seul noyau ; cet arbuste se taille parfaitement et convient le mieux pour constituer les haies vives ; son bois fournit un excellent combustible. Le Prunellier ou Épine noire (*Prunus spinosa*), de la tribu des Amygdalées, reconnaissable à ses longues épines noires, à ses feuilles lancéo-

Fig. 337. — Saule blanc.

lées, à ses fruits très astringents désignés sous le nom de Prunelles. Les différentes espèces de Rosiers sauvages, notamment le Rosier des chiens (*Rosa canina*) ou Églantier dont on se sert pour greffer les Rosiers cultivés; le Rosier rubigineux (*R. rubiginosa*), dont les feuilles sont couvertes de glandes exhalant l'odeur de Pommes de reinette. Enfin les différentes espèces de Ronces (*Rubus*), parmi lesquelles nous citerons la Ronce arbrisseau (*Rubus fruticosus*) dont les fruits constituent les Mûres et le Framboisier (*Rubus Idæus*).

Les *Rhamnées* sont des arbrisseaux représentés par la Bourdaine commune (*Rhamnus Frangula*), dont le bois est employé à la fabrication du charbon destiné aux poudreries et le Nerprun purgatif (*Rhamnus catharticus*), dont les baies noires, de saveur amère, sont purgatives et servent à fabriquer le vert de vessie.

Les *Grossulariées*, telles que le Groseillier épineux (*Ribes Uva-crispa*) ou Groseillier à maquereau.

Les Dialypétales hypogynes sont représentées : par le fusain d'Europe (*Evonymus europæus*) ou Bonnet de prêtre, voisin des Ampélidées, reconnaissable à ses fruits carrés rappelant la forme d'un bonnet de prêtre; à graines rouges. Son bois ressemble un peu au buis pour la finesse et la couleur; il sert à fabriquer le fusain des dessinateurs.

L'Épine vinette (*Berberis vulgaris*), arbrisseau épineux dont les feuilles ovales ont une saveur aigrelette; il est reconnaissable à ses grappes pendantes de fruits rouges acidulés. On doit éviter de cultiver l'Épinette-Vine, le Nerprun purgatif, dans les haies voisines des champs de céréales, car on a remarqué que leur présence coïncide avec un développement plus grand de la Rouille.

La Clématite des haies (*Clematis vitalba*) appartient aux Renonculacées.

Parmi les Gamopétales :

Le Troène (*Ligustrum vulgare*), de la famille des Oléacées, reconnaissable à ses grappes de fleurs blanches odorantes, auxquelles succèdent des baies noires persistant jusqu'au printemps. Il est très employé pour former les haies, car il se taille facilement.

Le Sureau noir (*Sambucus nigra*), dont les fleurs forment une large cyme aplatie et donnent naissance à des baies noires; les branches du Sureau sont remarquables par le développement considérable de la moelle, aussi offrent-elles peu de résistance.

La Viorne flexible (*Viburnum Lantana*), à fleurs disposées comme celles du Sureau, donnant naissance à des baies d'abord vertes, puis rouges, puis noires.

Il faut ajouter à la Viorne et au Sureau, qui font partie de la famille des *Caprifoliacées*, voisine des Rubiacées, les différentes espèces de Chèvrefeuilles (*Lonicera*), dont les tiges sont grimpantes (Chèvrefeuille commun et Chèvrefeuille des bois) ou dressées (Chèvrefeuille à balais); les baies noires qui succèdent aux fleurs sont vénéneuses.

II. — Arbres croissant en massifs : forêts et bois.

On appelle *forêts* ou *bois* des étendues de terrain plus ou moins grandes couvertes d'arbres que l'on coupe à des époques déterminées, pour en utiliser les tiges comme bois de chauffage ou comme bois de travail.

Les forêts couvraient, en France, à l'époque des Gaulois, la plus grande étendue du territoire; elles ne représentent actuellement que le septième de la surface du sol français. Les régions boisées les plus importantes sont maintenant dans la partie occidentale de la France, les Vosges, le plateau de Langres, le Jura, la Côte-d'Or, les Cévennes. En outre, il existe au centre de la France et aux environs de Paris des forêts étendues telles que les forêts d'Orléans, de Fontainebleau, de Compiègne, de Rambouillet, de Villers-Cotterets, représentant une étendue d'environ 100 000 hectares.

Suivant le mode d'exploitation, on distingue les forêts en *taillis* et en *futaies*.

On appelle *taillis* des bois ou des forêts dont on coupe les arbres au ras du sol et qui repoussent de souche.

On appelle *futaies* des forêts dont on exploite les arbres au bout d'un temps considérable, de 80 à 150 ou 200 ans et plus ; ces arbres sont arrachés complètement et les futaies sont exclusivement reconstituées par des semis. C'est surtout dans les forêts de l'État qu'il existe des futaies à cause du temps considérable qui s'écoule depuis la plantation jusqu'à la première exploitation, temps pendant lequel la forêt n'est d'aucun rapport.

Futaies. — On distingue les jeunes futaies, contenant des arbres âgés de 30 à 70 ans ; les hautes futaies, où les arbres ont de 70 à 100 ans, et enfin les *vieilles écorces*, âgées de plus de 100 ans.

Les arbres qui composent les futaies sont peu nombreux, nous indiquerons les plus importants.

Futaies d'arbres feuillus. — Parmi les Amentacées, dans la famille des Cupulifères, nous n'avons à signaler que le Chêne, le Hêtre, le Châtaignier, le Bouleau.

Chêne. — Les deux espèces les plus répandues en France et les plus importantes sont le Chêne pédonculé (*Quercus pedunculata*) et le Chêne rouvre (*Quercus sessiliflora*).

Le Chêne pédonculé (p. 189), caractérisé par ce que se fleurs à pistil sont portées par des pédoncules plus ou moins longs, est un arbre de grande taille qui peut atteindre 40 à 45 mètres de hauteur et un diamètre considérable. On le rencontre ordinairement dans les pays de plaines et dans les vallées.

Le Chêne rouvre (fig. 338), caractérisé par ce que ses fleurs à pistil sont sessiles, agglomérées à l'aisselle des feuilles, atteint presque la taille du Chêne pédonculé ; on le rencontre plutôt dans les régions montagneuses, les collines et les plateaux ; il peut s'élever à 1000 mètres et au delà.

Le bois du Chêne a une grande valeur comme bois de construction, de charpente et bois de travail, car il réunit toutes les qualités qu'on trouve séparées dans les bois d'autres espèces. C'est aussi un des meilleurs bois de chauffage. L'écorce, très riche en tanin, sert à fabriquer le tan employé dans la fabrication des cuirs.

A ces deux espèces de Chênes il faut ajouter le Chêne tauzin habitant particulièrement l'ouest de la France ; le

Chêne Yeuse (*Q. Ilex*) ou Chêne vert, habitant le midi et l'ouest. Ils fournissent tous deux un excellent bois de chauffage.

Fig. 338. — Chêne rouvre (*Q. sessiliflora*).

Signalons aussi le Chêne-Liége (*Quercus Suber*), habitant

le littoral de la Méditerranée, la Corse et surtout l'Algérie, où il constitue des forêts d'une grande étendue.

C'est un arbre de taille moyenne et de grand diamètre, caractérisé par l'épaisseur considérable (20 à 30 centimètres) de son écorce qui fournit le liège du commerce. Quand cette écorce a acquis une certaine épaisseur, elle ne s'accroît plus, et, pour obtenir de nouveau liège, il faut l'enlever de temps en temps. L'opération qui consiste à enlever le liège formé s'appelle le *démasclage* (fig. 339); elle demande beaucoup de soin, parce qu'il faut ménager, en la pratiquant, l'écorce intérieure qui produit le liège et que les ouvriers appellent la *mère*. On retire le liège tous les huit ans et l'on peut sur chaque arbre répéter l'opération jusqu'à l'âge de 150 ans, c'est-à-dire 12 ou 15 fois. Le liège que l'on retire est d'autant plus fin et plus beau que l'arbre qui le fournit est plus vieux. Le liège a de nombreux usages dans l'industrie à cause de sa légèreté et de son imperméabilité.

Hêtre. — Le Hêtre (*Fagus sylvatica*) (p. 194) est une des espèces les plus répandues et les plus importantes dans les forêts; il est d'une taille un peu moins élevée que celle des Chênes. C'est surtout un arbre des régions montagneuses et il s'élève à une altitude plus grande que celle du Chêne, puisqu'on le trouve à 1600 mètres dans les Alpes; il est essentiellement envahissant et se substitue peu à peu à d'autres espèces telles que les Chênes, les Pins, les Bouleaux.

On a reconnu, en examinant les anciennes forêts du nord de l'Europe, que le Hêtre n'existait pas autrefois, il n'y avait que des Pins ou des Chênes.

Le Hêtre n'est pas employé comme bois de construction c'est un bois de travail utilisé en menuiserie, etc.; mais comme bois de chauffage ou pour la fabrication du charbon il tient le premier rang, car, à poids égal, il dégage en brûlant plus de chaleur que la plupart des autres bois. Rappelons que les *Faînes* ou fruits du Hêtre sont recueillies pour l'extraction de l'huile de Faîne.

Le *Châtaignier* (*Castanea vulgaris*) (pp. 192-194), originaire de l'Europe méridionale, habite en France où il a été intro-

Fig. 339. — Exploitation du Chêne-Liège.

duit, les plaines et les pentes de collines. Cet arbre ne vient que dans les sols siliceux, il est cultivé dans le plateau central pour ses fruits appelés *Châtaignes* qui sont la principale ressource alimentaire des habitants de cette contrée. Le bois de Châtaignier est rarement employé comme bois de charpente, parce qu'il ne supporte pas les alternatives de sécheresse et d'humidité.

Fig. 340. — Rameau fleuri de Bouleau blanc.

Bouleau blanc (*Betula alba*). — Le Bouleau est un arbre de grandeur moyenne (25 mètres de hauteur), reconnaissable à son écorce blanche qui s'exfolie par bandes annulaires, et à son feuillage léger et mobile. Il est commun dans l'Europe et l'Asie et habite de préférence les régions septentrionales et tempérées. On ne le rencontre dans le midi de l'Europe que sur les montagnes. Le Bouleau vient surtout dans les sols sablonneux et constitue, soit seul, soit associé au Pin sylvestre, des forêts étendues.

Le bois de Bouleau n'est pas employé dans les constructions, parce qu'il pourrit rapidement. On l'utilise en menuiserie, au charronnage. Les boulangers et les verriers emploient le bois de Bouleau pour chauffer les fours.

L'écorce du Bouleau est absolument imperméable et imputrescible, aussi est-elle exploitée en Russie comme le liège. C'est elle qui communique au cuir dit de Russie son odeur spéciale.

La sève du Bouleau contient une assez grande quantité de sucre, et dans le nord de l'Europe on la recueille pour fabriquer une boisson très appréciée.

Orme de montagne (*Ulmus montana*). — Il est souvent mélangé au Chêne, au Hêtre et au Sapin dans les forêts des régions montagneuses. Son bois est moins estimé que celui de l'Orme champêtre.

Frêne commun (*Fraxinus excelsior*). — Cet arbre, reconnaissable à ses gros bourgeons d'un noir velouté, à ses feuilles composées pennées, à ses fleurs qui apparaissent avant les feuilles, est un arbre de haute taille qu'on rencontre habituellement dans les plaines et les vallées avec l'Orme, l'Aune, le Chêne pédonculé.

Le bois du Frêne est surtout remarquable par son élasticité et sa ténacité. On l'emploie beaucoup dans le charronnage pour fabriquer des brancards; il sert aussi à faire les avirons, les échelles.

Les espèces que nous venons de mentionner constituent les futaies d'arbres feuillus, ordinairement mixtes, c'est-à-dire contenant plusieurs essences différentes. Néanmoins, le Chêne et le Hêtre sont les essences dominantes.

Futaies d'arbres résineux. — Les futaies d'arbres résineux ou Conifères ne contiennent que des arbres appartenant à la famille des Abiétinées. Elles se distinguent des futaies d'arbres feuillus parce que dans chacune d'elles on ne trouve qu'une seule espèce d'arbres à l'exclusion des autres arbres résineux.

Sapin pectiné. — Le Sapin pectiné (*Abies pectinata*) ou Sapin des Vosges, qui peut atteindre, à l'âge de 200 ans, 40 mètres de hauteur est un arbre à tige droite qui se ramifie par verticilles réguliers, dont la cime est un peu aplatie et dont les feuilles sont situées dans le même plan, en forme de peigne. Le Sapin pectiné habite les régions montagneuses de l'Europe moyenne, il est inconnu dans le sud de l'Europe (Grèce, Sicile) et aussi dans le nord (Irlande, Hollande, péninsule Scandinave). En France, il constitue des forêts importantes, dans les Cévennes, l'Auvergne, le Dauphiné, surtout dans les Vosges où il s'élève jusqu'à 1300 mètres et dans le Jura. Le bois de Sapin offre une grande résistance et beaucoup d'élasticité, et, à cause de son abondance, c'est un des bois de Conifères le plus employé.

Épicéa. — L'Épicéa commun ou Sapin blanc du nord (*Picea excelsa*) (p. 47) croît à une altitude plus élevée que le Sapin pectiné; il s'en distingue par ses rameaux verticillés souvent retombants, par sa cime toujours pointue. Il habite les régions septentrionales de l'Europe, telles que la Norvège. En France on le rencontre surtout dans les Vosges, le Jura, mais à une altitude toujours supérieure à celle du Sapin pectiné.

Le bois de l'Épicéa est de conservation plus facile que celui du Sapin commun, parce qu'il contient plus de résine; c'est un des meilleurs bois de construction et de travail. On l'utilise spécialement pour fabriquer les caisses de résonance des instruments de musique (pianos, violons, etc.); c'est enfin un excellent et un abondant combustible.

Mélèze d'Europe (*Larix europœa*). — Le Mélèze est une des Conifères qui perdent leurs feuilles au commencement de l'hiver ; on le reconnaît au printemps par les bouquets de feuilles qui apparaissent sur les rameaux dénudés (p. 229). Cet arbre habite les hautes montagnes de l'Europe centrale; on le rencontre en France dans les Alpes et leurs ramifications où il s'élève à une altitude de 1000 à 2000 mètres, supérieure à celle de l'Épicea. Son bois est avec celui du Chêne un des plus précieux de nos forêts; on l'emploie dans les constructions navales et civiles.

Le *Pin sylvestre* (*Pinus sylvestris*) (fig. 341) est un arbre de 40 mètres d'élévation qui occupe une grande étendue de l'hémisphère boréal; on le trouve en France dans les hautes montagnes, excepté dans les Ardennes et le Jura. Le bois du Pin sylvestre fournit les plus beaux et les meilleurs mâts de cause de sa légèreté et de son élasticité. Il est aussi très employé dans les constructions et en menuiserie. C'est enfin un bon combustible.

Le Pin maritime (*Pinus Pinaster*) ou Pin de Bordeaux existe surtout en France dans le sud-ouest, principalement

Fig. 341. — Pin sylvestre.

dans les Landes dont il a servi à fixer les dunes. Il prospère exclusivement dans les terrains siliceux. Son bois est très estimé, mais il est surtout exploité pour la résine qu'il contient.

A ces deux espèces il faut ajouter le Pin de montagne et surtout le Pin cembro (*Pinus cembra*) à cinq feuilles, qui habite les régions montagneuses les plus élevées de la Savoie, du Dauphiné et de la Provence. C'est dans les Alpes et les Carpathes le dernier représentant de la flore forestière, car il s'élève jusqu'à 2500 mètres.

Taillis. — Les taillis sont des bois ou des forêts que l'on coupe quand les arbres sont encore jeunes, et le bois qu'on en retire sert au chauffage, à la fabrication du charbon, des échalas, des cercles de tonneaux, perches, etc.

On distingue les bois taillis en *jeunes taillis* qui s'exploitent à l'âge de 7 à 9 ans; *taillis moyens* qu'on exploite de 18 à 20 ans; et de *hauts taillis*, de 25 à 40 ans.

Lorsqu'on exploite un taillis, on ne coupe pas tous les arbres qui s'y trouvent, on a l'habitude d'en réserver un certain nombre parmi les plus beaux qui sont destinés à fournir de l'ombrage pour la reprise des souches coupées.

Les arbres que l'on exploite dans les forêts ou les bois exploités en taillis sont d'abord tous les arbres feuillus que nous avons mentionnés dans les futaies, c'est-à-dire les différentes espèces de Chênes, le Hêtre, le Châtaignier, le Bouleau, les Ormes, le Frêne.

Nous devons y ajouter des Cupulifères, telles que le Charme (*Carpinus Betulus*), le Noisetier (*Corylus avellana*). Le Charme ou Charmille (fig. 342) est un arbre de faible grandeur qui vit dans les régions des plaines et sur les collines; il résiste mieux au froid que le Hêtre. Il est important comme bois de chauffage, car il dégage à poids égal plus de chaleur que le Hêtre; son bois est peu estimé malgré sa dureté, car il s'altère rapidement.

Le Coudrier Noisetier (*Corylus avellana*) est un arbrisseau de 3 à 4 mètres d'élévation. Le bois du Coudrier a peu d'emploi à cause des dimensions restreintes de sa tige; on en fabrique des perches, des cercles. Le fruit du Noisetier est comestible et fournit une huile très agréable.

Il faut ajouter à ces deux espèces les Alisiers et Sorbiers, tels que le Sorbier domestique ou Cormier (*Sorbus domestica*), l'Alisier blanc (*Sorbus Aria*), qui fournissent des bois estimés ; le Poirier commun (*Pirus communis*) ; le Pommier sauvage (*Pirus acerba*) ; le Merisier (*Cerasus avium*) ; l'Érable champêtre (*Acer campestre*), le Tilleul. Ces diverses espèces

Fig. 342. — Charme, rameau portant un épi de fleurs.

se rencontrent disséminées çà et là dans les bois taillis. On trouve aussi dans les coupes nouvelles, les clairières ainsi qu'à la lisière, tous les arbrisseaux dont nous avons parlé à propos des haies vives.

Les arbres résineux ne peuvent ordinairement pas servir à constituer des bois taillis, parce que, sauf l'If, ils ne repoussent pas de souche.

On voit par ce qui précède l'importance des arbres dans l'industrie.

Ces plantes sont encore utiles à l'homme à un autre point de vue : comme les arbres occupent en massifs les sommets et les pentes des collines dans les vallées des cours d'eau, ils régularisent l'écoulement des eaux. En effet, quand les pluies torrentielles surviennent, si elles tombent sur des collines nues, elles s'écoulent immédiatement dans le fond de la vallée et provoquent une crue soudaine dans les cours d'eau voisins; si elles tombent sur des pentes boisées, l'eau est retenue par les arbres et s'écoule lentement dans les vallées sans provoquer des crues rapides et souvent funestes.

On a remarqué, en effet, que les inondations sont devenues plus fréquentes et plus dangereuses dans les contrées déboisées; aussi depuis un certain nombre d'années cherche-t-on à reconstituer les forêts et les bois qui avaient été imprudemment détruits.

CHAPITRE V

PLANTES MÉDICINALES

L'emploi des plantes pour guérir les maladies est aussi ancien que l'homme. Mais dans l'antiquité, le moyen âge et la première partie des temps modernes, la thérapeutique, c'est-à-dire la branche de la médecine qui s'occupe de l'action des médicaments, était surtout empirique. On connaissait mal les propriétés des plantes, l'anatomie et la physiologie de l'homme étaient peu connues, et l'on n'avait souvent pour guide dans la préparation des médicaments que les rêveries des médecins sur l'influence que les esprits animaux et les quatre éléments exerçaient sur l'organisme.

Ce n'est guère qu'à partir de la fin du dix-huitième siècle, lorsque la chimie fut créée par Lavoisier, Priestley, Scheele, que nos connaissances sur les propriétés médicales des plantes ont fait de rapides progrès. Aujourd'hui, on ne se contente pas d'étudier l'action des plantes sur l'organisme, on cherche, par l'analyse, à extraire les substances actives qu'elles contiennent, on étudie leurs propriétés; ce sont alors ces principes qu'il est souvent utile d'administrer à l'état de pureté.

Un exemple choisi entre beaucoup d'autres fera comprendre l'importance des services rendus à la thérapeutique par l'analyse des principes actifs renfermés dans les végétaux.

On sait que la capsule du Pavot somnifère laisse écouler, quand on fait des incisions à sa surface, un liquide laiteux qui se solidifie à l'air et constitue la matière solide, brune, qu'on appelle *opium ;* c'est un médicament employé depuis longtemps. En analysant ce produit, on y a trouvé des composés appelés *alcaloïdes :* les uns, comme la *morphine*, la *codéine*, sont des substances calmantes, qui affaiblissent la sensibilité à la douleur; d'autres, comme la *thébaïne*, sont de violents poisons et provoquent des convulsions. Aussi, quand on administre l'opium brut, obtient-on des effets mixtes, produits par les substances calmantes et les substances excitantes; administré à faibles doses, il est calmant, mais à doses un peu fortes il devient excitant, produit un sommeil agité, des convulsions et même la mort. C'est pourquoi l'opium brut est peu employé comme médicament interne et toujours à petites doses. On utilise au contraire beaucoup les alcaloïdes qu'il renferme, mais seulement les alcaloïdes qui provoquent le sommeil et calment les douleurs, comme la *morphine*, la *codéine*.

Principales plantes médicinales. — Nous allons maintenant passer en revue les principales plantes employées en médecine.

Dicotylédones gamopétales. Composées. — Cette famille contient l'Arnica (*Arnica montana*), qui croît dans les prairies des hautes montagnes, et dont on emploie l'infusion des fleurs dans l'alcool pour guérir les contusions; la Camomille romaine (*Anthemis nobilis*), dont les fleurs servent à faire des tisanes; la Camomille puante (*Anthemis cotula*), employée contre les vers; le Tussilage ou Pas d'âne, etc.

Rubiacées. — Cette famille fournit les diverses espèces de Quinquina, ainsi que l'Ipécacuanha.

Les diverses espèces du genre Quinquina (*Cinchona*) sont des arbres à stipules petites, à feuilles grandes entières, qui croissent dans les pays chauds. Leur écorce renferme un principe particulier, la *quinine*, qui est employé pour guérir la fièvre : c'est un fébrifuge. Ces arbres sont originaires du Pérou, de la Bolivie et de la province de l'Équateur, où ils formaient autrefois des forêts étendues, qui ont été dévastées pour l'exploitation de l'écorce; mais on les a naturalisés dans l'île de Java, dans l'Inde, à l'île Bourbon, aux Antilles. Pour obtenir le Quinquina, on abat les arbres, et l'écorce encore molle est détachée sous forme de plaques;

puis on fait sécher ces plaques en les soumettant à une certaine pression pour éviter qu'elles ne se roulent. La poudre obtenue en broyant les écorces sèches est utilisée pour fabriquer les vins dits de Quinquina; on en extrait aussi la quinine, administrée à l'état de sulfate de quinine.

L'Ipécacuanha est constitué par le rhizome d'un certain nombre de Rubiacées appartenant au genre *Cephelis*, originaires de la Colombie et du Brésil. A l'état de sirop et de poudre, l'Ipécacuanha est un vomitif doux très employé dans la médecine des enfants (croup, etc.).

Scrofularinées. — Cette famille contient les diverses espèces de Digitales. La plus employée est la Digitale pourprée (*Digitalis purpurea*) qui est commune dans les terrains siliceux; on utilise surtout la poudre obtenue en broyant les feuilles desséchées. Les diverses espèces de Molènes (*Verbascum*) et la Linaire des champs (*Linaria arvensis*), employées comme adoucissantes, appartiennent aussi à cette famille.

Solanées. — La plupart des plantes vénéneuses de cette famille sont employées en médecine. Citons la Belladone (*Atropa Belladona*) qu'on rencontre dans les taillis et les clairières des bois; elle contient une substance appelée *atropine* qui a la propriété de dilater la pupille. On l'emploie à cause de cela quand on veut pratiquer l'opération de la cataracte; on l'utilise aussi comme calmant dans les névralgies. La Jusquiame (*Hyoscyamus niger*) et la Pomme épineuse (*Datura stramonium*) renferment des substances analogues à celle qu'on trouve dans la Belladone, et leur action sur l'organisme paraît analogue.

Citons encore la Morelle noire (*Solanum nigrum*); la Douce-amère (*Solanum dulcamara*) dont les feuilles et les tiges sont employées en décoction à l'extérieur contre les dartres, les panaris, etc.

Borraginées. — Ces plantes contiennent un suc visqueux contenant beaucoup de salpêtre. L'infusion obtenue avec les feuilles et les fleurs est adoucissante; on emploie surtout la Bourrache (*Borrago officinalis*), le Buglosse (*Anchusa officinalis*).

Labiées. — Les Labiées sont des plantes aromatiques dont quelques-unes sont utilisées en médecine à cause des essences qu'elles contiennent. Ce sont notamment la Menthe poivrée (*Mentha piperita*), cultivée dans certaines contrées et employée pour fabriquer l'alcool de Menthe, le sirop de Menthe, les pastilles; la Mélisse officinale, qui entre dans l'eau de Mélisse des Carmes, est employée contre les vertiges, les syncopes.

Convolvulacées. — Cette famille fournit une résine, la résine de Jalap, extraite des tiges souterraines de certaines Convolvulacées des pays chauds, et qui constitue un purgatif violent. C'est auprès des Convolvulacées que se placent les *Gentianées* qui fournissent à la médecine la Grande Gentiane ou Gentiane jaune. Cette plante croît dans les prairies des hautes montagnes; sa racine à odeur forte, à saveur amère, est employée comme fébrifuge et comme tonique contre l'anémie; on l'administre sous forme de sirop, de vin.

Dicotylédones dialypétales. Cucurbitacées. — Les Cucurbitacées de nos pays, comme la Bryone dioïque et le Concombre sauvage, étaient jadis très employées à cause de leurs propriétés purgatives; on emploie maintenant la Coloquinte, originaire de l'Orient, et dont le fruit très amer est un violent purgatif.

Rosacées. — La Rose de Provins est utilisée en médecine à cause du tanin qu'elle renferme, pour préparer des médicaments astringents, tels que le sirop de roses, le miel rosat. C'est avec les feuilles du Laurier-cerise qu'on fabrique l'eau de Laurier-cerise employée contre les convulsions; elle doit surtout son action à l'acide prussique.

Légumineuses. — Le Mélilot officinal, la Réglisse, qu'on emploie comme pectoraux, appartiennent à cette famille, ainsi que les diverses espèces du genre Cassia qui croissent dans les régions tropicales et dont les gousses sont employées comme purgatifs.

Ombellifères. — Un certain nombre de plantes de cette famille sont employées comme stimulants à cause des substances aromatiques qu'elles contiennent; ce sont notamment les fruits d'Anis, de Coriandre, de Carvi, avec lesquels on aromatise les aliments ou les boissons. Certaines Ombellifères contiennent une résine âcre, irritante, qui provoque l'afflux du sang quand on la dépose sur la peau. L'une des plus employées est le *Thapsia*, qui croît en Afrique, et dont la résine sert à fabriquer le taffetas ou les papiers Thapsia.

Papavéracées. — Les diverses espèces du genre Pavot, notamment le *Papaver somniferum*, contiennent un suc laiteux qui fournit l'opium dont nous avons parlé.

Violariées. — Les différentes espèces du genre Viola sont cultivées, non seulement pour leur parfum, mais à cause de leur utilité en médecine; le sirop fabriqué avec les fleurs de la Violette odorante est un purgatif doux, les racines de la Pensée sauvage sont purgatives et vomitives.

Crucifères. — Les feuilles et les racines des plantes de cette famille contiennent une substance de saveur âcre, amère, surtout développée dans les feuilles du Cresson de fontaine (*Nasturtium officinale*), du Cresson alénois (*Lepidium sativum*), ainsi que dans les racines du Raifort (*Cochlearia armoriaca*). Ces plantes sont utilisées en médecine comme dépuratifs et on les emploie pour fabriquer le sirop et le vin antiscorbutiques. Une autre Crucifère, la Moutarde (*Sinapis nigra*), est cultivée pour ses graines, qui servent à faire les sinapismes; cela tient à ce qu'il se développe dans la farine des graines de moutarde, sous l'influence de l'eau chaude, des substances irritantes qui déterminent l'afflux du sang dans les parties de la peau où la farine est placée.

Malvacées. — Les différentes Malvacées contiennent des substances visqueuses qui les font employer comme adoucissantes. On utilise surtout la Mauve officinale (*Malva rotondifolia*), la Mauve sylvestre (*M. sylvestris*), qui croissent au voisinage des habitations, et la Guimauve officinale (*Althæa officinalis*). Les feuilles et l'écorce du Tilleul servent au même usage.

Renonculacées. — Parmi les nombreuses plantes vénéneuses que renferme cette famille, on utilise diverses espèces : l'Ellébore fétide (*Helleborus fœtidus*), à cause des propriétés purgatives de ses racines; l'Aconit napel qui croît dans les montagnes de l'Europe : sa racine sert à combattre les névralgies, les rhumatismes.

Dicotylédones apétales. Polygonées. — La Bistorte (*Polygonum bistorta*), qui croît communément en France, est employée comme astringent contre les hémorrhagies ; les racines de la Rhubarbe (*Rheum officinale*) constituent un purgatif doux.

Euphorbiacées. — Le Ricin (*Ricinus communis*) est cultivé non seulement comme plante d'ornement, mais pour ses graines qui fournissent l'huile de Ricin, très employée à cause de ses propriétés purgatives. Les rhizomes d'un certain nombre d'Euphorbes sont utilisés comme vomitifs.

Amentacées. — L'écorce de ces arbres, notamment celles du Saule, du Peuplier, sont fébrifuges ; les feuilles du Noyer et le péricarpe des fruits contiennent une grande quantité de tanin qui les font employer comme astringents.

Monocotylédones. — Parmi les Liliacées, nous devons citer l'Ellébore blanc (*Veratrum nigrum*) et le Colchique, ainsi que les diverses espèces d'Aloès employées comme purgatifs ; l'Aloès des pharmaciens est constitué par le suc solidifié qui s'échappe des feuilles. Les rhizomes de diverses espèces d'Iris sont aussi parfois utilisés dans le même but.

Gymnospermes. — Les Conifères contiennent, comme nous le savons, de la résine qui jouit de propriétés excitantes. La plus employée est la Térébenthine de Venise, extraite du Mélèze ; on emploie aussi dans le même but l'eau d'infusion de bourgeons de sapin. En calcinant en vases fermés le bois des Conifères, on en retire du Goudron, employé contre les maladies de la gorge.

Cryptogames. — Quelques Cryptogames sont employés en médecine : le Polystic commun, dont les rhizomes servent à détruire le Ténia ou Ver solitaire ; les feuilles de diverses Capillaires (*Adiantum*) sont utilisées comme adoucissantes. Diverses espèces de Lichens, notamment le Lichen d'Islande, sont aussi prescrits comme substances pectorales.

DEUXIÈME PARTIE

PLANTES NUISIBLES

CHAPITRE I

PLANTES NUISIBLES A L'HOMME ET AUX ANIMAUX

Ces plantes sont nombreuses et on doit les distinguer en plusieurs catégories : 1° les plantes vénéneuses qui provoquent des accidents graves et même la mort lorsqu'on les introduit dans le canal digestif avec les aliments ou les boissons ; 2° les plantes parasites qui s'introduisent dans le sang ou dans les tissus du corps et qui, vivant aux dépens de ceux-ci, provoquent la mort ; 3° enfin les plantes qui vivent sur les matières alimentaires et les altèrent en provoquant la putréfaction ou le développement des moisissures.

Plantes vénéneuses. — Nous parlerons d'abord de celles qui constituent des poisons pour l'homme et qui sont indigènes.

Ce sont, parmi les Dicotylédones :

Les diverses *Euphorbiacées* de nos pays qui renferment, nous le savons, un suc laiteux, âcre et très irritant.

Les *Renonculacées*, notamment les diverses espèces d'Anémones, telles que l'Anémone pulsatille à grandes fleurs violettes qui paraissent au printemps avant les feuilles ; elle croît dans les pelouses sèches ; l'Anémone Sylvie (*A. nemorosa*) à fleurs blanches ou roses ; l'Anémone renoncule

(*A. ranunculoïdes*) à fleurs jaunes, commune au printemps

Fig. 343. — Pied de Renoncule âcre montrant les fleurs et les fruits.

dans les jeunes coupes des bois ; les diverses espèces de Renoncules ou Boutons d'or (R. bulbeuse, R. âcre, fig. 343, R. scélérate, etc.) ; les espèces du genre Aconit, telles que l'Aconit napel à fleurs bleues cultivé fréquemment dans les jardins comme plante d'ornement ; l'*Aconitum lycoctonum*, appelé Tue-Loup ; l'*Aconitum Anthora* à fleurs jaunes qui croissent dans les montagnes élevées.

Les *Papavéracées*, telles que la Chélidoine ou Grande Éclaire à fleurs jaunes ; elle contient un suc jaune orangé, très âcre et amer qui constitue un poison, car il provoque l'inflammation des tissus. On trouve fréquemment la Chélidoine dans les haies, les décombres, sur les murailles. Citons encore les diverses espèces de Pavot, qui fournissent l'Opium.

Les *Ombellifères*, parmi lesquelles la Ciguë vireuse (*Cicuta virosa*), qui croît au bord des étangs et qui est la plus dangereuse de toutes ; la grande Ciguë (*Conium maculatum*), qui croît au bord des chemins, dans les décombres, on la reconnaît à ses tiges tachetées ; enfin la petite Ciguë ou Ciguë des chiens (*Æthusa Cynapium*). Cette dernière est assez commune et peut être confondue avec le Persil ; on l'en distingue parce qu'elle exhale, quand on froisse ses feuilles entre les doigts, une odeur désagréable, et sa tige est rougeâtre marquée de taches foncées, tandis que le Persil exhale une odeur aromatique agréable et sa tige est verte.

Les *Rosacées*, souvent dangereuses par leurs graines qui contiennent de l'acide prussique ; aussi, en préparant avec les noyaux de Cerises la liqueur dite eau de noyau, peut-on s'empoisonner quand on emploie une trop grande quantité de graines. Quelquefois l'acide prussique existe dans les feuilles, comme dans le Laurier-cerise (fig. 344), qui croît dans le midi de la France. On emploie ses feuilles pour aromatiser le lait, la crème, et l'on a déjà observé des accidents graves par l'ingestion de boissons ou de tisanes contenant une infusion des feuilles de cette plante.

Les *Cucurbitacées* contiennent, à côté de plantes alimentaires dont les fruits sont très estimés, des plantes vénéneuses, comme la Bryone, qui croît dans les haies, et le Concombre sauvage ; la racine de la Bryone et le fruit du Concombre sauvage sont de violents purgatifs.

Parmi les Dicotylédones gamopétales, les *Solanées* et les *Scrofularinées* sont très dangereuses.

Fig. 344. — Branche fleurie de Laurier-cerise. Ses feuilles contiennent un poison violent : l'acide prussique.

C'est à la première de ces familles qu'appartiennent : la Belladone (*Atropa Belladona*) qui croît dans les clairières, dans les taillis ; ses baies noires semblables à des Guignes tentent souvent les enfants et constituent un violent poison ; la Jusquiame (*Hyoscyamus niger*) qu'on rencontre dans les décombres, au bord des chemins ; la Morelle noire (*Solanum nigrum*); le Datura ou Pomme épineuse, très commune dans les jardins, sont aussi très dangereuses.

Fig. 345. — Pied fleuri de Digitale pourprée.

Les Scrofulariées contiennent la Digitale pourprée (fig. 345) (*Digitalis purpurea*) et la Gratiole officinale (*Gratiola offici-*

Fig. 346. — Pied fleuri d'Anémone Sylvie.

nalis), qui croît au bord des ruisseaux dans les prés ; introduite dans le corps, elle provoque une inflammation violente de l'estomac et des intestins.

Les Monocotylédones renferment aussi des plantes dangereuses, comme l'Ivraie enivrante (*Lolium temulentum*) parmi les *Graminées;* cette plante croît dans les chemins et quelquefois dans les champs de blé, lorsqu'elle est abondante dans ceux-ci, ses graines se mélangent au blé et la farine qu'on obtient peut causer des accidents graves.

Il faut citer aussi, parmi les *Liliacées*, le Colchique d'automne, dont le bulbe est surtout dangereux, la Vératre ou Ellébore blanc qui croît dans les prairies montagneuses; parmi les *Amaryllidées*, le Narcisse des prés, vénéneux par ses fleurs.

Les Cryptogames nous offrent, dans la classe des Champignons, de nombreuses plantes dangereuses. Il ne se passe guère d'année où l'on ne signale d'empoisonnements causés par les Champignons vénéneux.

Citons, parmi les Agarics, la fausse Oronge à chapeau rouge ou jaune, tachetée de blanc, ayant un pied et des lamelles blanches; l'Amanite bulbeuse, qui a, comme la précédente une collerette à la partie supérieure du pied; l'Agaric sulfuré; l'Agaric styptique. Parmi les Bolets : le Bolet pernicieux ou Oignon de loup à tubes rouges, le Bolet cuivré à tubes jaunes. Ces divers Champignons provoquent une vive inflammation de l'estomac et des intestins.

Les caractères qu'on a indiqués pour distinguer les mauvais Champignons des bons sont nombreux : les Champignons vénéneux noircissent les couverts ou les pièces d'argent, ils ne sont pas mangés par les limaces ou les insectes, leur chair change de couleur, etc. Mais *aucun de ces caractères n'est certain*, aussi faut-il toujours s'abstenir de manger les Champignons que l'on ne connaît pas.

Parmi les plantes exotiques vénéneuses, nous devons mentionner les Apocynées, représentées dans nos pays par la Pervenche, le Laurier-Rose, qui sont aussi vénéneuses, mais à un degré beaucoup plus faible que les Apocynées des pays chauds; celles-ci contiennent en effet les Strychnées qui fournissent la Noix vomique et la Fève de Saint-Ignace, constituant des poisons redoutables, car une faible quantité introduite dans le corps amène la mort dans des convulsions. C'est aussi des plantes de la famille des Apocynées que les

Fig. 347. — Arum ou Gouet maculé. Plante monocotylédone vivant dans les haies ou les bois. Elle est vénéneuse.

Indiens tirent le *Curare* au moyen duquel ils empoisonnent leurs flèches; le Curare amène la mort en paralysant les muscles de la respiration.

Plantes vénéneuses pour les animaux. — Les animaux qu'on nourrit dans les pâturages permanents ou temporaires peuvent s'empoisonner en absorbant avec l'herbe qu'ils broutent des plantes vénéneuses.

En général, ces plantes sont celles qui sont nuisibles pour l'homme, cependant il existe des exceptions ; ainsi les moutons peuvent manger sans inconvénient la Belladone qui constitue un violent poison pour l'homme.

Les plantes vénéneuses sont, dans les pâturages des montagnes, les Aconit, l'Actée en épi, l'Anémone des prés, la Renoncule Thora, la Vérâtre ou Ellébore blanc ; dans les prairies sèches, la Renoncule âcre et la Renoncule bulbeuse, l'Anémone pulsatille, la Coronille bigarrée ; dans les prairies humides, la Ciguë vireuse, la Phellandre aquatique, le Colchique, l'Euphorbe des marais, la Gratiole officinale, le Narcisse, la Renoncule flammette et la Renoncule lancéolée. Enfin, quand le bétail broute dans les bois ou au voisinage des haies vives, il peut rencontrer un certain nombre de plantes vénéneuses telles que l'Anémone Sylvie (fig. 346), l'Arum ou Gouet maculé (fig. 347), à fleurs entourées d'une feuille ou *spathe* enroulée en cornet, auxquelles succèdent, en automne, des épis de fruits colorés en rouge vif ; la grande et la petite Ciguë, très commune au printemps.

Plantes parasites. — Les plantes qui s'introduisent dans le corps des animaux pour y vivre en parasites et déterminer la mort de leur hôte appartiennent toutes aux Cryptogames sans racines. Ce sont ordinairement des Algues incolores désignées sous le nom de *Bactéries*, ou des Champignons, mais toujours des êtres microscopiques.

Bactéridie du Charbon. — Le type de ces plantes nous est fourni par la Bactéridie du Charbon (*Bacillus anthracis*) qui, introduite dans le corps par une plaie ou une piqûre, amène rapidement la mort. Le sang des animaux ou de l'homme qui succombent est généralement noir : c'est ce qui a fait donner à cette terrible maladie le nom de *Charbon*.

Quand on examine au microscope une goutte de sang d'un animal mort du charbon on aperçoit (fig. 348), au milieu des globules du sang, de petits bâtonnets incolores très étroits et atteignant à peine $\frac{1}{100}$ de millimètre de longueur. Chaque bâtonnet est une Algue, et il suffit d'en introduire un dans la peau d'un animal sain, au moyen d'une piqûre, pour lui communiquer le Charbon. Ces Algues vivent dans le sang, et comme elles ont besoin d'oxygène, elles consomment celui qui est destiné à l'animal et celui-ci périt en quelque sorte asphyxié.

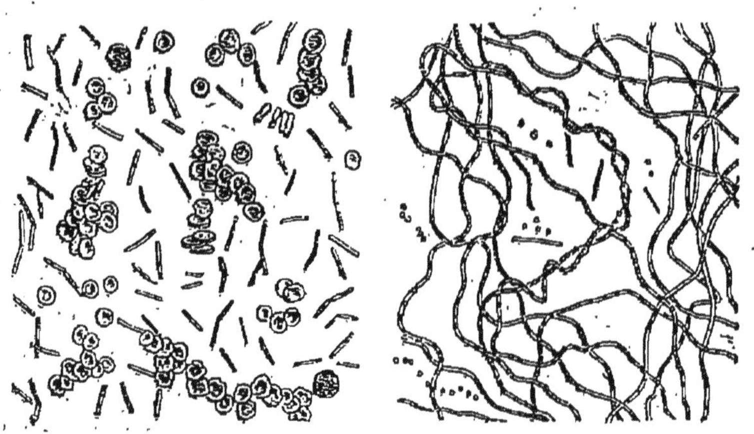

Fig. 348. — A gauche une goutte de sang, provenant d'un animal mort du Charbon, vue au microscope. Les disques représentent les globules du sang, ils sont mélangés de bâtonnets formant la Bactéridie du Charbon. A droite, la Bactéridie cultivée dans le bouillon.

Pendant longtemps les cultivateurs se bornaient à enterrer les cadavres des animaux morts du Charbon. M. Pasteur, qui a étudié avec soin les conditions dans lesquelles la maladie se propage, a montré que c'était une imprudence, car la terre qui se trouve au-dessus des fosses renfermant le corps des animaux charbonneux ne tarde pas à être remplie de Bactéries, de sorte que si les moutons ou les bœufs viennent paître l'herbe en ces endroits, ils contractent à leur tour le Charbon et meurent.

Pour éviter les accidents, il faut, ainsi que l'a recommandé M. Pasteur, brûler les cadavres des animaux morts de cette maladie et incinérer la terre qui a reçu du sang infesté.

Les admirables recherches qu'il a entrepris lui ont permis non seulement d'indiquer le mode de propagation de la maladie, mais encore de trouver un *vaccin* qui préserve d'une manière certaine l'homme et les animaux. En effet, en cultivant la Bactéridie du Charbon dans du bouillon, elle se présente sous la forme de longs filaments (fig. 348) et, au bout d'un certain temps, sous l'influence de la température de 44° environ et de l'oxygène de l'air, cette plante perd la propriété de donner le Charbon. A ce moment, quand on l'introduit dans le corps au moyen d'une piqûre, elle ne provoque qu'une légère indisposition, mais après cette indisposition les animaux sont devenus absolument réfractaires au Charbon.

La Bactéridie ainsi cultivée dans le bouillon et devenue inoffensive constitue le *vaccin du Charbon*. M. Pasteur a institué de nombreuses expériences pour montrer l'efficacité de ce vaccin.

Voici l'une des plus remarquables dont il avait à l'avance affirmé le résultat. Au mois de mai 1882, on prit, à Pouilly-le-Port, près de Melun, deux lots de vingt-cinq moutons chacun. Les moutons du premier lot furent seuls vaccinés, c'est-à-dire piqués avec des aiguilles imprégnées de la Bactéridie rendue inoffensive par la culture dans le bouillon. Puis, après quelques jours, on communiqua le Charbon aux moutons vaccinés et non vaccinés en introduisant dans leur corps une petite quantité de sang provenant d'un animal charbonneux. Trois jours après, les vingt-cinq moutons non vaccinés mouraient du Charbon, tandis que les vingt-cinq moutons vaccinés étaient restés en bonne santé.

On se fera une idée de l'importance de ce résultat si l'on songe que dans la Beauce seule il meurt annuellement du Charbon plus de 100 000 moutons représentant une valeur de trois millions de francs environ ; c'est pourquoi de toutes parts, en France aussi bien qu'à l'étranger, la vaccination du bétail contre le Charbon est désirée par les agriculteurs.

Le Charbon est le type des maladies appelées *parasitaires* parce qu'elles sont dues au développement, dans le corps de l'homme ou des animaux, de certaines plantes qui se nourrissent aux dépens des tissus; la Bactérie du Charbon est un *parasite*.

On croit qu'un certain nombre de maladies contagieuses, comme la fièvre typhoïde, le choléra, le croup, sont dues à des plantes parasites analogues à celle qui cause le Charbon.

Plantes vivant sur les matières alimentaires. — Les substances alimentaires tirées du règne animal ou du règne végétal s'altèrent fréquemment quand on veut les conserver; ces altérations sont dues à des plantes qui s'y développent et communiquent aux conserves une odeur désagréable ou les détruisent complètement.

On a reconnu que lorsque les matières animales se putréfient et exhalent une odeur fétide, cette décomposition a toujours lieu sous l'influence de Bactéries; on sait que le

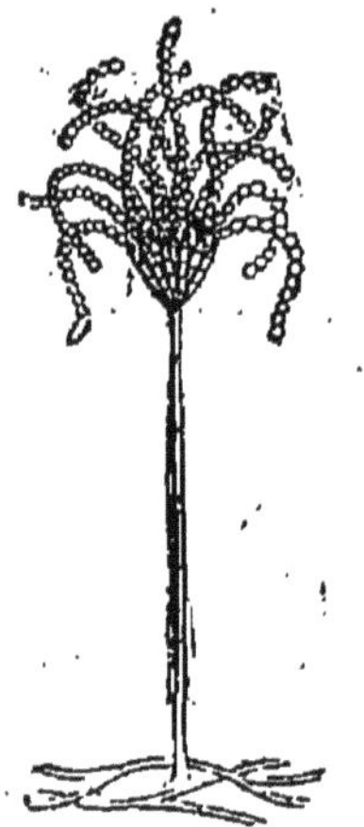

Fig. 349. — Penicillium. Moisissure verte vivant sur les liquides sucrés acides, sur le pain.

Fig. 350. — Aspergillus. Moisissure verte vivant sur les pruneaux, les confitures.

pain, le fromage, les substances sucrées, telles que les fruits, les confitures, se couvrent de moisissures vertes ou blanches qui ne tardent pas à les envahir en leur communiquant une odeur et une saveur désagréables; ces moisissures sont formées par des Champignons appartenant au groupe des Ascomycètes et constituant ce qu'on appelle le *Penicillium* (fig. 349), l'*Aspergillus* (fig. 350); on sait enfin que les boissons fermentées, vin, bière, cidre, s'aigrissent quand on les conserve un certain temps au contact de l'air.

Ces diverses altérations sont dues à des spores extrêmement petites de Champignons ou d'Algues qui existent dans les matières alimentaires ou qui sont introduites par l'air.

Les recherches de M. Pasteur sur la fermentation ont montré que, pour éviter ces altérations, il faut d'abord tuer les germes des moisissures renfermées dans les substances alimentaires, puis soustraire celles-ci à l'influence de l'air.

Pour détruire les germes de moisissures dans les aliments, il suffit de maintenir ceux-ci un certain temps à la température de 100 ou 120 degrés. Cette opération effectuée, on supprime l'accès de l'air en fermant hermétiquement les vases contenant des substances altérables ou en emprisonnant celles-ci sous une couche de graisse, d'huile ou de sucre.

Les procédés de conservation des viandes, des légumes ou des fruits sont fondés sur ces opérations. Ainsi quand on veut faire des conserves de viande, on place celle-ci dans des boîtes en fer-blanc et on la fait bouillir avec de l'eau, quand l'ébullition s'est produite pendant un certain temps, on ferme hermétiquement les boîtes avec de l'étain fondu. C'est de la même façon qu'on obtient les conserves de légumes verts.

On prépare les conserves de fruits en les entourant d'un sirop de sucre très chaud après les avoir fait bouillir.

On sait aussi que les vins fins sont conservés intacts pendant de longues années après avoir été chauffés à une température de 55 degrés environ; à cette température, ainsi que l'a montré M. Pasteur, les ferments qui pourraient altérer les vins sont détruits.

CHAPITRE II

PLANTES NUISIBLES A L'AGRICULTURE

Les plantes nuisibles à l'agriculture sont de deux sortes: les unes vivent sur les plantes cultivées et, se nourrissant à leurs dépens, les affaiblissent et causent leur mort : ce sont les *plantes parasites*. Les autres, non parasites, se développent dans les prairies et les champs à côté des plantes cultivées, et comme elles sont plus vigoureuses et plus résistantes que ces dernières, elles envahissent les champs ou les prés en faisant périr les plantes cultivées qui sont incapables de lutter contre elles.

Plantes non parasites. — Les terrains cultivés mal entretenus ou trop humides sont fréquemment envahis par de mauvaises herbes qui diminuent ou suppriment les récoltes, car elles se développent vigoureusement à la place des plantes utiles.

Dans les prairies ou les champs humides, on peut signaler les Carex ou Laiches dont les rhizomes sont très envahissants, les diverses espèces de Joncs, les Prêles, les Linaigrettes, les Scirpes, les Roseaux, les Patiences. Dans les terres sablonneuses, légères, on trouve les Bruyères, les Fougères, les Chardons, les Mousses, les Lichens. Enfin, dans les champs cultivés, on rencontre communément la Mercuriale, les Polygonum, les Bluets, les Pavots, les Chardons, etc.

Quand ces plantes envahissent les prairies, on doit les arracher ou labourer le sol pour les détruire.

Dans les champs cultivés on s'en débarrasse aisément par

les cultures *sarclées*. On désigne sous ce nom des cultures comme celles de la Betterave, de la Pomme de terre, des Choux, dans lesquelles les graines ou les tubercules sont plantés en lignes espacées, de sorte qu'on peut, pendant le développement des plantes, piocher la terre dans l'intervalle qui les sépare et détruire plusieurs fois les mauvaises herbes qui nuiraient à leur développement. Cette opération s'appelle sarcler la terre; quand elle est faite avec soin, elle permet de détruire complètement les mauvaises herbes des champs.

Dans les cultures de Graminées, de Colza, de Chanvre, de Lin on ne peut pas détruire les herbes nuisibles par le sarclage; aussi ces cultures réussissent-elles mieux quand elles sont précédées de cultures sarclées, telles que celles de la Pomme de terre et de la Betterave.

Plantes parasites. — Les plantes parasites sont des végétaux qui se développent sur les racines, les tiges ou les feuilles des plantes utiles et qui provoquent leur mort.

Ces parasites appartiennent aux Phanérogames dicotylédones, comme les Orobanches, les Cuscutes, le Gui, ou aux Cryptogames, et ce sont alors tous des Champignons.

Dicotylédones parasites. — Parmi les Gamopétales, nous signalerons les Orobanches et les Cuscutes.

Orobanches. — Les Orobanches sont voisines des Scrofularinées et vivent en parasites sur les racines de beaucoup de plantes. Elles se composent d'une tige droite renflée à la base, couverte de petites écailles et terminée par un épi de fleurs (fig. 351). Cette tige est dépourvue de racines dans les individus âgés. Toute la plante a une couleur jaune ou brune et paraît desséchée, car elle ne contient pas ou presque pas de chlorophylle; elle ne peut donc se nourrir elle-même des matières minérales contenues dans l'air ou dans le sol. Aussi, quand on arrache un pied d'Orobanche avec précaution, voit-on sa tige accolée à la racine d'une autre plante qui lui sert en quelque sorte de nourrice.

Les espèces les plus communes sont l'Orobanche Rave (*Orobanche Rapum*), qui est parasite sur le Genêt à Balais, et l'Orobanche du Thym (*O. Epithymum*), parasite du Serpolet;

les diverses espèces d'Orobanches sont très nuisibles dans les prairies de Légumineuses (Trèfle, Luzerne, etc.), elles ont encore l'inconvénient de causer des accidents quand le bétail consomme ces plantes mélangées au Trèfle.

Il existe une espèce d'Orobanche très nuisible aux Chenevières, c'est l'Orobanche rameuse (*Phelipæa ramosa*) à fleurs bleues, qui est parasite sur les racines du Chanvre.

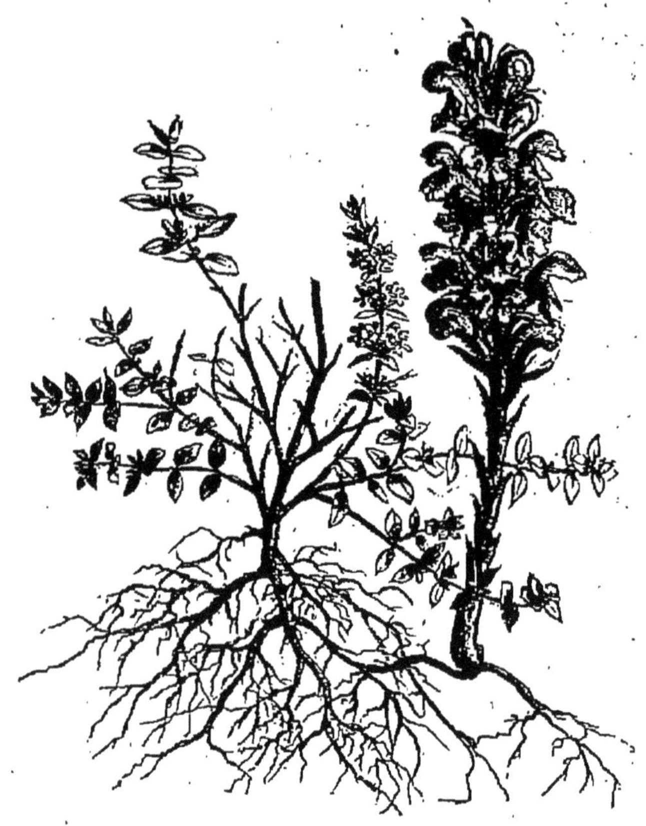

Fig. 351. — Orobanche. Plante parasite sur le Thym.

Elle cause des dégâts considérables quand elle est abondante et l'on doit l'arracher au moment de la floraison, avant la maturité des graines, car lorsque celles-ci tombent sur le sol, elles se conservent longtemps et peuvent infester les chenevières pendant de longues années.

Cuscutes. — Les Cuscutes sont des plantes voisines des Convolvulacées qui vivent en parasites sur les tiges des plantes herbacées. On les reconnaît à leurs tiges étroites et longues semblables à des filaments jaune verdâtre, pourvues de suçoirs (fig. 352, *s*) au moyen desquels elles s'attachent à la tige des plantes dont elles tirent leur nourriture. Elles sont dépourvues de feuilles et portent des fleurs très petites, blanches ou rosées, disposées en glomérules de la grosseur d'un pois.

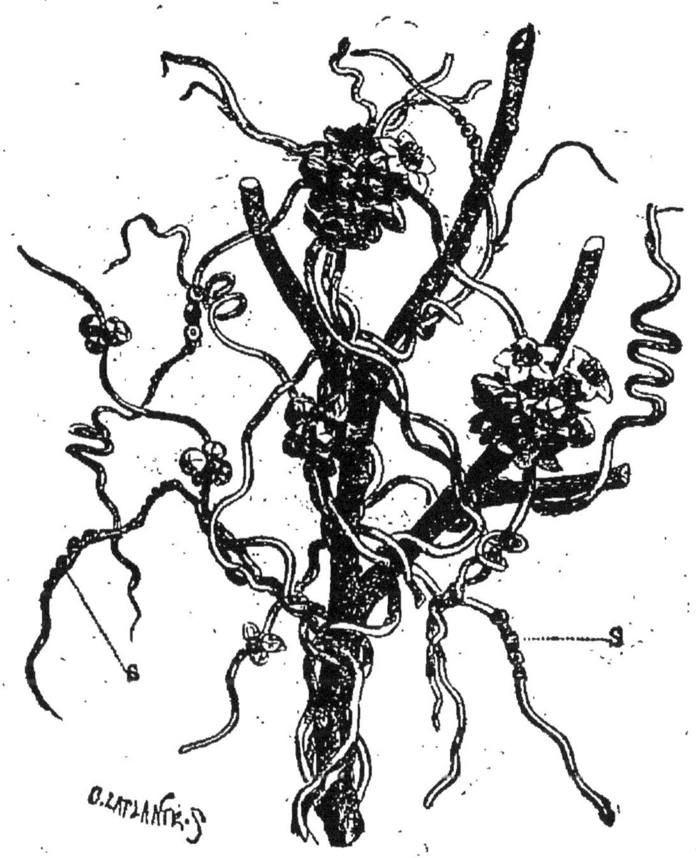

352 — Cuscute. Plante fleurie, ses tiges portent des suçoirs *s*.

Ces plantes forment diverses espèces : la Cuscute du Thym, parasite sur le Serpolet, qui cause de grands dommages dans les champs de Trèfle, de Luzerne ; la grande Cuscute (*Cuscuta major*), parasite sur les Vesces, le Houblon, l'Ortie ; et la Cuscute densiflore, commune dans les champs de Lin.

Quand on aperçoit un champ envahi par les Cuscutes, il faut se hâter, avant l'épanouissement des fleurs et la maturation des fruits, de faucher les places attaquées sur une certaine étendue et de brûler les plantes envahies par le parasite.

Gui. — Les Dicotylédones apétales fournissent une plante parasite sur la tige des arbres fruitiers et d'un certain nombre d'essences forestières, c'est le Gui (*Viscum album*). Cet

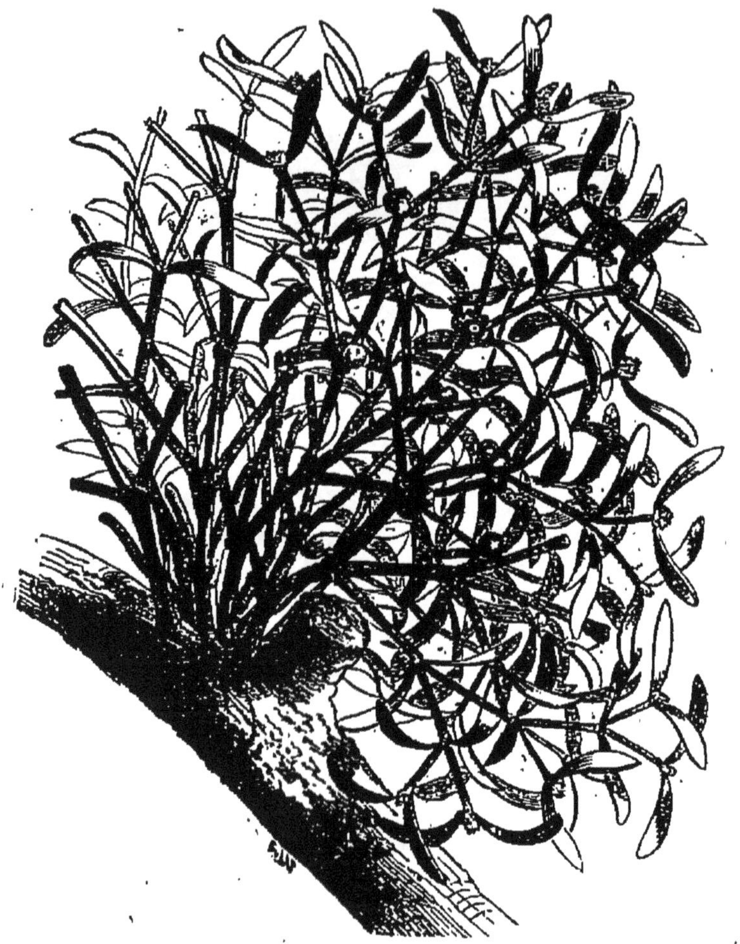

Fig. 353. — Branche de Pommier portant un pied de Gui en fleurs et en fruits

arbrisseau à tige très rameuse, dont les rameaux sont bifurqués, à feuilles opposées vertes, à baies blanches (fig. 353), développe ses racines à travers l'écorce et vient les étaler dans la zone génératrice. On l'aperçoit communément en hiver sur les branches des Pommiers, des Peupliers, des Chênes, où il constitue des amas arrondis formés de branches nombreuses; il cause de grands dommages aux arbres, quoiqu'il contienne de la chlorophylle, car il les épuise et déprécie en outre la qualité du bois.

Cryptogames parasites. — Les Cryptogames parasites, représentés exclusivement par des Champignons, sont très nombreux et appartiennent à des familles très diverses.

Champignons parasites pourvus d'œufs. — Nous citerons d'abord les Champignons pourvus d'œufs qui attaquent les Crucifères, la Vigne, les Laitues, en formant sur les feuilles de ces plantes des taches blanches farineuses qui ont fait donner à la maladie le nom de Blanc ou Meunier.

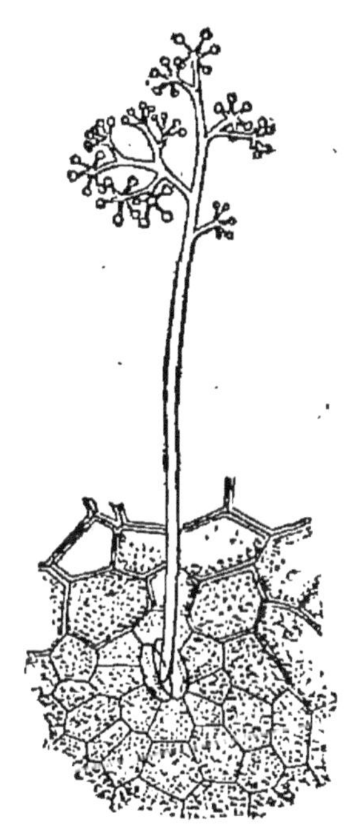

Fig. 354. — Peronospora de la Vigne. Les spores sont portées par des filaments ramifiés.

Le plus important par ses ravages est le Peronospora de la Vigne (*Peronospora viticola*). Ce Champignon développe son mycélium dans le corps de la plante et forme pendant l'été des spores qui prennent naissance sur des filaments ramifiés placés à la surface des feuilles (fig. 354). Les spores s'échappent sous l'aspect d'une poussière blanche, farineuse, lorsqu'elles sont mûres. Vers la fin de la saison, il se forme des œufs qui restent emprisonnés dans les tissus et sont mis en liberté par la décomposition des feuilles; ces œufs passent l'hiver, et au printemps suivant ils germent en donnant des spores qui propagent la maladie en attaquant les pieds de Vigne indemnes. On n'a pas encore trouvé de remède efficace contre cette maladie qui occasionne de grands dégâts dans les Vignes, surtout dans les années humides.

Une autre espèce de Peronospora (*P. infestans*) attaque les tubercules de la Pomme de terre et cause ainsi de grands ravages.

Champignons parasites à spores. — Ces Champignons appartiennent à deux groupes très différents : ceux qui provoquent la Rouille et le Charbon des Graminées appartiennent à des Champignons voisins des Basidiomycètes; l'Oïdium de la Vigne, l'Ergot du Seigle appartiennent aux Ascomycètes.

Rouille des Graminées. — On aperçoit souvent les feuilles du Blé couvertes de taches couleur de rouille formées par des amas de spores d'un Champignon appelé Puccinie (*Puccinia graminis*). Pendant tout l'été, les spores qui se développent sur les feuilles du Blé, et qui forment des taches de couleur orangée, sont transportées par le vent sur les Graminées voisines, et la maladie se développe de proche en proche. A la fin de l'été, les taches de rouille deviennent tout à fait brunes, parce qu'il s'y développe des spores d'une autre espèce qui résistent à l'humidité et à la gelée. Ces spores sont incapables de propager la maladie sur les Graminées nouvelles, mais si elles rencontrent un buisson d'Épine-Vinette, elles germent sur les feuilles de cet arbuste, et développent dans son corps des filaments mycéliens. On voit alors bientôt les feuilles d'Épine-Vinette se couvrir de taches de couleur orange qui constituent de petits sacs remplis de spores; ces sacs se rompent et les spores, appelées *spores d'Œcidium*, sont mises en liberté. Elles ne peuvent se développer sur l'Épine-Vinette où elles ont pris naissance; mais si le vent les transporte sur des Graminées saines elles y germent, et bientôt ces plantes sont de nouveau envahies par la Rouille.

Ainsi la Puccinie est un Champignon qui ne peut accomplir son développement complet qu'à la condition d'être transporté successivement sur l'Épine-Vinette et sur le Blé; la présence des haies d'Épine-Vinette au voisinage des champs de Blé favorise donc le développement de la Rouille. Ce fait avait été remarqué depuis longtemps par les agriculteurs.

D'autres Puccinies dévastent aussi les champs de Céréales; citons le *Puccinia Straminis*, qui se développe à la fois sur les Céréales et sur les feuilles de plusieurs Borraginées, telles que le Buglosse, la grande Consoude et la Pulmonaire.

Aussi la présence de ces plantes dans les champs de Blé doit-elle être évitée.

Charbon des Céréales. — Les Céréales sont encore en-

Fig. 355. — Épi de Blé carié.

Fig. 356. — Épi de Maïs carié.

vahies par d'autres Champignons parasites qui développent leurs spores dans l'ovaire sous l'aspect d'une poussière brun noirâtre.

La maladie causée par ces Champignons constitue la carie ou charbon du Blé (fig. 355), du Maïs (fig. 356). On reconnaît l'existence de cette maladie à ce que les épis de Blé ou de Maïs présentent, au milieu de fruits sains et mûrs, des fruits avortés dont l'ovaire, plus ou moins développé, est rempli d'une poussière noire qui se détache facilement quand on secoue les épis malades. Cette poussière est formée, dans les grains de Blé attaqués, par les spores d'un Champignon qu'on appelle *Tilletia caries*.

Fig. 357. — Épi de Seigle ergoté.

Ergot du Seigle ou *Claviceps purpurea.* — Ce Champignon appartient au groupe des Ascomycètes dont le type est la Morille. Quand on examine les champs de Seigle en fleurs, on aperçoit souvent au milieu des épis (fig. 357) de petits corps noirs allongés qui occupent le sommet de l'ovaire dans certaines fleurs. Ces corps qui sont assez durs et s'écrasent difficilement constituent l'Ergot de Seigle; quand ils sont nombreux, la farine qu'on obtient avec les grains de Seigle peut occasionner des accidents graves, car l'Ergot de Seigle est un poison violent.

Si l'on examine un Ergot, on voit qu'il est entièrement formé par le mycélium dont les filaments feutrés sont pressés les uns contre les autres, formant, surtout à la surface, une croûte résistante brune qui permet à l'Ergot de résister à l'humidité et à la gelée et de passer l'hiver.

Au printemps, sur la terre humide, on voit se développer sur les Ergots de petits Champignons, de 1 centimètre de hauteur, semblables à des épingles dont la tige serait jaune et la tête rouge. On les connaît sous le nom de *Claviceps purpurea;* la tête ou chapeau de ces Champignons présente un grand nombre de cavités dont l'intérieur est tapissé par de petits sacs en forme de massues (asques) qui contiennent chacun huit spores filiformes. Ce sont ces spores qui, mises en liberté, sont amenées sur les jeunes pieds de Seigle, y germent et propagent la maladie.

C'est aussi au groupe des Ascomycètes qu'appartient l'Oïdium de la Vigne qui forme sur les feuilles ou les grappes de raisin des taches blanches; on le détruit facilement en projetant sur les Vignes atteintes du soufre en poussière impalpable désigné sous le nom de fleur de soufre.

Les divers Champignons parasites que nous venons d'examiner ont un genre de vie assez différent. Les uns, comme les Puccinies qui causent le développement de la Rouille, exigent deux plantes différentes pour se développer, une Graminée d'abord, puis l'Épine-Vinette, ou quelques espèces de Borraginées. On détruira à coup sûr la Rouille dans les champs de Graminées en éloignant de ceux-ci les haies d'Épine-Vinette, de Nerprun, ou en arrachant les Buglosses, la Consoude ou autres Borraginées, qui croissent au voisinage.

Tous les autres Champignons parasites effectuent leur développement complet sur la même plante. Tels sont le *Claviceps purpurea*, la Carie du Seigle, le *Peronospora*, etc.

Quand ils apparaissent dans la grande culture, on peut en débarrasser les Graminées par des assolements ou alternances de culture. S'ils se développent dans les vignobles, on n'a jusqu'ici qu'un moyen d'arrêter leurs ravages, c'est d'arracher et de brûler les plantes malades. On ne connaît pas de moyens préservatifs.

DISTRIBUTION DES VÉGÉTAUX

DANS LES

GRANDES RÉGIONS DU GLOBE

CHAPITRE I

INFLUENCES QUI MODIFIENT LA RÉPARTITION DES VÉGÉTAUX

Stations variées des plantes différentes. — Examinons une vallée parcourue par un petit cours d'eau et cherchons comment les plantes s'y trouvent distribuées.

Dans les prés placés au voisinage des cours d'eau et dans les régions inondées, les plantes sont en grande partie constituées au printemps par des Carex, des Joncs, des Linaigrettes dont les panaches blancs simulent parfois une prairie couverte de neige ; plus tard les Menthes, les Chardons, les Épilobes, les Roseaux encombrent les bords du ruisseau ombragé par des Saules, des Peupliers, des Aunes.

Dans les parties de la prairie qui ne sont pas inondées, les Carex sont moins nombreux, la Primevère officinale, la Saxifrage des prés, les Lychnis se mélangent aux Graminées (Bromes, Fétuques, Dactyles, Paturins, etc.) et aux Légumineuses (Trèfle, Lotier, Sainfoin), qui forment le fond de la végétation.

Gravissons la pente du vallon exposée au Midi, explorons les pelouses qui bordent la lisière des bois ou les taillis récemment aménagés : de nombreuses espèces de Violettes associées aux Primevères, aux Anémones, disputent le terrain aux Luzules et à quelques Carex. Plus tard, au milieu des Graminées, les jolies Orchidées indigènes, Ophrys abeille, Ophrys mouche, Orchis pyramidal, se mélangent aux Polygalées à fleurs bleues ou roses. Sous le couvert des bois formé par des Chênes, des Hêtres, des Charmes et des Noisetiers, l'Anémone Sylvie, la Jacinthe, l'Aspérule odorante, la Pervenche et la Pulmonaire forment au printemps des parterres fleuris. Quelques Mousses, quelques Lichens se rencontrent çà et là avec des Fougères dans les endroits abrités et humides.

La pente opposée du vallon, tournée du côté du Nord, ne présente pas une végétation aussi abondante. Dans beaucoup d'endroits le soleil n'arrive pas, même en l'absence de feuillage. La neige et les glaces de l'hiver se conservent plus longtemps, l'humidité est permanente ; aussi la végétation est-elle toujours en retard, les arbres bourgeonnent plus tard, fleurissent moins souvent et leurs fruits mûrissent moins bien. Les Fougères, les Mousses, les Champignons couvrent le sol de la forêt. Çà et là, au milieu des tapis de verdure formés par ces plantes, on voit apparaître les Arums ou Gouets, les Mercuriales, la Pulmonaire ; quelques Anémones, Violettes et Primevères se montrent aussi, mais leur floraison est tardive.

La description que nous venons de donner s'applique à une vallée dont le sol est calcaire ou mélangé de calcaire et d'argile. Si la nature du terrain change, et que le sol soit formé par des sables et des grès où la silice domine, l'aspect de la végétation varie ; les Hêtres, les Charmes disparaissent ou deviennent plus rares, le Châtaignier forme souvent seul des bois ou des forêts d'une grande étendue. Le Pin sylvestre, l'Épicéa, le Bouleau sont souvent associés au Châtaignier.

Dans les parties découvertes, où la culture est pauvre, le Genêt à balai, les Bruyères, la Fougère aigle se disputent la place ; le sol des prairies offre la Petite Oseille ; les pelouses, les taillis présentent les Digitales et des Mousses telles que le Polytric.

On voit par cette description que les différents végétaux ne se développent pas également dans les mêmes régions ;

on appelle *stations* d'une plante les régions dans lesquelles cette plante peut prospérer.

Influences qui modifient les stations des plantes : chaleur, lumière, humidité, sol.

Les influences qui modifient les stations des diverses plantes peuvent être expliquées d'après l'exemple que nous venons de donner. L'influence la plus importante, celle qui domine la répartition des plantes, est la chaleur et la lumière. Nous venons de voir en effet que les pentes exposées au nord présentent toujours une végétation qui contraste par sa maigreur avec le riche développement des espèces sur les pentes exposées au midi.

L'humidité plus ou moins grande qui règne dans le sol et dans l'air influe aussi sur la répartition des plantes. Ainsi les Saules, les Peupliers, les Aunes se plaisent dans les plaines, et au bord des ruisseaux, tandis que le Pin sylvestre, le Chêne prospèrent dans des sols plus secs et occupent le flanc des montagnes. De même les Carex, les Joncs, les Chardons, les Menthes, les Prêles affectionnent les terrains marécageux ou tourbeux, tandis que les Luzules, les Violettes, les Ophrys vivent dans des terrains secs.

Enfin la nature du sol intervient à son tour pour modifier l'aspect de la végétation. Le Hêtre, le Tilleul prospèrent dans les terrains calcaires ; le Châtaignier, le Bouleau, le Pin viennent dans les terrains sablonneux.

Influence de la chaleur sur la répartition des plantes.

Végétation des montagnes. — De toutes les influences qu'exerce le milieu sur la répartition des végétaux, la plus importante est la distribution de la chaleur. Cette influence s'observe avec une grande netteté dans la végétation des hautes montagnes, telles que les Alpes et les Pyrénées : c'est là que nous l'étudierons d'abord.

Lorsqu'on s'élève dans les Alpes, par exemple, la température de l'air diminue graduellement, de sorte que la neige et la glace amoncelées pendant l'hiver fondent plus difficilement. Les plantes ne pouvant se développer à la température de la glace, comme nous l'avons vu, il en résulte que la période de végétation devient de plus en plus courte à mesure qu'on monte davantage; on atteint même une région où la végétation est rendue impossible, la neige et la glace couvrant le sol toute l'année. Dans les Alpes la limite des neiges perpétuelles est à environ 2700 mètres.

Dans les vallées des hautes régions montagneuses, jusqu'à 1500 mètres en moyenne, la culture des céréales est encore possible sur les pelouses, dans les prairies; mais au-dessus de cette limite on rencontre des forêts d'une grande étendue, composées d'arbres qui perdent leurs feuilles pendant l'hiver : le Hêtre, le Chêne dominent, on y rencontre aussi le Sapin pectiné (*Abies pectinata*); ces forêts s'élèvent ordinairement jusqu'à 1800 et 1900 mètres. Quand on a dépassé cette altitude et jusqu'à 2200 ou 2300 mètres, on rencontre des forêts où dominent les Conifères : Pin sylvestre, Épicéa, Pin cembro, Mélèze, accompagnés fréquemment par le Bouleau pubescent.

Au-dessus de 2300 mètres, la durée de l'été est trop courte pour que les forêts puissent se développer; le sol jusqu'à la limite des neiges perpétuelles forme les prairies, les pelouses alpines couvertes de plantes vivaces dont les tiges souterraines, protégées par la neige, traversent sans périr les mois d'hiver pour développer au printemps des tiges aériennes, des feuilles et des fleurs. Ces végétaux sont toujours de très petite taille, ce sont des Rhododendrons ou Roses des Alpes aux fleurs rouges si brillantes, des Saxifrages, des Gentianes accompagnées de petits arbustes nains qui ne dépassent pas la taille de deux ou trois décimètres : le Bouleau nain, l'Aune vert, le Saule herbacé, dont les tiges rampent parmi les Mousses et les Lichens qui accompagnent cette végétation.

On peut donc distinguer plusieurs zones (fig. 425), en gravissant un des sommets des Alpes, depuis les prairies jusqu'aux neiges perpétuelles, et au-dessus des régions envahies par la culture, :

Fig. 423. — Vue dans la chaîne des Alpes et indication des zones de végétation. A, limite des neiges, 2700 mètres ; B, limite des forêts, 2300 mètres ; C, limite des cultures, 1300 mètres.

1° La zone des forêts d'arbres à feuilles caduques : Hêtre, Chêne;

2° La zone des forêts de Conifères : Pin de montagne, Pin cembro, Mélèze, Bouleau;

3° La zone alpine, dépourvue de forêts, caractérisée par les Rhododendrons, les Saules et les Bouleaux rampants.

Ces zones de végétation se reconnaissent à une certaine distance par la teinte spéciale que les plantes impriment au sol qui couvre les flancs des montagnes, mais elles ne sont pas régulièrement distribuées : dans les pentes exposées au midi, elles se relèvent avec la limite des neiges éternelles; elles s'infléchissent au contraire fortement dans les pentes exposées au nord.

Végétation aux diverses latitudes. — Lorsqu'on voyage dans les plaines d'Europe en se dirigeant du sud au nord, depuis l'Algérie, l'Espagne et la France jusqu'à la partie septentrionale de la Suède et en Laponie, on observe des variations de température comparables à celles que nous venons de constater en gravissant les Alpes.

Ainsi que dans les montagnes, la durée de l'hiver augmente graduellement au détriment de l'été : cette saison dure en effet six à sept mois dans le midi de la France, et au nord de la Suède sa durée est réduite à trois mois. C'est pourquoi les changements que l'on observe dans la distribution des plantes en se déplaçant du sud au nord de l'Europe sont semblables à ceux que l'ascension des Alpes nous a révélés.

Les bords de la Méditerranée sont peuplés d'arbres au feuillage toujours vert, tels que les Oliviers, les Lauriers, les Orangers, les Grenadiers, les Myrtes. Les forêts sont constituées par le Chêne vert, le Chêne-Liège, l'Olivier, auxquels se mélangent çà et là le Pin d'Alep, le Pin pignon; c'est la région méditerranéenne, dans laquelle beaucoup de plantes des pays chauds peuvent être acclimatées : les Palmiers, les Eucalyptus, etc.

Au nord de la Provence commence la zone des forêts, qui s'étend jusqu'à la partie septentrionale de la Suède (voyez la

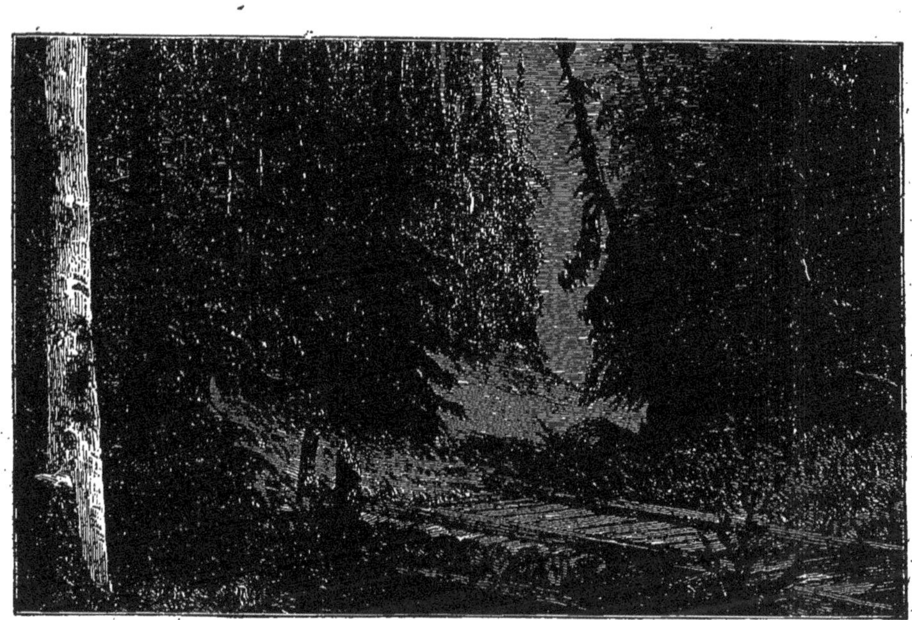

Fig. 424. — Forêt d'Epicéas en Russie.

carte de la page 339). On y distingue d'abord la zone des forêts d'arbres à feuilles caduques, c'est-à-dire dont les feuilles tombent toutes en automne en laissant les arbres dépouillés pendant l'hiver. Cette région est surtout caractérisée par le Hêtre et le Chêne pédonculé, associés au Châtaignier, aux arbres de plaines, Orme, Aune, Saule, Frêne, ainsi qu'à quelques Conifères : Sapin pectiné, Pin; et aux Pomacées : Sorbiers, Poiriers, Pommiers. Le Hêtre ne dépasse pas l'extrême sud de la péninsule scandinave et n'existe que sur une région très restreinte de la Russie. Le Chêne pédonculé s'élève plus au nord, et sa limite correspond avec la limite de la culture du Blé; c'est dans toute l'étendue couverte par le Chêne pédonculé que l'on peut cultiver le Blé.

La dernière zone forestière (fig. 424) est formée par les Conifères, tels que le Sapin, l'Épicéa, le Pin sylvestre, le Mélèze, auxquels s'associe le Bouleau; cette zone, qui est caractérisée en ce que la période d'été, pendant laquelle la végétation a lieu, dure seulement trois ou quatre mois, couvre tout le nord de la Suède et de la Russie.

Enfin dans les régions polaires, la Laponie, l'Islande, le Spitzberg, quand la neige et la glace sont fondues, sous l'action du soleil, à la surface du sol seulement, les arbres ne peuvent se développer : la végétation est alors constituée par des plantes de petite taille qui forment les prairies arctiques, par des arbustes tels que le Bouleau nain, le Saule des Lapons, le Saule herbacé, dont la taille ne dépasse pas 10 ou 20 centimètres; par des plantes vivaces, telles que les Rhododendrons, les Bruyères, les Saxifrages, et enfin par des Mousses et des Lichens. Ces derniers végétaux occupent parfois d'immenses étendues dans les plaines arctiques et forment ce que l'on appelle les *toundras*.

En résumé, l'influence de la chaleur qui règne pendant l'été sur la végétation des diverses latitudes se traduit de la même façon que sur les montagnes élevées; on distingue :

1° La zone méditerranéenne, arbres à feuillage toujours vert : Olivier, Laurier.

2° La zone des arbres à feuilles caduques : Hêtre, Chêne;

3° La zone des arbres résineux : Pin, Mélèze, Épicéa, Bouleau;

4° La zone arctique : Rhododendron, Saxifrage, Lichens, Mousses; arbustes nains : Bouleau, Saule.

Carte indiquant la répartition des végétaux en Europe dans la direction du nord au sud et de l'ouest à l'est.

Influence de l'humidité sur la répartition des végétaux.

Nous avons vu que l'humidité est, ainsi que la chaleur, nécessaire au développement des plantes. Or, en raison de la distribution des continents et des mers, la répartition des pluies est très variable dans l'Europe moyenne, quand on se dirige de la Bretagne vers la Russie en traversant la Suisse et l'Autriche.

Sur les côtes, et jusqu'à une certaine distance de l'Océan,

en Angleterre et en Irlande, les pluies sont abondantes pendant toute l'année; en outre, la température moyenne de l'été est peu différente de celle de l'hiver: le climat est constant. A mesure qu'on s'avance dans l'intérieur du continent, les pluies deviennent moins nombreuses, les différences entre l'été et l'hiver s'accentuent : l'hiver est très froid, l'été est chaud et sec. C'est ainsi qu'à Moscou la différence entre l'été et l'hiver est de 26 degrés, tandis qu'elle ne dépasse pas 13 degrés à Saint-Malo, comme on peut en juger par letableau suivant :

	TEMPÉRATURE MOYENNE.	
	Été.	Hiver.
Saint-Malo	18°,9	5°,6
Paris	18°,1	3°,3
Strasbourg	18°,1	1°,1
Prague	18°,9	0°,4
Cracovie	19°,1	— 3°,3
Moscou	16°,8	— 10°,3

Climats maritime et continental. — On appelle *climat maritime* ou *uniforme* le climat des contrées où les températures extrêmes de l'été et de l'hiver sont peu différentes; on nomme *climat continental* ou *extrême* celui des contrées, telles que la Russie et la Sibérie, où l'hiver est très froid et l'été très chaud.

Ces modifications du climat déterminent des changements dans la répartition des végétaux, de l'ouest à l'est de l'Europe.

Région des forêts. Arbres à feuillage persistant. — Ainsi le littoral de l'Océan jusqu'au Danemark et à l'Angleterre constitue une première région : la région des arbres toujours verts, qui supportent l'hiver doux de ces contrées et les brouillards ou les pluies.

Le Laurier, l'Arbousier, l'Ajonc, le Houx, les Bruyéres, sont les formes caractéristiques. Le Myrte, le Laurier-Rose, les Grenadiers, les Figuiers sont cultivés en pleine terre dans les Iles-Britanniques ou sur le littoral (Jersey). Le Pin maritime prospère aussi dans ces régions et s'associe aux Chênes verts, Châtaigniers, Hêtres.

Arbres à feuilles caduques et Conifères. — A une certaine distance des côtes, depuis la France jusqu'à la Russie occidentale, s'étend une région où les arbustes verts font défaut, à cause de la température trop basse de l'hiver; les pluies sont encore assez abondantes pour permettre le développement des forêts d'arbres à feuilles caduques. Là se rencontrent associés aux Hêtres le Charme, les Chênes (Chêne Rouvre, Chêne chevelu), le Pin sylvestre, l'Épicéa, le Sapin pectiné, les Bouleaux, les Frênes, les Ormes, etc.

Le Hêtre et le Charme disparaissent d'abord dans la région occidentale de la Russie; les Chênes s'étendent plus à l'ouest, avec les Conifères et le Bouleau. (Voyez la carte de la page 339.)

Steppes. — Enfin, dans toute la Russie orientale et méridionale ainsi qu'en Sibérie, les forêts disparaissent : c'est la région des *steppes*, caractérisée par un hiver très froid, un été très chaud et très sec, les pluies ne se produisant qu'au printemps et en automne. Sauf au voisinage des cours d'eau, cette région constitue de vastes espaces dépourvus de culture et de forêts, où se développent pendant le printemps quelques végétaux annuels ou vivaces capables de résister à la sécheresse de l'été. Ce sont surtout des Graminées à feuilles raides et piquantes (*Thyrsa*, *Stipa*), qui atteignent jusqu'à six mètres de hauteur, associées à quelques espèces fourragères (*Festuca*, *Triticum*, etc.), des arbustes épineux ou pourvus de tiges vertes, sans feuilles, et enfin des Chénopodées voisines des Salicornes, à tiges et à feuilles charnues, accompagnées d'Armoises couvertes d'un duvet très épais. Ces plantes sont accompagnées de Monocotylédones bulbeuses (Liliacées) ou à rhizomes (Iridées).

Les steppes herbeuses (à Graminées), sablonneuses (à buissons épineux) ou salées (à Salicornes) sont parcourues par des peuplades nomades dont les troupeaux vivent des maigres pâturages de ces contrées.

Régions de culture en France.

Ce qui précède nous permet de faire comprendre la variété des cultures qui existent en France à cause de la diversité des climats. (Voyez la carte ci-dessous.)

Le littoral de la Méditerranée est caractérisé par la culture

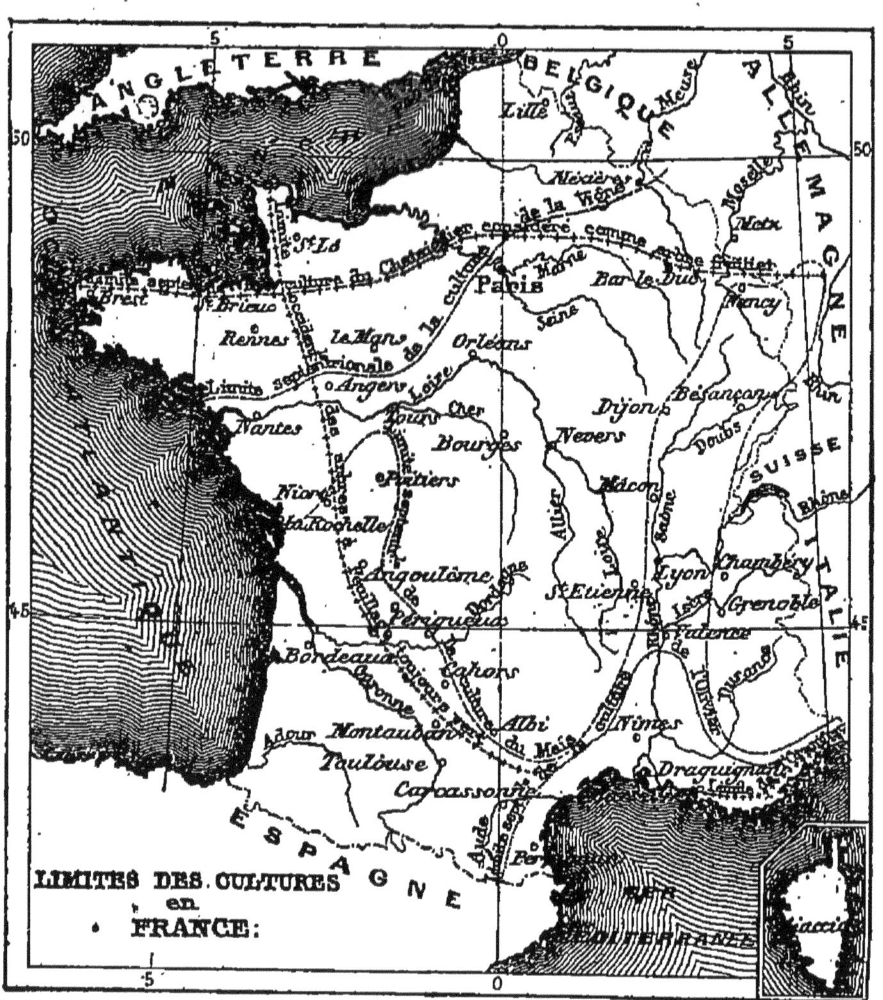

Carte de France indiquant quelques importantes régions de culture.

de l'Oranger, occupant une région très restreinte, dans le Var et les Alpes-Maritimes, et celle de l'Olivier, dans toute la Provence et la vallée du Rhône jusqu'à Valence. C'est dans la région de l'Oranger qu'on a pu acclimater quelques Palmiers, les Eucalyptus de l'Australie.

Le littoral de l'Océan jusqu'à la Bretagne et la Normandie possède un climat humide et uniforme, favorable au développement des arbres à feuillage vert, tels que les Figuiers, Lauriers, Arbousiers, Grenadiers, et à la culture de nombreuses plantes d'ornement.

En ce qui concerne la culture des arbres fruitiers ou des plantes donnant des fruits à boisson, la culture de la Vigne couvre la plus grande partie de la France, sauf la Bretagne et le littoral de la Manche, parce que l'été n'est pas assez chaud pour mûrir les fruits de cet arbuste. Par contre, la culture des arbres à fruits à pépins (Pommiers, Poiriers) est surtout prospère en Bretagne, dans la Normandie, la Picardie.

La culture des Céréales est possible dans toute la France; cependant la culture du Maïs est limitée au bassin de la Garonne, du Rhône et de la Saône ; cette culture est exclue du Plateau central, des Alpes et du Jura, à cause de la trop courte durée de l'été et des gelées. Le Blé, l'Orge, le Seigle prospèrent dans des climats plus froids, s'élèvent à une assez grande altitude dans les montagnes.

Quant aux forêts qui couvraient autrefois le sol de la Gaule et qui ont disparu peu à peu devant les cultures, elles sont surtout développées maintenant dans les régions montagneuses des Vosges, du Jura, des Alpes.

CHAPITRE II

FLORE DES DIVERSES RÉGIONS DU GLOBE

Europe et Asie.

L'Europe et l'Asie, qui s'étendent depuis l'Équateur jusqu'au Pôle, présentent les trois régions distinguées déjà : régions tropicale, tempérée et arctique.

1° Région tropicale. Jungles, Savanes. — La région

Fig. 425 — Figuier des Banians ou Multipliant dans l'intérieur d'une forêt de Java : on aperçoit un Bananier auprès du tronc.

tropicale proprement dite comprend l'Inde, l'Indo-Chine, jus-

Fig. 426 — Intérieur de forêt dans l'Indo-Chine.

qu'aux monts Himalaya; elle est essentiellement caractérisée par un climat chaud et humide, qui favorise le développement de plantes extrêmement nombreuses et variées.

C'est là qu'on trouve de nombreux Palmiers, tels que les *Corypha*, les *Caryota*, les Palmiers Betel, qui fournissent des produits importants; des Bananiers (*Musa*) aux larges feuilles, employées à couvrir les huttes, aux fruits estimés; des Bambous, des Cycadées, des Fougères arborescentes (*Alsophiles*) dont le tronc s'élève parfois à 15 ou 16 mètres. Citons encore les Figuiers des Banians, appelés Multipliants parce que leurs racines adventives s'échappent des branches et pénètrent dans le sol de manière qu'un seul pied, en s'enracinant ainsi, forme parfois des forêts étendues (fig. 425). A ces végétaux s'associent de nombreuses plantes grimpantes, notamment des Palmiers Rotangs, dont les tiges, en s'entrelaçant, forment des fourrés impénétrables; des plantes parasites, telles que des Orchidées, maintenant répandues dans les serres (*Vanda*, *Phajus*, etc.). On trouve aussi de nombreuses espèces utiles : l'Arbre à thé, le Camphrier, le Cafier, le Cotonnier, le Riz, la Canne à sucre.

Tantôt ces plantes forment des forêts immenses appelées *jungles* (fig. 426), rendues impénétrables par les lianes enchevêtrées; d'autres fois ce sont des prairies ou *savanes* riches en Graminées qui résistent aux étés secs.

Cultures. — Le Riz est la plante alimentaire par excellence dans cette région; viennent ensuite le Cotonnier, le Cafier, surtout cultivé à Java, la Canne à sucre, la Noix muscade, le Girofler, le Cannelier, le Camphrier.

Citons aussi le bois de Teck, estimé pour sa dureté et son inaltérabilité, les Bambous, etc.

Chine et Japon. — La Chine et le Japon possèdent des plantes analogues à celles de la région tropicale, notamment des Palmiers (*Corypha*), des Bambous, dont les tiges servent à construire des ponts, des maisons (fig. 427), et qui s'associent aux végétaux de la région méditerranéenne; ces

Fig. 427. — Forêt de Bambous en Chine

végétaux, constitués par des Lauriers, des Cistes, des Orangers, supportent un été sec.

2° Région tempérée. Zone des forêts. — La zone tempérée est en grande partie occupée par les forêts de Hêtres, de Chênes, dans les endroits où la culture ne s'est pas introduite. Ces forêts de la zone tempérée se distinguent des forêts vierges tropicales par le petit nombre d'espèces variées qu'elles renferment : ce sont des Hêtres, des Chênes, des Pins. On distingue dans cette région des forêts le Hêtre, qui cesse le premier, le Chêne pédonculé et enfin les Conifères, tels que le Pin sylvestre, le Mélèze, ce dernier occupant au nord avec le Bouleau l'extrême limite de la végétation arborescente.

Cette région est caractérisée par des pluies assez fréquentes pendant la saison chaude pour que le développement des plantes puisse s'effectuer dès que l'hiver vient de finir.

Steppes. — Il existe néanmoins au sud de la Sibérie une grande étendue presque déserte. C'est la région des steppes, qui s'étend depuis la Crimée jusqu'au milieu de la Chine et comprend le versant nord de l'Himalaya, avec le Tibet, le plateau de Pamir, la Perse, la Turquie, l'Afghanistan en Asie et le sud de la Russie.

La pauvreté de la végétation dans les steppes est due, comme nous l'avons vu, à un hiver froid et surtout à un été absolument sec, de sorte que les plantes ne peuvent vivre que pendant deux ou trois mois, au printemps.

La culture ne peut se développer qu'au voisinage des cours d'eau et dans les plaines qu'ils peuvent irriguer; il se constitue ainsi des domaines de culture séparés par de vastes espaces, tantôt entièrement dépourvus de végétation et formant des déserts, tels que le désert de Gobi; tantôt des steppes, avec des plantes épineuses analogues à nos Ajoncs, des Graminées, des Chénopodées, formant un tapis verdoyant au printemps et se desséchant en été.

Les steppes sont habitées par des peuplades nomades.

3° Région arctique. — La région arctique occupe tout le

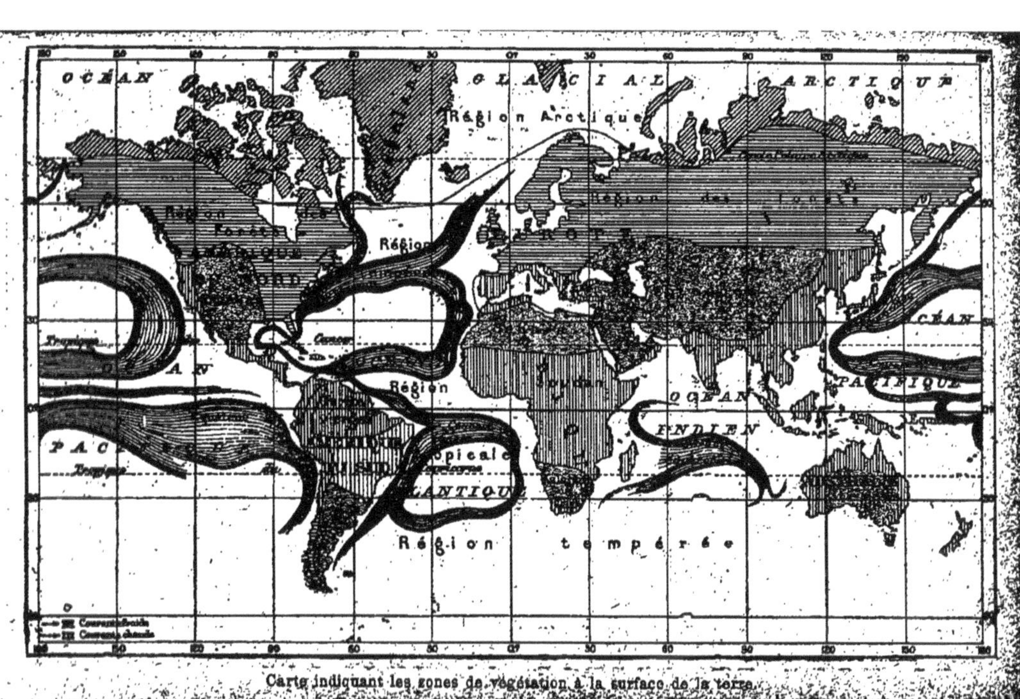

Carte indiquant les zones de végétation à la surface de la terre.

nord de la Sibérie et de la Russie ; elle comprend également l'Islande, le Spitzberg, la Nouvelle-Zemble.

Au point de vue du climat, elle est caractérisée par la longueur de l'hiver et la courte durée de la période de végétation, qui ne dépasse pas trois mois; en outre la température de l'été au mois de juillet ne dépasse pas 8 ou 10 degrés, elle n'est souvent que de 2 ou 3 degrés.

Au point de vue de la végétation, elle est caractérisée par l'absence de toute culture (l'Orge même ne mûrit pas en Islande), ainsi que par l'absence de forêts.

Toundras. Prés. — Dans les plaines de la Sibérie, de grandes étendues du sol sont couvertes de Mousses (Polytric, Sphaignes) ou de Lichens (Lichens des Rennes) et forment les *Toundras;* les Mousses couvrent les plaines humides; les Lichens couvrent les plaines plus sèches ; ces derniers seuls offrent quelques aliments aux rennes, aux bœufs musqués.

Dans les toundras le sol est toujours gelé à quelques centimètres au-dessous de la surface. Lorsque le sol s'échauffe davantage, il se forme tantôt des marécages où dominent les Graminées et les Carex, tantôt des prés, des herbages renfermant un grand nombre de plantes vivaces dont la taille est en moyenne de 10 à 15 centimètres de hauteur On retrouve là, comme nous l'avons vu, des végétaux analogues à ceux des hautes montagnes : Saxifrages, Renoncules, Myosotis, Soldanelles qui fleurissent dans la neige, et des arbustes, Rhododendrons, Bouleaux nains, Aune vert, Saules (*Salix lanata, S. polaris*).

Il est remarquable de voir que toutes ces plantes des prairies arctiques offrent des fleurs aux couleurs extrêmement vives, bien plus brillantes que dans nos climats.

Afrique.

Lorsqu'on examine la flore de l'Afrique, on constate que toute la région comprise entre les tropiques, et qu'on désigne sous le nom de Soudan, est couverte d'une riche flore, comparable à la flore tropicale de l'Asie. Cette région est

Fig. 428. — Forêt de Doleb (*Borassus Æthiopicum*) dans le Soudan.

séparée de la zone méditerranéenne et de la zone du Cap par d'immenses étendues arides, les déserts du Sahara au nord et les déserts du Kalahari au sud.

1° Région tropicale. Soudan. — La région tropicale comprend tout le bassin du Niger, du Sénégal, du Zambèze et la plus grande partie du Nil avec la région des grands lacs.

Fig. 420. — Un affluent du Nil, montrant les Papyrus qui croissent sur les bords.

Cette région est caractérisée par une ou deux périodes de pluies, qui durent de quatre à huit mois et favorisent le développement de végétaux moins variés que dans l'Asie tropicale, mais très nombreux.

Au point de vue botanique, les herbes vivaces sont représentées par de nombreuses Graminées à tige herbacée, la

Canne à sucre sauvage, les Andropogons, qui couvrent d'immenses étendues avec leurs chaumes ayant 2, 3 et même 5 mètres de hauteur. Les bords des fleuves ou des lacs sont encombrés de roseaux gigantesques, de *Papyrus* qui gênent beaucoup la navigation (fig. 429).

Parmi les arbres, le Baobab aux dimensions colossales est spécial à cette région ; la base a de 6 à 8 mètres de diamètre et la hauteur ne dépasse pas 26 mètres. Citons encore les Figuiers, qui laissent pendre de leurs branches de nombreuses racines adventives ; les Palmiers, qui, bien moins variés que dans l'Inde et surtout en Amérique, sont représentés par le Doum (*Hyphaene*), le Deleb (*Borassus Æthiopicum*), à tige souvent ramifiée ; le Palmier à huile (*Elæis Guianeensis*) ; les Pandanus, les Dragonniers et enfin les Bananiers.

Les plantes les plus importantes au point de vue commercial sont le Cafier, les Acacias, qui fournissent la gomme, les Bananiers et les Palmiers.

Savanes et forêts de l'Afrique tropicale. — Ces végétaux forment, suivant la fréquence des pluies, *des forêts* ou des plaines couvertes de plantes herbacées, les *savanes*.

Les forêts ne renferment pas d'arbres de haute taille, la végétation y est peu variée, et l'on peut les parcourir en tous sens, sauf dans certaines régions où l'on constate des enchevêtrements de lianes (fig. 430) et de Rotangs ; dans ces forêts, les Baobabs, les Acacias, les Palmiers à huile, le Deleb sont associés, mais on parcourt souvent une étendue considérable en en rencontrant que la même espèce. C'est dans ces forêts que les éléphants trouvent un refuge.

Les savanes sont parfois exclusivement composées de Graminées à tige élevée de 2 à 5 mètres ; c'est seulement dans les plateaux que le gazon, moins élevé, offre des végétaux variés, tels que des Orchidées, Liliacées et surtout des buissons et des arbustes épineux ou des plantes grasses qui résistent à la sécheresse.

Cultures. — Les cultures de l'Afrique tropicale les plus importantes sont : les Bananiers, aux fruits estimés ; le Manioc, le Colocasia, la Patate, cultivés pour leur rhizome succulent

Fig 430. — Pandanus couvert de plantes grimpantes, près du Zambèze.

Fig. 451. — Village d'Abyssinie montrant les Baobabs, les Palmiers et les champs de canne à sucre.

et qui remplacent nos céréales, dont la culture est inconnue.

Cependant le Riz, le Maïs s'y développent admirablement, et quelques céréales, telles que le Millet (*Sorghum vulgare*) ainsi qu'une espèce d'Houlque, sont l'objet d'une culture assez importante. La Canne à sucre est aussi très cultivée (fig. 431).

2° Déserts de l'Afrique tropicale. Sahara. — Le Sahara, qui occupe toute la longueur du continent et sa partie septentrionale jusqu'à une petite distance du littoral de la Méditerranée, est une immense étendue de sables ou de rochers presque dépourvue de végétation, parce qu'il y pleut rarement.

Les parties les plus stériles sont des plateaux rocailleux, où l'on trouve à peine quelques buissons épineux ou quelques Chénopodées succulentes; la région des dunes, occupée par des sables mouvants, est aussi déserte, et ne présente çà et là que des amas arrondis de substance végétale emportés par le vent. Ces amas sont constitués par un Lichen (*Parmelia esculenta*) qui se dessèche facilement sans périr et qui recommence à se développer dans une atmosphère humide (fig. 432). Il est comestible et constitue la Manne. Ces régions sont parcourues par des peuplades nomades qui promènent leurs troupeaux et utilisent comme pâturages les rares herbes qui se développent.

Les seules régions où la végétation persiste et se développe sont les vallées (*oueds*), parce que dans ces régions les nappes d'eau souterraines sont à une petite distance du sol. C'est dans les *oueds* que se trouvent placées les *oasis*, c'est-à-dire les bosquets de Dattiers qui se groupent autour des sources ou des puits creusés dans le sable. Quelques-unes de ces oasis renferment 60 000 et même 300 000 Dattiers (fig. 433); elles nourrissent alors une population parfois nombreuse.

Désert du Kalahari. — Il existe aussi au sud de l'Afrique de grandes étendues dépourvues de végétation et formant les déserts de Kalahari, qui confinent à la colonie du Cap. Cette région n'est pas aussi pauvre que le Sahara. On y rencontre, surtout au nord : des forêts constituées exclusivement par diverses espèces d'Acacias (fig. 255 p. 200), pourvus d'épines qui rendent la marche très dangereuse; des prairies à Graminées, et enfin, au sud, des plaines rocailleuses où la végétation ne dure qu'un ou deux mois.

Région du Cap de Bonne-Espérance. — La région du

Fig. 432.—Vue des collines de sable dans le désert du Sahara, avec un campement (*douar*) de peuplades nomades.

Cap de Bonne-Espérance n'est pas riche en forêts, et les arbres n'y atteignent pas de grandes dimensions, mais elle est très riche en Monocotylédones bulbeuses, Liliacées, Orchidées et surtout Iridées, qui s'associent à des arbustes ou à des arbres, où dominent les Bruyères, les Pélargoniums, les Protéacées, les Acacias.

Fig. 433. — L'oasis de Gafsa, dans le Sahara.

Régions septentrionales de l'Afrique. Maroc, Algérie, Tunisie. — Ces régions présentent dans la partie littorale le climat méditerranéen, et ce que nous avons dit de cette végétation dans les régions d'Europe nous dispense d'y revenir.

Australie.

L'Australie, quoique encore peu connue, présente une végétation aussi particulière que les formes animales qu'on y a rencontrées.

Parmi les arbres, les Eucalyptus, spéciaux à cette contrée, sont les plus remarquables par leurs dimensions, par la rapidité de leur croissance et par la disposition de leurs feuilles. Leur tronc atteint souvent 100, 120 et même 140 mètres de hauteur; ils s'accroissent quatre fois plus vite que nos chênes et donnent un bois de bonne qualité. Leurs feuilles, courbées en forme de faux, à limbe placé verticalement, donnent un aspect spécial aux forêts d'Australie : de loin elles paraissent touffues ; sous le couvert, on est étonné de ne pas trouver d'ombre.

A côté des Eucalyptus il faut signaler : les Protéacées, arbustes aux feuilles étroites, d'un vert sombre ou blanchâtre, et les Épacridées, semblables à nos Bruyères, qui forment des buissons serrés, souvent impénétrables, occupant des régions étendues. A ces végétaux caractéristiques s'ajoutent, mais en faible proportion, des Monocotylédones arborescentes, des Orchidées aériennes, des Palmiers, des Mimosées et des Fougères arborescentes.

Savanes forestières. — Dans les régions où l'humidité favorise la végétation, on rencontre les *savanes forestières* (*Grassland*), constituées par des forêts clairsemées d'Eucalyptus, avec quelques Acacias dont le feuillage, en raison de la disposition verticale du limbe, laisse pénétrer la lumière en conservant une certaine humidité sur le sol. Il en résulte que le sol de ces forêts est couvert d'une riche végétation de Graminées, associées, suivant la saison, à des Monocotylédones ou à des Immortelles.

Ces prés boisés constituent, en l'absence complète de culture, la principale richesse de l'Australie et favorisent l'élevage du bétail.

Buissons. — Le *shrub* est constitué par des fourrés de buissons formés de Protéacées et de Bruyères, à l'exclusion des Graminées ; il est remarquable par la richesse des fleurs qui se développent pendant la saison sèche, mais il présente un des obstacles les plus grands pour la colonisation, parce qu'on ne peut s'y frayer un passage ni par la hache, ni par le feu.

Steppes et déserts. — Enfin, dans la région centrale ou occidentale de l'Australie, la pluie tombe rarement et l'on n'observe plus que des steppes couvertes d'un gazon servant au pâturage, ou de véritables déserts analogues à ceux qui existent dans les steppes de l'Asie.

Amérique.

Quand on part de l'Équateur pour se diriger dans l'Amérique, soit dans l'hémisphère nord, soit dans l'hémisphère sud, on retrouve les mêmes variations de température dont nous avons signalé l'importance en Europe et en Asie au point de vue de la répartition des végétaux; par suite, on distingue dans le Nouveau Monde les régions tropicales, tempérées et arctiques, semblables à celles que nous avons étudiées.

Régions tropicales. — La plus grande partie de l'Amérique du Sud, avec le Brésil, le Pérou, la Bolivie et les États de l'Équateur, occupe la région des tropiques; il faut y joindre le Mexique et les Antilles.

Les végétaux de cette région présentent des formes extrêmement nombreuses et plus variées que dans l'Asie et l'Afrique.

Les Palmiers atteignent là leur plus grand développement. Les Liliacées arborescentes sont représentées par les Fourcroya, les Yucca, les Agavés. Les Orchidées aériennes sont très nombreuses et vivent avec d'autres plantes parasites sur le tronc des arbres. Citons également les Bambous, les Roseaux, les Bananiers, les Balisiers, les Broméliacées (Ananas, fig. 434). Les cours d'eau et les lacs présentent un Nénuphar gigantesque, le *Victoria regia*, dont les feuilles ont 2 mètres de diamètre (fig. 435). A ces plantes il faut ajouter de nombreux arbres : les Césalpiniées (*bois de Campêche, bois tinctoriaux*), les Mimosées (Acacias); les Rubiacées, les Cinchonas, l'Ipécacuanha ; les Cacoyers, les Apocynées (*Strychnos*), qui fournissent des poisons violents ; toutes ces plantes contribuent à varier l'aspect des paysages.

Fig. 434. — Ananas.

Forêts vierges. — La plus grande partie des plaines basses qui bordent l'Amazone et l'Orénoque dans le Brésil et les Guyanes sont occupées par des forêts vierges impénétrables formées par des Mimosées, Césalpiniées, Lauriers, Rubiacées, Palmiers ou Palétuviers aux troncs couverts de plantes parasites (fig. 436). C'est là qu'on trouve des Orchidées, telles que la Vanille, des Aroïdées et des plantes grimpantes, Lianes, Salsepareille, formant un fouillis inextricable de plantes vivantes et de troncs desséchés, sur lesquels poussent des Fougères, des Mousses, des Lycopodiacées, Sélaginelles (fig. 437). On ne peut pénétrer que très difficilement dans ces forêts en se frayant un passage avec la hache, et les seules voies de communication sont constituées par les cours d'eau, dont les bords, peuplés

Fig. 435. — *Victoria regia* sur le lac Nuna, dans le bassin de l'Amazone.

de Saules, de Roseaux à tige élevée de 5 à 7 mètres, de Bananiers, de Balisiers (fig. 438), cachent la vue de la forêt et en défendent l'accès. Ces forêts sont en outre sou-

Fig. 436. — Arbre chargé de plantes parasites.

vent inondées à l'époque des pluies, et l'on voit les arbres plongeant pendant des mois entiers leurs troncs dans une couche d'eau de 5 à 10 mètres. Dans ces régions dépourvues de toute culture on n'exploite que les produits naturels de la forêt, qui constituent la principale richesse.

Fig. 457. — La forêt vierge dans l'Amérique du Sud (Nouvelle-Grenade).

Ce sont : le Caoutchouc fourni par le *Syphonia elastica*, le Cacao, la Vanille, la Salsepareille, de nombreux bois précieux ou des bois de teinture (bois de Campêche), les Cardulovica servant à la fabrication des chapeaux de Panama, le Phytéléphas donnant l'Ivoire végétal.

Fig. 438. — Balisiers sur les rives de l'Ucayali, affluent de l'Amazone.

Dans la région sud du Brésil, les forêts vierges sont peu nombreuses et limitées au littoral ; elles présentent des Palétuviers, des Cocotiers, des Césalpiniées, des Cycadées, une Conifère spéciale, les Araucarias, et surtout l'Ipécacuanha. Ces forêts sont plus rares vers le centre et sont remplacées par des savanes.

Savanes. — Dans certaines régions, telles que le Vénézuéla, ces forêts alternent avec les savanes ou prairies couvertes de Graminées associées à la Sensitive et aux Cactées; ces prairies humides, appelées *llanos*, sont exposées pendant l'été à une température de 50 degrés, qui les dessèche et transforme les prairies verdoyantes en un vaste désert où la culture est impossible et que les forêts ne peuvent envahir.

Mexique. Andes tropicales. — La partie montagneuse de l'Amérique tropicale présente une végétation plus variée, à cause des différences d'altitude. Des Cactées nombreuses, des Agavés, caractérisent la région sèche; des Cycadées, Fougères, Palmiers, Bananiers, se développent dans les parties humides; enfin des arbres, tels que les Chênes, Aunes, Tilleuls, se développent sur les pentes arrosées par les pluies.

On peut très bien observer dans les Andes les modifications de la flore que nous avons signalées dans les Alpes.

Ainsi, en gravissant les Andes péruviennes, on rencontre d'abord des Bananiers, tels que les Héliconias (fig. 439), et des Palmiers à formes nombreuses (*Cocos*, *Elæis*, *Mauritia*, *Chamædorea*, etc.), associés à des Fougères; ces plantes représentent la région chaude et s'élèvent jusqu'à 1500 mètres. Puis on pénètre dans la zone des forêts ou zone tempérée, qui s'étend de 1500 à 3000 mètres, avec des Chênes et surtout des forêts de Quinquinas. Des buissons de Liliacées, de Composées s'élèvent jusqu'à 3300 mètres, et la région alpine commence à ce moment avec des arbustes spéciaux associés à des Graminées et enfin des Lichens jusqu'à 4800 mètres, où commence la limite des neiges.

Cultures. — Des cultures importantes, comme celles du Café, du Maïs, de la Canne à sucre, des Cocotiers, existent aux Antilles ou dans le Brésil.

La zone des forêts vierges fournit d'importants produits: le Cacao, la Vanille, le Caoutchouc, l'Ipécacuanha; les nombreuses forêts des Andes sont exploitées pour les Quinquinas.

Fig. 439. — Héliconias dans le Pérou.

Région tempérée de l'Amérique du Nord, zone des

Fig. 440. — Forêt de Sequoias gigantesques dans le comté de Calaveras (Californie).

forêts. — L'Amérique du Nord constitue la zone des forêts, qui s'étend depuis la Floride jusqu'au Canada.

Dans la Louisiane, la Floride, où le climat est déjà chaud, on trouve, mélangés aux arbres à feuilles caduques, dont les espèces sont semblables à celles de l'Europe, l'Olivier américain, le Tulipier, les Magnolias, les Palétuviers, les Azaléa, les Palmiers, les Yuccas.

Plus au nord, dans la Pensylvanie, de nombreuses espèces de Châtaigniers, de Noyers, de Chênes, associés au Hêtre

Fig. 441. — Tronc de *Sequoia gigantea*.

rouge ou aux Tulipiers, donnent une grande variété aux forêts. Enfin à la limite septentrionale les Conifères dominent, avec le Sapin blanc, le Pin de Weymouth, les Cyprès.

Dans cette région, qui comprend presque toute l'étendue des États-Unis, les cultures sont les mêmes qu'en Europe, et en outre le Maïs, la Canne à sucre, le Cotonnier y prospèrent; par contre la vigne s'y développe mal.

La Californie, dont le climat est moins froid que celui des États-Unis, présente une flore semblable à celle de la région méditerranéenne. On doit surtout signaler l'abondance des Conifères de haute taille, notamment le *Sequoia gigantea* (fig. 440), dont le tronc atteint parfois une hauteur de 130 à 140 mètres sur une largeur de 10 à 11 mètres (fig. 441).

Prairies. — La région centrale de l'Amérique du Nord forme d'immenses plateaux dans lesquels les cours d'eau se sont creusé des lits étroits et profonds; leur profondeur atteint souvent plusieurs centaines de mètres. Cette région possède un climat analogue à celui des steppes d'Asie, c'est-à-dire un hiver froid, un été chaud et dépourvu de pluies; c'est seulement pendant quelques mois, au printemps, que les pluies favorisent la végétation.

On rencontre alors d'immenses étendues, appelées *prairies*, couvertes de Graminées dont le chaume a de 1 à 3 mètres, qui sont mélangées à des Composées, aux Œnothères, aux Mimosées et surtout aux Cactées (fig. 442). Ce sont ces dernières, Cierges, Opuntia, Mamillaria, qui persistent seules pendant la saison chaude et donnent aux prairies leur aspect spécial. Les Cierges s'élèvent parfois à 16 ou 19 mètres (fig. 443); à ces plantes s'associent, comme dans les steppes, des Chénopodées, des Armoises.

Région tempérée de l'Amérique du Sud. Zone des forêts. — La zone des forêts est peu développée, car elle est confinée dans l'Amérique septentrionale, sur le versant occidental des Andes et sur la Terre-de-Feu.

Le climat de cette région est caractérisé par une excessive humidité : les pluies y sont presque constantes en hiver comme en été. On trouve dans ces forêts des Hêtres (*Fagus antarctica*, *F. betuloides*), associés à des Laurinées, Magnoliacées et quelques Conifères. Des arbustes tels que des Bruyères, des Épines-Vinettes, des Véroniques accompagnent ces arbres et vivent sous leur couvert.

Pampas. — On nomme *pampas* l'immense étendue de plaines dépourvues de forêts qui s'étend à l'est des Andes, dans toute la région située au sud du Brésil (fig. 444).

Ces plaines dépourvues de cultures offrent d'excellents pâtu-

Fig. 442. — Extrémité fleurie d'une Cactée.

rages : aussi l'élevage des bestiaux est-il la principale industrie des habitants. Il constitue une source importante de richesses.

Fig. 443. — Cierges, Opuntias et Dragonnier des *prairies* de l'Amérique du Nord.

Dans la région nord-ouest, les pampas sont formées par des broussailles, des Cactées épaisses; mais la région moyenne est couverte d'un riche tapis de Graminées mélangées à quelques plantes vivaces, sans aucun arbre ni buisson.

La région méridionale est inculte et constitue les

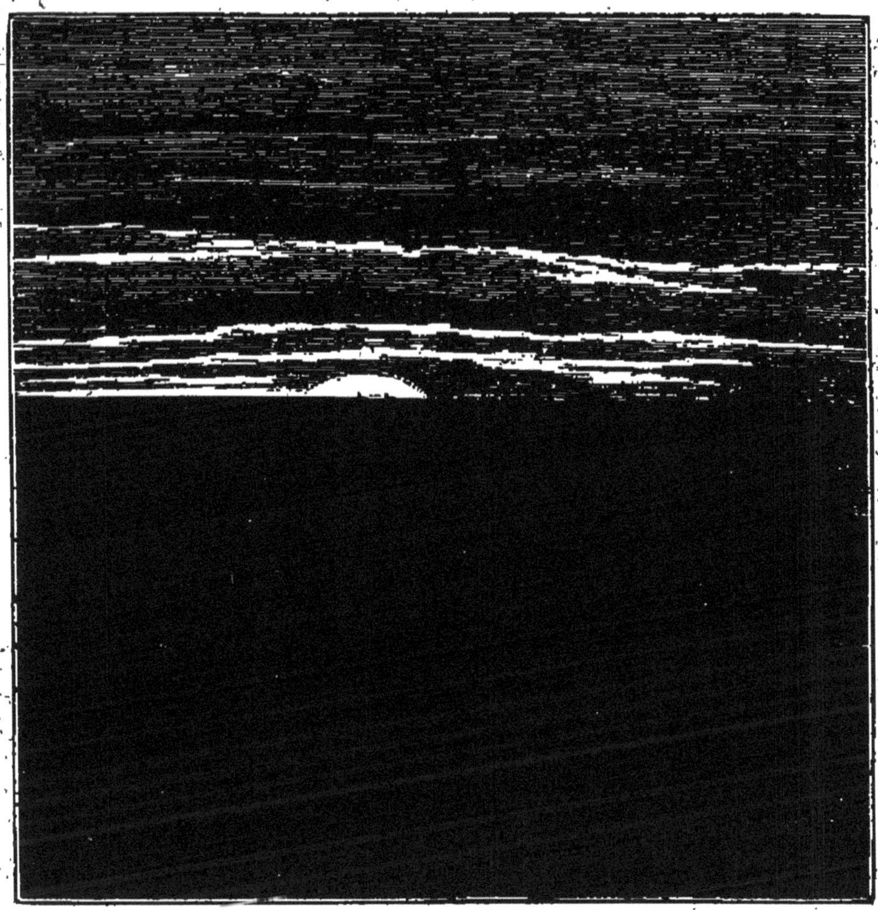

Fig. 444. — Vue de la pampa, dans l'Amérique du Sud.

steppes de la Patagonie, à sol caillouteux présentant des arbustes épineux.

L'importance des pampas comme régions d'élevage est très grande; malheureusement, en certaines parties les Graminées ont disparu, étouffées par quelques plantes introduites d'Europe, notamment par les Chardons, qui couvrent de grands espaces et suppriment la végétation indigène.

Région arctique. — La région arctique, dépourvue de forêts et de cultures, ne se rencontre que dans l'Amérique du Nord ; elle présente les mêmes caractères que la région arctique de l'Europe et de l'Asie, déjà étudiée plus haut ; mais, à cause des courants froids et des glaces qui descendent du Groenland (voyez la carte de la page 349), cette région a sa limite méridionale à une latitude beaucoup plus basse, puisqu'elle descend au-dessous du 60e degré de latitude, qui passe au nord de l'Écosse.

FIN

TABLE DES MATIERES

ÉLÉMENTS DE BOTANIQUE

PREMIÈRE PARTIE

ÉTUDE DE LA PLANTE ET DE SA MANIÈRE DE VIVRE

DEUXIÈME PARTIE

DIFFÉRENTES SORTES DE PLANTES

PLANTES UTILES ET NUISIBLES

PREMIÈRE PARTIE

PLANTES UTILES

DEUXIÈME PARTIE

PLANTES NUISIBLES

DISTRIBUTION DES VÉGÉTAUX DANS LES GRANDES RÉGIONS DU GLOBE

BIBLIOTHÈQUE NATIONALE
R.F.
IMPRIMÉS

COULOMMIERS
Imprimerie PAUL BRODARD.

A. JOLY
Ancien professeur
à la Faculté des Sciences de Paris
et à l'École Normale supérieure

A. LESPIEAU
Professeur au Collège Chaptal
Chargé de Conférences
à l'Ecole Normale supérieure

Nouveau
Cours de Chimie

NOTATION ATOMIQUE

Rédigé conformément aux programmes officiels de l'Enseignement secondaire du 31 *mai* 1902 *et à l'arrêté ministériel du* 27 *juillet* 1905

Nouveau Précis de Chimie, *Classes de Lettres*, à l'usage des classes de 4e et de 3e B; de 2e et de 1re C D, de Philosophie A B, et des candidats aux Baccalauréats Latin-Sciences, Sciences-Langues vivantes et Philosophie. Un vol. in-16, avec figures, cartonnage toile . . . . 4 fr. »

On vend séparément :

1er fascicule. *Généralités, Métalloïdes.* — Classes de Quatrième B et de Seconde C, D. Un vol. in-16, cartonnage toile . . . 2 fr. »

2e fascicule. *Métaux. — Chimie organique.* — Classes de Troisième B; de Première C, D; Baccalauréats 1re partie, Latin-Sciences. — Sciences-Langues vivantes. Un vol . . . . 2 fr. »

Nouveau Précis de Chimie, *Mathématiques élémentaires*, à l'usage de la Classe de Mathématiques du Baccalauréat-Mathématiques et des Ecoles Navale et Saint-Cyr. Un vol. in-16, avec figures, cartonnage toile. . . . . . 4 fr. »

Nouvelles manipulations de Chimie, correspondant au *Nouveau Précis de Chimie* (Classes de 2e et de 1re C, D et Baccalauréat Latin-Sciences et Sciences-Langues vivantes), par M. Blouet, préparateur, chef du laboratoire de chimie au collège Chaptal, avec une préface de M. Lespieau. Un vol. in-16, avec figures, cartonnage toile. 2 fr. »

Cours élémentaire de Chimie, notation atomique, par M. A. Joly. Nouvelle édition entièrement refondue conformément aux programmes de 1905, par M. A. Lespieau, à l'usage des candidats aux Ecoles du Gouvernement. Trois volumes in-16, brochés :

Chimie générale. — Métalloïdes. 6e édit., refondue conformément à l'arrêté ministériel du 27 juillet 1905, relatif aux programmes de la classe de Mathématiques spéciales et des Ecoles Polytechnique, Normale et Centrale, par M. Lespieau. Un volume. . . . . 5 fr. »

Métaux et Chimie organique. 5e édition, revue par M. Lespieau. Un volume. . . . . 5 fr. »

Manipulations chimiques. 2e édition. Un volume. . . . . 2 fr. 50

Le cartonnage toile de chaque volume se paie en plus : 50 cent.

Précis de Chimie, à l'usage de l'Enseignement secondaire des jeunes filles, des Ecoles normales primaires, des Ecoles d'Agriculture et de l'Enseignement primaire supérieur, par M. A. Joly, nouvelle édition revue par M. Lespieau. Un vol. in-16, avec figures, cart. toile. . . . . 3 fr. »

Coulommiers. — Imp. Paul BRODARD. — 7-1908.

www.ingramcontent.com/pod-product-compliance
Ingram Content Group UK Ltd.
Pitfield, Milton Keynes, MK11 3LW, UK
UKHW022324190726
13856UKWH00001B/190

9 782011 953919